软岩隧道

变形特性和施工对策

RUANYAN SUIDAO BIANXING TEXING HE SHIGONG DUICE

陈寿根　杨家松　陈　亮◎著

内 容 提 要

本书以我国重大工程——锦屏二级水电站引水隧洞 C2 标隧道施工中的软岩大变形为背景，结合科研和工程实践，对软岩大变形的发生、发展和控制进行了系统论述。全书共分 7 章，内容包括：绪论、软岩特性、隧道开挖应力重分布规律、软岩隧道施工力学模拟分析、软岩隧道施工监测技术、软岩隧道施工对策和软岩隧道工程实例。

本书可供从事隧道工程研究设计与施工的人员以及相关专业的师生参考使用。

图书在版编目(CIP)数据

软岩隧道变形特性和施工对策 / 陈寿根，杨家松，陈亮著. —北京：人民交通出版社，2014.11

ISBN 978-7-114-11250-8

Ⅰ.①软… Ⅱ.①陈…②杨…③陈… Ⅲ.①软岩层—水工隧洞—隧道施工—研究 Ⅳ.①TV672

中国版本图书馆 CIP 数据核字(2014)第 042269 号

书　　名： 软岩隧道变形特性和施工对策
著 作 者： 陈寿根　杨家松　陈　亮
责任编辑： 刘彩云　吴燕伶
出版发行： 人民交通出版社
地　　址： (100011)北京市朝阳区安定门外外馆斜街 3 号
网　　址： http://www.ccpress.com.cn
销售电话： (010)59757973
总 经 销： 人民交通出版社发行部
经　　销： 各地新华书店
印　　刷： 北京鑫正大印刷有限公司
开　　本： 787×1092　1/16
印　　张： 11.75
字　　数： 268 千
版　　次： 2014 年 11 月　第 1 版
印　　次： 2014 年 11 月　第 1 次印刷
书　　号： ISBN 978-7-114-11250-8
定　　价： 38.00 元

作者简介

陈寿根

教授、博士生导师，1979年7月~1986年4月就读于西南交通大学土木工程学院隧道与地下工程专业，获学士和硕士学位，于1996年2月~1999年7月留学新加坡南洋理工大学隧道与岩石力学专业，获博士学位。毕业后曾在新加坡、挪威和澳大利亚从事研究工作。2006年回国，现任西南交通大学土木工程学院地下工程系教授、博士生导师，交通隧道工程教育部重点实验室骨干成员。

前　言

近年来，随着我国基础设施建设的不断发展，特别是国家西部大开发战略实施的不断深入，出现了越来越多的高地应力条件下的软岩隧道大变形问题。发生软岩大变形的主要条件是围岩软弱和高地应力，水的存在更加剧了围岩变形程度，隧道的形状和岩层的结构面走向也在一定程度上影响着围岩变形的发展。软岩大变形的危害主要表现在掌子面失稳和支护结构侵入隧道限界，处理起来既费时，又危险，且严重影响工期和大大增加隧道建设成本，教训十分惨痛。虽然软岩大变形问题由来已久，但仍然事故频发，其主要原因还是工程参建单位对软岩大变形问题认识不足，缺乏相关技术指导和具体应对措施。

锦屏二级水电站位于四川省凉山州雅砻江的锦屏大河湾上，装机容量480万kW。隧道工程由7条相互平行的特长隧道组成，包括4条引水洞（每条长16.67km，断面面积137～172.3m^2）、2条交通隧道（每条长17.5km，断面面积45～55m^2）和1条施工排水洞（长16.7km，断面面积47m^2）。工程规模大（隧洞群总长118km），施工技术难度高，被誉为世界级工程，也是国家自然科学基金重点支持项目。锦屏二级水电站引水洞C_2标含有近1000m的软岩地段，为绿泥石片岩和炭质千枚岩，最大洞径为14.6m。该地段地下水非常丰富，饱和状态绿泥石片岩单轴抗压强度平均值仅有19.7MPa（黏聚力$c=4.47$MPa，摩擦角$\varphi=25.26°$）。炭质千枚岩的物理特性更差。隧洞围岩属于典型的工程软岩。软岩地段的埋深为1550～2000m，最大地应力为42～50MPa。围岩强度比（单轴抗压强度/地应力）小于0.5，根据我国工程岩体分级标准，属于极高地应力地区。相对于以往类似工程，锦屏二级水电站引水隧洞C_2标软岩地段工程的主要特点有：①软岩地段埋深大（1550～2000m），地应力极高（42～50MPa）；②地下水非常丰富，水压大（大于10MPa）；③围岩强度低，围岩强度比小；④隧道断面大（172.32m^2）。

本书以我国重大工程——锦屏二级水电站引水隧洞C2标隧道施工中的软岩大变形为背景，结合科研和工程实践，对软岩大变形的发生、发展和控制进行了系统论述，力求做到理论和实践的统一。研究开发了包括软岩特性试验技术、软岩隧道开挖技术、隧道变形和围岩松弛的监测技术、隧道软岩的支护技术等一整套的软岩大变形处治技术，技术成果在工程中的推广应用取得了良好的施工效果。取得的成功经验对有效控制软岩大变形，防止隧道坍塌，提高支护结构稳定性，改善和提高软岩隧道施工技术水平具有重要意义。

本书编写得到了中铁二局股份有限公司、锦屏建设管理局、中国水电顾问集团华东勘察设计院、中国水电顾问集团贵阳勘测设计研究院等单位大力支持，以及北京交通大学隧道及地下工程试验研究中心、中国科学院武汉岩土力学研究所、中国水利水电第五工程局有限公司科研所、长江水利委员会长江勘测规划设计研究院、中国水电顾问集团贵阳勘测设计研究院工程物探测试分院、四川拓展建设工程有限公司和西南交通大学等单位专家的技术指导，在此向以上单位和个人表示由衷的感谢。本书编写还参阅了国内外有关软弱围岩、隧道大变形控制、隧道施工监测技术方面的技术成果。

全书共分为7章：绪论（第1章）；软岩特性（第2章）；隧道开挖应力重分布规律（第3章）；软岩隧道施工力学模拟分析（第4章）；软岩隧道施工监测技术（第5章）；软岩隧道施工对策（第6章）；软岩隧道工程实例（第7章）。第1、2、3、6章由陈寿根撰写，第4、5章由陈亮撰写，第7章由杨家松撰写。

本书编著过程中，作者虽然力求内容精炼，兼顾准确性、科学性和实用性，做到通俗易懂，便于使用，但因时间和知识有限，书中难免存在不妥之处，希望同行专家和读者批评指正。

作　者

目录

第1章 绪论 …… 1
1.1 软岩的基本概念 …… 1
1.2 软岩隧道施工的主要技术问题 …… 4
1.3 软岩隧道施工技术发展现状 …… 4
1.4 国内外软岩隧道工程实例 …… 5
1.5 软岩隧道产生大变形的原因 …… 8
1.6 软岩大变形分类 …… 9
1.7 软岩大变形防治措施 …… 10
1.8 软岩大变形隧道设计原则 …… 11
1.9 软岩大变形隧道施工对策 …… 11
第2章 软岩特性 …… 13
2.1 软岩的物理化学特征 …… 13
2.2 软岩的力学特性 …… 20
2.3 软岩的工程力学特性 …… 25
第3章 隧道开挖应力重分布规律 …… 31
3.1 隧道开挖前的初始应力状态 …… 31
3.2 隧道开挖后的二次应力场 …… 32
3.3 隧道开挖后的三次应力场 …… 33
第4章 软岩隧道施工力学模拟分析 …… 39
4.1 分析方法简介 …… 39
4.2 隧道施工过程中的空间效应 …… 41
4.3 无支护洞室围岩变形规律 …… 42
4.4 软岩隧道开挖方案优化分析 …… 47
4.5 软岩隧道支护方案优化分析 …… 72

第 5 章　软岩隧道施工监测技术 …… 87
5.1　监测设计原则 …… 87
5.2　监测项目内容 …… 87
5.3　监测技术实施 …… 90
5.4　监测仪器 …… 98
第 6 章　软岩隧道施工对策 …… 101
6.1　变形控制理念 …… 101
6.2　变形控制的基本原则 …… 102
6.3　施工对策及注意事项 …… 103
第 7 章　软岩隧道工程实例 …… 105
7.1　工程概况 …… 105
7.2　工程施工方法 …… 116
7.3　软岩段变形特征 …… 117
7.4　软岩段开挖情况 …… 129
7.5　软岩段支护情况 …… 143
7.6　二次扩挖施工 …… 165
附录 1　绿泥石片岩大变形洞段 A 型支护措施 …… 167
附录 2　绿泥石片岩大变形洞段 B 型支护措施 …… 168
附录 3　绿泥石片岩大变形洞段 C 型支护措施 …… 169
附录 4　断面收敛监测结果 …… 170
附录 5　锚杆及锚筋桩应力监测结果 …… 171
附录 6　锚索荷载监测 …… 172
附录 7　多点位移监测 …… 173
附录 8　钢筋应力监测 …… 174
附录 9　二次衬砌混凝土应变监测 …… 175
附录 10　二次衬砌混凝土无应力监测 …… 176
参考文献 …… 177

第1章 绪 论

1.1 软岩的基本概念

1.1.1 软岩的定义

近年来，建筑工程及采矿工程领域的学者对软弱围岩的力学理论及应用进行了一些研究，并多次召开国际学术会议，对软岩进行专题讨论，取得了一定的成果，但仍然跟不上软岩工程建设的需要。软岩的界定在国内外也尚未得到统一的认识，有关软岩的定义多达几十种，大体上分为定性描述和定量指标两种。

定性描述认为，软岩是松散、破碎、软弱、强风化及膨胀性一类岩体的总称。代表性岩石有片岩、泥岩、千枚岩、粉砂岩、煤、泥质矿岩等。该类岩石强度低，是天然形成的复杂地质介质。

定量指标以岩石单轴抗压强度值作为评估软岩的依据。国际岩石力学学会（International Society for Rock Meehanies，ISRM）（1990，1993）定义软岩为单轴抗压强度（σ_c）在0.5～25MPa的一类岩石。铁路、公路及水利水电等部门以岩石饱和单轴抗压强度来划分软岩。在《岩土工程勘察规范》（GB 50021—2009）、《铁路工程地质勘察规范》（TB 10012—2007）、《水利水电工程地质勘察规范》（GB 50487—2008）等工程规范中对硬质岩和软质岩的划分见表1-1。

岩石坚硬程度划分　　表1-1

岩石类别	硬质岩		软质岩		
	坚硬岩	中硬岩	较软岩	软岩	极软岩
饱和单轴抗压强度 R_c（MPa）	$R_c>60$	$30<R_c\leqslant60$	$15<R_c\leqslant30$	$5<R_c\leqslant15$	$R_c\leqslant5$

1.1.2 地质软岩和工程软岩

地质软岩是按地质学的岩性及岩石的物理力学特性进行划分，即为前面所述的定性和定量描述。该定义用于工程实践中可能会出现矛盾。如果隧道埋深小，地应力水平低，抗压强度小于25MPa的岩石也不会产生松散、软弱等特征；相反，大于25MPa的岩石所在工程部位埋深大，地应力水平高，也会产生松散、破碎等情况，导致变形大、支护难的现象发生，说明地质软岩的定义应用在工程实践中具有一定的局限性。因此，本书在概括各类软岩定义的同时引入了工程软岩的概念。

工程软岩是指在工程力作用下能产生显著塑性变形的工程岩体(何满潮,1991)。工程软岩的定义在重视软岩的软、弱、松、散、低强度等特性的同时,还强调了软岩所承受的工程力荷载的影响,强调从软岩的强度和工程力荷载的对立统一关系中分析和把握软岩的相对性实质,即工程软岩要满足的条件为:

$$\begin{cases}\sigma < [\sigma] \\ U < [U]\end{cases} \tag{1-1}$$

式中:σ——工程荷载(MPa);

$[\sigma]$——工程岩体强度(MPa);

U——隧道变形(mm);

$[U]$——隧道允许变形(mm)。

工程岩体是软岩工程研究的主要对象,是隧道开挖扰动影响范围之内的岩体,包含岩块、结构面及其空间组合特征。工程力是指作用在工程岩体上的力的总和,它可以是重力、构造残余应力、水的作用力、工程扰动力以及膨胀应力等。显著塑性变形包含显著的弹塑性变形、黏弹性变形,连续性变形和非连续性变形等。此定义揭示了软岩的相对性实质,即取决于工程力与岩体强度的相互关系。当工程力一定时,不同岩体,强度高于工程力水平的大多表现为硬岩的力学特性,强度低于工程力水平的则可能表现为软岩的力学特性;而对同种岩石,在较低工程力的作用下,则表现为硬岩的变形特性;在较高工程力的作用下,则可能表现为软岩的变形特性。

1.1.3 软岩的工程分类

根据工程软岩的定义,从软岩的强度特性、泥质含量、结构面特点及塑性变形力学特点等方面将其分为四大类,即膨胀性软岩、高应力软岩、节理化软岩和复合型软岩,见表1-2。

软 岩 分 类　　表1-2

软 岩 名 称	塑性变形特点
膨胀性软岩(低强度软岩)	泥质含量大于25%,σ_c<25MPa,在工程力作用下,沿片架状硅酸盐黏土矿物产生滑移,遇水显著膨胀等
高应力软岩	泥质含量大于25%,σ_c≥25MPa,遇水发生少许膨胀,在高地应力状态下,沿片架状黏土矿物发生滑移
节理化软岩	沿节理等结构面产生滑移、扩容等塑性变形
复合型软岩	具有上述某种组合的复合型机理

膨胀性软岩是指含有高膨胀性黏土矿物,在较低应力水平(<25MPa)条件下发生显著变形的低强度工程岩体。膨胀性软岩产生塑性变形的机理是片架状黏土矿物发生滑移和膨胀。根据矿物组合特性和饱和吸水率两个指标可将膨胀性软岩细分为三级,即弱膨胀性软岩、中膨胀性软岩、强膨胀性软岩,见表1-3。

膨胀性软岩的分级(%)　　表1-3

膨胀性软岩	蒙脱石含量	干燥饱和吸水率	自由膨胀变形量
弱膨胀性软岩	<10	<10	<10
中膨胀性软岩	10~30	10~50	10~15
强膨胀性软岩	>30	>50	>15

高应力软岩是指在较高应力水平（>25MPa）条件下发生显著变形的中高强度的工程岩体。这种软岩的强度一般高于25MPa，其地质特征是泥质成分较少，但有一定含量，砂质成分较多，如泥质粉砂岩、泥质砂岩等。它们的工程特点是，在埋深较浅时，表现为硬岩的变形特征，当埋深超过一定程度时，就表现为软岩的变形特征了。其塑性变形机理是处于高应力水平时，岩石骨架中的基质（黏土矿物）发生滑移和扩容，此后再发生缺陷或裂纹的扩容和滑移塑性变形。

高应力是一个相对的概念，它是相对于围岩强度（R_b）而言的。也就是说，当围岩内部的最大地应力（σ_y、σ_{max}）与围岩强度的比值（σ_{max}/R_b）达到某一水平时，才能称为高地应力或极高地应力。表1-4为一些围岩强度比的分级基准。

围岩强度比的分级基准 表1-4

分级基准	极高地应力	高地应力	一般地应力
我国工程岩体分级基准	<4	4~7	>7
法国隧道协会	<2	2~4	>4
日本新奥法指南(1996)	<2	4~6	>6
日本仲野分级	<2	2~4	>4

节理化软岩是指含泥质成分很少的岩体。这种软岩发育了多组节理，其中岩块的强度颇高，呈硬岩力学特征，但整个工程岩体在工程力的作用下发生显著的变形，呈现软岩的特性，其塑性变形机理是在工程力作用下，结构面发生滑移和扩容变形。此类岩体可根据结构面组数和结构面间距两个指标将其细分为三级，即较破碎软岩、破碎软岩和极破碎软岩，见表1-5。

节理化软岩的分级 表1-5

节理化软岩	节理组数	单位面积节理数 J_s（条/m^2）	完整系数 k_v
较破碎软岩	1~3	8~15	0.55~0.35
破碎软岩	≥3	15~30	0.35~0.15
极破碎软岩	无序	>30	<0.15

注：$k_v=(v_{pm}/v_{pr})^2$，其中 v_{pm} 为节理岩体弹性波纵速度（km/s）；v_{pr} 为完整岩块弹性波纵速度（km/s）。

复合型软岩是指上述三种软岩类型的组合，即高应力—膨胀性复合型软岩，简称HS型软岩；高应力—节理化复合型软岩，简称HJ型软岩；高应力—节理化—膨胀性复合型软岩，简称HJS型软岩。

软岩的工程分类和分级见表1-6。

软岩工程分类与分级总表 表1-6

软岩分类	分类指标			软岩及地应力分级	分级指标		
	σ_c（MPa）	泥质含量	结构面		蒙脱石含量（%）	干燥饱和吸水率（%）	自由膨胀变形量（%）
膨胀性软岩	<25	>25%	少	弱膨胀性	<10	<10	<10
				中膨胀性	10~30	10~50	10~50
				强膨胀性	>30	>50	>15

续上表

<table>
<tr><td rowspan="2">软岩分类</td><td colspan="3">分类指标</td><td rowspan="2">软岩及地应力分级</td><td colspan="3">分级指标</td></tr>
<tr><td>σ_c(MPa)</td><td>泥质含量</td><td>结构面</td><td>蒙脱石含量(%)</td><td>干燥饱和吸水率(%)</td><td>自由膨胀变形量(%)</td></tr>
<tr><td rowspan="4">高应力软岩</td><td rowspan="4">≥25</td><td rowspan="4">≤1%</td><td rowspan="4">少</td><td>—</td><td colspan="3">围岩强度比</td></tr>
<tr><td>一般地应力</td><td colspan="3">>7</td></tr>
<tr><td>高地应力</td><td colspan="3">4~7</td></tr>
<tr><td>极高地应力</td><td colspan="3"><4</td></tr>
<tr><td rowspan="4">节理化软岩</td><td rowspan="4">低~中等</td><td rowspan="4">少含</td><td rowspan="4">多组</td><td>—</td><td>节理组数</td><td>J_s(条/m^2)</td><td>完整系数 k_v</td></tr>
<tr><td>较破碎软岩</td><td>1~3</td><td>8~15</td><td>0.55~0.35</td></tr>
<tr><td>破碎软岩</td><td>≥3</td><td>15~30</td><td>0.35~0.15</td></tr>
<tr><td>极破碎软岩</td><td>无序≥3</td><td>>30</td><td><0.15</td></tr>
<tr><td>复合型软岩</td><td>低~高</td><td>含</td><td>少~多组</td><td colspan="4">根据具体条件进行分类和分级</td></tr>
</table>

1.2 软岩隧道施工的主要技术问题

隧道开挖后,地应力将重新分布。由于软岩强度低,对工程扰动极其敏感,在受拉或受压条件下将产生塑性区,使围岩和支护发生变形。一旦施工方法和工程措施不当,将极易发生初期支护变形侵限或者隧道塌方等工程灾害。在后期运营过程中出现大变形及支护开裂时将导致处理极其困难。

从隧道开挖后的围岩变形看,在软弱围岩中开挖,经常出现以下力学现象,如:拱顶崩塌、掌子面失稳、底鼓现象严重、长时间的持续变形或变形不收敛、初期支护严重变形、在富水条件下出现异常涌水、围岩流失等。

在软弱围岩地质条件下,其变形的最终结果是造成掌子面崩塌、拱部坍塌以及各种异常现象。

因此,在这类围岩中施工必须根据隧道开挖后可能产生的变形实态,采取相应的技术对策,例如:①采取超前支护(预加固)方法控制掌子面前方先行位移以及掌子面挤出位移;②局部加强支护或者采用特殊支护控制变形;③控制地表下沉及拱脚下沉;④控制掌子面后方量测位移;⑤控制地下水;⑥有针对性地进行观察、量测、前方围岩探查。

1.3 软岩隧道施工技术发展现状

软岩隧道施工技术的发展方向主要有以下几点。

(1)机械化程度高

机械化是隧道施工技术的发展方向。机械化是加快施工速度、提高施工效率、保障施工安全的重要措施,也是隧道施工技术进步的体现。提高控制变形技术的机械化水平是当前隧道工程施工的重点。近年来,液压凿岩台车、锚杆台车、机械湿喷台车等工程设备被逐渐引进到隧道建设中,其对施工质量、施工安全及工期等起到了积极的作用。

(2)大断面快速施工、支护,及时闭合

随着隧道施工技术的发展进步,出现了越来越多的大断面隧道工程,由于隧道本身施工作业环境特殊,导致其施工速度缓慢,往往成为控制工期的关键工程,而软弱围岩隧道尤其如此。因此,快速施工是软岩隧道施工技术的发展目标。这里所谓的快速施工,就是要求隧道开挖后的断面能够在尽可能短的时间内快速闭合。由于软岩隧道的蠕变特性使其变形持续时间长,如果施工速度缓慢,支护形成封闭的时间长,就很容易出现大的变形,甚至过度松弛而塌方。因此,快速施工是提高软岩隧道稳定性的基本要求,也是软岩隧道的施工原则。

(3)新材料、新工艺、新技术、新机械的采用

随着科学技术的不断发展,各种新材料、新工艺、新技术以及新机械不断应用到隧道施工中,特别是要针对开挖后隧道变形的特征,采用能够作业迅速、性能可靠、施工简易的新工艺、新技术,以便更加有利地控制软岩隧道的变形,促进隧道施工技术的发展。例如添加超细沸石粉的纳米钢纤维喷射混凝土、玻璃纤维(GFRP)锚杆等被逐渐引入到软岩隧道工程的施工中。

(4)重视超前支护(预加固)技术的应用

软岩隧道变形的一个主要特征是掌子面前方围岩变形较大,因此采用超前支护(预加固)技术对策控制掌子面前方先行位移是必要的。我国隧道施工过程中对超前支护重视不足,往往是出现了较大变形后,才加强支护措施,这些措施多是掌子面后方的、补救性的支护措施。对于软弱围岩来说,目前掌子面预加固还是以超前注浆、超前锚杆、超前小导管等为主,因此加强掌子面前方围岩预加固技术的研究和开发,是当前软岩隧道施工技术研究的主流。

(5)加强超前地质预报与监测

针对软弱围岩变形特点,提高、改进量测和超前地质预报技术的作用,充分利用其数据,指导设计和施工。如地质雷达、孔内雷达、松动圈监测、爆破振动监测、断面扫描、多点位移监测、支护受力监测等超前地质预报及相关监测技术已被逐渐应用到软岩隧道的建设过程中。

1.4 国内外软岩隧道工程实例

1.4.1 国外典型软岩大变形隧道

自1906年竣工的辛普伦隧道(意大利通往瑞士的公路隧道)首例严重围岩大变形发生以来,国内外隧道软岩大变形问题一直困扰着隧道建设者,使工程建设付出了昂贵的代价。国外较典型的软岩大变形问题隧道如下。

(1)奥地利陶恩隧道

隧道通过不良地层主要为片岩、千枚岩夹绿泥石地层。隧道长6400m,开挖断面90~105m^2,最大埋深1000m,初始地应力达16~27.0MPa,侧压力系数约1.0,围岩强度比0.05~0.06。在施工中发生大变形,最大位移达1200mm,隧底隆起200mm,最大变形速率200mm/d,变形收敛时间达400d。主要控制措施包括:增加锚杆长度到6m、采用纵向伸缩缝(宽20cm,间隔3m)、采用可缩性支撑、增加隧底锚杆。

(2)奥地利阿尔贝格公路隧道

隧道通过不良地质段为千枚岩、片麻岩、含糜棱岩的绿泥石片岩等,抗压强度1.2~

2.9MPa,原始地应力13MPa,围岩强度比0.1~0.2。隧道全长13980m,开挖断面90~103m^2,最大埋深740m,设计吸取陶恩隧道的经验教训,采用加强的支护系统。虽然如此,局部地质不良地段仍产生了200mm~350mm的支护位移,最大拱部变形达600mm,最大水平收敛达700mm,变形速率达115mm/d。主要控制措施包括:分部开挖、增加锚杆长度最大到13.0m、采用可缩性钢架、加强量测等。

(3)瑞士辛普伦隧道

隧道穿越地层围岩为石灰质云母片岩。施工期间,多处发生围岩大变形,隧道在竣工若干年后,强大的山体压力再次引起横通道边墙、拱部和隧底破裂、隆起。

(4)日本惠那山隧道

隧道通过的不良地层为断层破碎带,局部为黏土。隧道长8635m,开挖断面宽12.0m,高10.5m,最大埋深450m,初始地应力达11.0MPa,围岩强度比0.1~0.33。施工中隧道发生大变形,最大拱顶下沉930mm,边墙最大收敛1120mm,有600m^{2}的喷混凝土侵入模筑混凝土净空。主要控制措施包括:增加锚杆长度到9~13.5m、喷钢纤维混凝土、提前施作二次衬砌等。

(5)日本岩手隧道

隧道通过地层为泥灰岩及泥岩互层,单轴抗压强度2~6MPa。隧道长25.8km,开挖断面约64m^2,最大埋深1585m,山上温泉密布。发生的主要病害及采取的对策有:①净空位移达230mm,增大钢支撑尺寸;②掌子面坍塌,正面喷混凝土和打超前锚杆;③主洞底鼓达50mm,仰拱和二次衬砌增加防裂钢筋。

(6)日本中屋隧道

隧道通过软弱黏土层和强风化的泥灰岩不良地层。隧道全长1260m,开挖断面54.2m^2。在施工中隧道拱顶下沉和净空位移分别达132mm和215mm,锚杆轴力达180kN。采用增喷、增打锚杆、上半断面临时仰拱闭合及确保300mm的变形富裕量。

(7)印度代尔引水隧洞

隧道发生大变形段围岩为浅变质岩,如千枚岩、页岩及各类片岩等。开挖和初期支护5~6个月后,混凝土开裂,钢拱架发生严重变形。3年以后(1982年11~12月),当要进行永久衬砌施工时,该洞段的大部分钢拱架再次发生严重变形,隧底隆起800mm,扭曲的钢架和回填混凝土侵入限界,不得不完全拆除扩挖。

1.4.2 国内典型软岩大变形隧道

国内的软岩大变形隧道也很多,在铁路、公路、水利水电等工程中都遇到过,较典型的软岩大变形问题隧道如下。

(1)家竹箐隧道

南昆铁路家竹箐隧道发生大变形段为砂岩夹泥岩,煤层地层。隧道长4990m,开挖断面82.5m^2(高10.4m,宽9.34m),最大埋深404m,初始地应力达8.57~16.09MPa,侧压力系数1.88,围岩强度比0.2~1.0。最大侧壁内移达1600mm,最大拱顶下沉达2400mm,最大隧底隆起达1000mm,钢架严重扭曲,喷层开裂。主要整治措施有:采用自带钻头的自进式锚杆、加大锚杆长度到8.0m,改善隧道形状加大边墙曲率,施工中支护采用先柔后刚、先放后抗，加大预留变形量（拱部450mm、边墙250mm、隧底200mm），提高二次衬砌强度、刚度，加强仰拱。

（2）乌鞘岭特长隧道

乌鞘岭特长隧道地应力测值一般为15～25MPa，极高和高地应力情况占全部测段的60%。隧道在断层及软弱带围岩主要由千枚岩、泥岩、砂岩、板岩等组成，这些岩石岩质软弱，其流变下限应力值较低，流变性明显，通过F7活动断层泥砾带及千枚岩夹板岩等软弱围岩地段发生了严重的大变形，最大变形量达1000mm以上，造成初期支护破坏，严重影响施工进度和施工安全。整治措施有：支护采用"以柔克刚"的施工设计理念；加固围岩，控制变形；先柔后刚，先放后抗；变形留够，防侵净空；底部加强，抑制隆起。

（3）堡镇隧道

宜万铁路堡镇隧道穿越地层岩性主要为粉砂质页岩、泥质页岩，呈灰黑色，多软弱泥质夹层带，白色云母夹层，强度极低。大部分页岩呈薄层状，层厚3～10cm，分层清晰，遇水膨胀；顺层发育，顺层面光滑，层间多夹软泥质夹层，节理、层理发育，切割严重，围岩整体性很差。隧道洞身段最大水平主应力约为16.0MPa，最大初始应力约14.75MPa，岩石的单轴抗压强度为6.5～13.1MPa，强度应力比均小于4，属极高应力区。隧道施工中发生了较大变形，最大拱顶沉降达345mm，最大收敛达702mm。主要整治措施有：①采用台阶法分部开挖、支护，针对高地应力顺层偏压软岩采用"三台阶五部开挖同时起爆法"；②及时施作仰拱及矮边墙，尽早形成闭合环，加大仰拱厚度，增大仰拱曲率；③加强监控量测工作，发现异常时及时施作二次衬砌；④加强超前地质预报工作；⑤同时，利用平导开挖揭露的围岩地质情况，准确地预测隧道相应地段的工程地质及水文地质条件。

（4）德达隧道

川藏公路德达隧道地质条件极为复杂，主要为炭质千枚岩、炭质板岩和断层破碎带等极软岩。在施工过程中，初期支护不同程度地产生了变形开裂、拱顶下沉、边墙和基底内鼓和挤出、塌方等现象。在处理前，围岩变形强烈，其变形比例达到了54%，最大变形量达500mm，采用常规的支护手段难以控制变形，对工程质量、安全、造价、工期等造成了极大的影响。采取："一个理念"和"四大支护原则"整治进行。一个理念：适时支护、增加刚度、封闭成环、允许变形。四大支护原则：①采用长锚杆约束开始阶段松弛圈围岩的变形；②加密型钢拱架，增加支护刚度，控制围岩变形量；③适时采用小导管注浆加固围岩和堵水；④加大预留变形量，加深仰拱、减小仰拱半径，改善结构受力。

（5）锦屏二级水电站引水隧洞

锦屏二级水电站引水隧洞共4条，单洞全长16.67km，隧洞穿越绿片岩与千枚岩地层，开挖断面137～172.3m^2，软岩段最大埋深1800m，最大地应力约45MPa。施工中隧洞发生大变形，开挖断面严重侵入隧道净空，需进行二次扩挖；钢拱架受压过大发生扭曲，需拆除重做；喷混凝土受严重挤压，发生开裂、掉块。主要整治措施有：采用包括超前支护、掌子面加固、预应力长锚杆、锚索及锚筋桩等整体强支护措施控制变形。

（6）北川仁禹公路隧道

隧道穿越高地震区千枚岩、炭质板岩地层。7个隧道总长约9km，最大埋深700m，开挖断面40m^2。隧洞边墙变形过大，侵入隧道净空，需进行二次扩挖，钢拱架受压过大发生扭曲，需拆除重做;喷混凝土受严重挤压,发生开裂、掉块等,目前正在研究处理措施。

(7)鹧鸪山公路隧道

隧道发生大变形段围岩以薄层状炭质千枚岩为主,岩石硬度小,膨胀率13%,易风化,地应力17~20MPa。开挖后初期支护施加前,围岩一般能够(或者经过局部塌方后)成拱、自稳,变形一般发生在初期支护完成后。围岩变形量大,持续时间长。往往表现为初期支护破裂、扭曲,侵入隧道限界,最大达300mm。

纵观国内外隧道软岩大变形问题,可以看出,隧道施工中的软岩大变形具有围岩地应力高、围岩遇水软化,隧道开挖后围岩松弛严重、变形大、变形速度大、变形时间长等特点,严重影响隧道施工安全和施工质量。软岩大变形对隧道施工的危害主要体现在:①隧道自稳能力极差,易产生塌方、冒顶等严重施工事故,直接威胁着施工人员和施工设备的安全,一旦发生事故,处理起来非常困难,大大影响施工进度,增加隧道建设成本;②大变形导致隧道断面缩小,侵入隧道净空,使得隧道净空不够,需二次扩挖处理,大大增加工程量,严重影响施工工期;③衬砌基脚承载力不足,导致基脚下沉和衬砌开裂;④拱顶下沉引起拱顶开裂;⑤衬砌开裂导致渗漏水等。

国内外隧道施工中的软岩大变形问题虽然出现的不少,但往往发生初期没有引起足够的重视,直到大变形严重后才进行分析研究,寻找处理措施,发现后又缺乏相应的预案应对,错过了最佳的处理时机。大多数情况下被迫二次扩挖,导致隧道施工的停顿,延误了施工工期。处理完后也很少对其进行认真的分析、归纳总结,只对问题的表面现象有所认识,缺乏对问题的实质系统性的深入研究,以致至今仍缺乏一套有效的隧道大变形的开挖支护技术措施,遇到同类问题时仍然很盲目。

1.5 软岩隧道产生大变形的原因

根据国内外隧道施工的实践总结,软岩隧道大变形主要表现在:①挤压性围岩的挤压变形;②膨胀性围岩的膨胀变形;③断层破碎带的松弛变形;④高地应力条件下软弱围岩的大变形等。

软岩隧道发生大变形共同的特征是:断面缩小、拱脚下沉、拱顶上抬、拱腰裂开、地基鼓起等。软岩隧道发生大变形的原因主要有以下方面。①地应力场对隧道变形的影响,高地应力是隧道发生大变形的重要前提条件。②围岩强度对隧道变形的影响。各种岩体抗压强度不同,开挖后围岩变形程度差异较大,根据岩体变形破坏理论,当围岩压力超过岩体的抗压强度时,岩体将发生变形破坏。开挖后围岩易发生流塑性变形,因此,软弱围岩是隧道发生大变形的物质因素。③地下水对隧道变形的影响。地下水的存在和运动会对岩体颗粒产生静力和动力作用,水体对岩体造成损伤,导致岩体强度降低,孔隙率增大,同时,千枚岩、泥质板岩等岩体遇水易软化,强度大大降低,围岩自稳能力变差。④岩体结构面与隧道轴线夹角的影响。当岩体结构面与隧道轴线呈小角度相交时,岩体容易发生破坏从而引发大变形。⑤初期支护刚度和二次衬砌施作时间对隧道变形的影响。⑥施工方法对隧道变形的影响。

综上所述,高地应力、地下水发育、软弱围岩是软岩隧道大变形的内在因素,支护不合理和施工方法不能完全适应现场需要是加剧软岩隧道大变形的外部促发因素。

1.6 软岩大变形分类

根据围岩大变形典型实例分析和大变形机制研究成果的归纳总结,可以按照不同的受控条件对大变形进行类型划分。软岩大变形可分为受围岩岩性控制的大变形,受围岩结构构造控制的大变形和受人工采掘扰动影响的大变形三大类型。

1.6.1 围岩岩性控制型

软弱围岩类,包括岩性软弱的泥质页岩和砂质泥岩、泥灰岩以及具膨胀性的软岩等,往往保持岩体的原生结构,在高应力状态下围岩产生流动或塑性变形,遇地下水岩体软化,当岩体中含有膨胀性矿物时发生膨胀变形。根据软岩中结构面的发育特征,划分为均质类型、层状类型、互层状类型、具膨胀性的软弱岩类型,洞松水电站引水隧洞软岩大变形即属于这一类型。软弱围岩类具有如下特性:

①围岩的物质条件为强度低的软岩类,在结构上岩体具原生结构的特点,这类围岩也包含了软岩中具膨胀性的岩石。

②围岩环境中不同程度地存在高地应力问题,由于围岩强度低,形成了很高的应力强度比。

③围岩的变形破坏主要为围岩的挤出作用,而具膨胀性软岩的膨胀作用并不显著。

④地下水的存在,对软岩的软化作用在围岩大变形中发挥很重要的作用。

⑤围岩变形破坏的模式主要为塑性流动、弯曲变形。

1.6.2 岩体结构控制型

这种围岩变形类型发生在岩体受构造改造和浅表生改造型的岩体中。按照岩体结构形成机制类型,大变形可以划分为构造改造型和浅表生改造型。按改造程度,可进一步划分为块裂状结构型和碎块状结构型。

(1)构造改造型

岩块显示出较坚硬岩的特性,但围岩强度受其结构特征的影响,围岩变形受应力环境的明显控制,当隧道开挖前处在高围压状态时尚具有较高的强度和稳定性,当围压降低、围岩应力差增大时,结构面张开或滑移,围岩整体强度和模量降低,表现出显著的结构流变的特点。碎块状结构型是断层破碎带以及影响带的破裂围岩在高地应力条件下产生这种类型的大变形,台湾木栅隧道在通过潭湾大断层时出现的围岩大变形属这一类型。块裂状结构型是受构造作用多期改造的坚硬或半坚硬裂隙化岩体,通常情况不具有显著的流变性,而在一定的应力环境条件下,就会发生显著的流变并产生围岩大变形,金川矿的围岩大变形就属于这一类型。

构造改造型大变形的特点是:①岩块强度较高,但结构面发育为断层带碎裂化岩体,或者在硬岩中不规则地发育有多组、多种性质的软弱结构面或软弱带,岩体破碎。②围岩一般处于较高的应力状态,围岩因高围压而紧密闭合;而在开挖卸荷后,结构面易于张开滑移,因此,岩体强度远低于岩石强度。③围岩变形破坏演化机制表现为渐进性和累进性发展,其变形破坏

模式表现为塑性楔体挤出、结构流变等。

(2)浅表生改造型

受地表成坡过程浅表生改造作用的影响,近地表一定深度的岩体在垂向及侧向卸荷作用的改造,岩体被碎裂化,遭受改造的程度不同,碎裂化的程度也不同,可进一步划分为块裂状结构、碎块状结构型。块状型是遭受浅表生作用改造的岩体,隧道围岩体处于浅表生改造带,在围岩体演化改造过程中,岩体遭受水平剥蚀或侧向移动改造作用,岩体一方面形成新的结构面,同时也会产生应力集中现象。隧道工程在这类围岩中通过,由于围岩岩体较为破碎,围岩具有高应力强度特点,隧道开挖形成的围岩的松动圈的扩展具有累进性特点。木寨岭隧道的大变形就属于这种类型。块裂状型是在遭受近地表浅表生作用改造而形成的移动变形体下部开挖隧道工程时,隧道围岩的地应力已经释放,围岩岩体表现为近散体的结构特征,围岩的自承载能力基本丧失,围岩变形破坏的扩展过程很快,可以一直发展到地表,例如四川扯羊隧道的大变形属于这一变形机制。

浅表生改造型大变形的特点是:①遭受浅表生改造作用岩体所处的地应力总体上不高,但在局部也可形成地应力集中现象。②在地表移动的破碎岩体中的大变形是一种近似于散体结构的围岩岩体,围岩未进行充分的支护,将使围岩的松动圈不断累进性地扩展,最终导致大变形的发生,产生变形可以贯穿到地表。

1.6.3 人工采掘扰动控制型

人工扰动影响即采煤活动形成煤层采空区的变形,隧道工程通过采空区时,采空区的岩体的移动导致隧道衬砌结构变形、破裂,按采空区岩层走向与隧道的关系划分可为两种形态:倾斜型、水平型。

人工采掘扰动控制型大变形的特点是:①由于人工采掘活动产生的采空区的变形,导致在采空区上部修建的隧道工程产生的大变形是一种特殊的围岩大变形类型。②采空区变形引起上部岩体变形具有沉降盆地变形的特点,隧道工程处于陷落区、下沉区以及接触部位不同的区域具有不同的变形形式和特点。由于沉降盆地变形的时间效应特点,围岩变形过程也具有明显的时间效应特点。③地下采空区发育的位置、产状、分布特点控制着上部围岩大变形特征和剧烈程度。

1.7 软岩大变形防治措施

为防止高地应力条件下软岩隧道大变形问题的出现,国内外的施工经验主要有:①加强掌子面稳定,包括掌子面喷混凝土和施作锚杆、施作超前支护,预留核心土。②控制底鼓和加强基脚,包括向底部地层注浆、向两侧打底部锚杆、加底板或加劲肋、设底部横撑或临时仰拱。③防止断面挤入,包括增打加长锚杆、缩短台阶长度、下半断面和仰拱同时施工、设纵向伸缩缝、采用可缩性支撑。④防止衬砌开裂,包括采用湿喷钢纤维混凝土、采用加强钢筋、设纵向伸缩缝等。⑤加强监控量测工作,包括监测初始位移速度、预测最终变形、建立控制标准值。⑥加强地质预报工作,包括预报掌子面前方的地质状态、建立地质数据库并及时反馈、进行岩石特性测试等。

1.8 软岩大变形隧道设计原则

软岩大变形隧道设计原则主要包括如下几个方面。

①隧道采用新奥法，将"先柔后刚，以柔克刚"的理念应用于隧道的结构设计。即开挖后先设置柔性支护，允许围岩有一定量的变形，以释放地应力，充分发挥围岩的自承作用，使围岩和初期支护的组合体共同承受围岩荷载和变形，同时，增加二次衬砌强度和刚度，使二次衬砌也可承受围岩压力。

②通过对国内外相关工程类比，锚杆是控制软岩大变形的重要手段。然而，由于塑性区都较大，需施设长锚杆，将锚杆打入围岩松动圈外稳定岩层确定锚杆长度，并与钢拱架紧密连接在一起，提供足够的支护阻力。同时，双层支护也是控制软岩大变形的有效手段之一，设计按照"第一层支护承受绝大部分围岩压力和变形，第二层支护使围岩趋于稳定"的思路确定锚喷和型钢参数，使二次衬砌施作前围岩初期支护体系趋于稳定状态。此外，可采用可缩式钢拱架和喷钢纤维混凝土等措施释放局部变形，以达到控制变形的目的。

③先柔后刚，以柔克刚。先柔后刚是指先施作柔性初期支护体系，再施作刚性二次衬砌结构，允许二次衬砌承受适当荷载。以柔克刚是指以锚喷网、长锚杆和型钢钢架等联合整体作用，提供较强的支护阻力。

④预留变形，谨防围岩和初期支护侵入二次衬砌净空而预先留出的变形空间，不包含开挖过程中的允超。高地应力段Ⅳ、Ⅴ级围岩宜预留20~50cm的变形量，以充分释放地应力。当采用双层支护时，应灵活设置预留变形区，当初期支护变形量达到预留值时，应及时施作二次衬砌。

⑤封闭成环。临时仰拱应紧跟掌子面，仰拱若不能和拱墙一起施作也应在拱墙施作后及时施作，不应滞后过长。及时封闭成环可有效增强结构的刚度和受荷能力。

1.9 软岩大变形隧道施工对策

总结国内外大量大变形隧道处理措施，主要有如下几种。

①预留变形量。施工中通过预留20~50cm的变形量，释放部分原岩应力，防止初期支护破坏。预留变形量必须留够(宁多勿少)，防止初期支护变形过大侵入二次衬砌净空。由于预留变形量不足而进行二次扩挖是非常危险的作业，而且对施工工期和工程成本控制不利。

②优化开挖方式。采用短台阶法、CD法和CRD法等方法分步开挖以及预留核心土开挖的方法保证掌子面的稳定。严格控制爆破参数和循环进尺，采用减弱振动控制爆破技术，减少爆破对围岩的扰动。台阶法分步开挖时，上断面开挖后，钢拱架底部要有支撑结构，不能直接放置在未开挖的下台阶上，必要时设置钢筋混凝土托梁，并在底角部位加密锚杆锁脚，避免脚部支护被推出或者脚部岩体支撑力不足和下台阶开挖钢支撑悬空引起大变形。

③掌子面预加固。在掌子面拱顶采用超前锚杆预支护或超前小导管预注浆加固，遇到围岩松散破碎、变形量很大或者塌方的情况，可采用长管棚的超前加固措施。在掌子面上采用4~6m长玻璃纤维锚杆或者预注浆的措施以加固围岩，减小掌子面挤压变形。

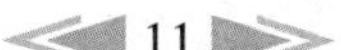

④支护封闭。保证不同类型支护结构相互连接、封闭，使形成支护体系整体承载。锚杆端头应当和钢支撑相互连接；钢支撑、喷混凝土等初期支护要尽早封闭成环，使支护结构形成整体受力，增强支护结构的承载能力。重视隧道底部的处理，应在开挖后及时浇筑，仰拱的曲率应加大。当采用台阶法分部开挖时，上半断面应加设临时仰拱。

⑤加强支护。加长锚杆和锚索(其端部应伸出塑性区，进入弹性区不小于总长的1/3)，必要时对锚杆和锚索施加预应力，将支护荷载通过锚杆(锚索)传递到深部稳定岩体。锚杆类型一般采用全长黏结型锚杆，使锚杆全长与围岩黏结。成孔困难时，可采用自进式注浆锚杆。如家竹箐隧道，采用了ϕ32长8m自进式锚杆，锚杆带有钻头，塌孔时仍可钻进就位，砂浆从锚头灌入，尾部带有止浆塞，可保证注浆饱满，注浆压力可达2.0MPa，浆液压入岩层裂隙范围大。采用锚筋桩加固，如锦屏引水隧洞，采用了3ϕ32长9m的锚筋桩对隧洞上台阶边墙底部进行加固，以减小下台阶开挖后的围岩挤出变形，同时为上台阶的支护提供底部支撑。采用有机硅粉仿钢纤维喷射混凝土，在喷射混凝土中加入仿钢纤维，既增强了混凝土的韧性，又提高了混凝土的抗拉抗剪强度，可减少喷混凝土开裂，为使喷射混凝土具有更大的抗变形能力，避免混凝土喷层的过度破坏，采用间隙喷射方法即按一定间隙，沿隧道纵向预留一定的间隙来改善喷射混凝土支护的柔性，允许发生一定的径向变形，适当减轻支护受到的围岩压力。间隙的宽度及间距应根据位移大小而定，一般纵向间距为1.0～3.0m，间隙的大小为10～20cm。

⑥柔性支护。采用可缩式钢拱架支撑，在格栅或型钢钢架中，按一定间距预留20cm宽的伸缩缝，一般采用摩擦型或弹簧型，当钢架支撑的受力达到某一程度时，伸缩缝即可随之发生收缩变形，使钢架既有一定刚度，又具有一定的抗变形能力，以适应大变形的特点。施工时可缩接头处预留20cm左右宽的部位暂不喷射混凝土，待可缩接头合拢或围岩变形基本稳定后，再将预留接头固定并喷满混凝土。

⑦增强二次衬砌及优化二次衬砌施作时间。常见的加强措施有以下几种：a.增加衬砌的厚度，例如从30～40cm增加到50～100cm；b.当围岩变形压力大，二次衬砌不足以抵抗时，采用钢筋混凝土衬砌；c.采用钢纤维混凝土代替普通素混凝土；d.采用钢架混凝土，即在二次衬砌中增加格栅钢架、型钢、槽钢等一类刚性支撑；e.改变二次衬砌结构的形状，将马蹄形断面形状改为受力条件好的圆形断面。在大变形特别严重的情况下，也可以将上述几种措施组合起来运用，如家竹箐隧道同时采用了上面的a、b、c三种措施。大变形围岩隧道在采用了先柔后刚、先让后顶、分层支护的初期支护后，关键是如何确定二次衬砌最佳施作时间。如围岩变形不充分，过早施作二次衬砌，则可能被围岩挤压破坏；施作过晚，则变形过大，围岩过度变形松弛，侵入限界。

⑧封堵地下水。采用防渗帷幕或者高压灌浆的方法，一方面封闭围岩张开的结构面和裂隙，堵塞渗水通道；另一方面可以加固围岩，提高围岩强度。

⑨加强监控量测工作。监测必须紧跟开挖进程，根据监测数据进行围岩稳定性的预警和采取相应的变形控制措施。

第2章 软岩特性

2.1 软岩的物理化学特征

软岩一般由固体相、液体相、气体相三相组成，有时由两相组成。固体相是由许多大小不等、形状不同的矿物颗粒按照各种不同的排列方式组合在一起，构成软岩的主要部分，称为“骨架”。在颗粒间的空隙中，通常有液相的水溶液和气体形成三相体，有时只被水或气体充填，形成二相体。颗粒、水溶液和气体这三个基本组成部分不是彼此孤立地、机械地混在一起，而是经过了漫长的地质过程的建造和改造作用，使其相互联系、相互作用，共同形成软岩的物质基础，并决定软岩的力学特性。

2.1.1 软岩的微结构特征

使用扫描电镜—能谱仪(SEM)可对软岩的微结构特征及所含元素种类进行分析。图2-1为典型的工程软岩试样，其中绿泥石片岩样本取自1500m埋深的地层，千枚岩取自300m埋深的地层。

a)绿泥石片岩

b)千枚岩

图2-1 典型工程软岩试样

图2-2a)为绿泥石片岩的扫描电子显微镜图像(放大500倍)，可以看到岩粒间存在大量的孔隙。利用能谱分析对图2-2a)进行组成元素分析，结果如图2-2b)所示，根据波峰处元素符号的显示，表明图2-2a)所示软岩微结构的化学组成元素为O、Si、Mg、Ca、Fe、Al、Au、Na、C等元素，原生矿物几乎都是由二氧化硅及硅酸盐组成。绿泥石片岩主要成分为绿泥石，而绿泥石成分比较复杂，是Mg、Fe、Al的硅酸盐，常含Ca、Ti、Mn、Cr等。按化学成分的不同可分为正绿泥石和鳞绿泥石两个亚族。正绿泥石中FeO和Fe_2O_3的含量不超过MgO和Al_2O_3的总量，

一般结晶较粗,主要有叶绿泥石和斜绿泥石。鳞绿泥石中的 FeO 和 Fe_2O_3超过 MgO 和 Al_2O_3,故又称富铁绿泥石亚族,晶体一般很细小或呈隐晶质,主要有鳞绿泥石和鲕绿泥石。因此可见,该试样中矿物颗粒化学组成中最多的元素是 Si、O、Fe、Al。另外从图 2-2a)的 SEM 图分析中,发现有几处不同于大部分岩样,并对其中一处进行微区分析[图 2-2a)中画框处],如图 2-3 所示。

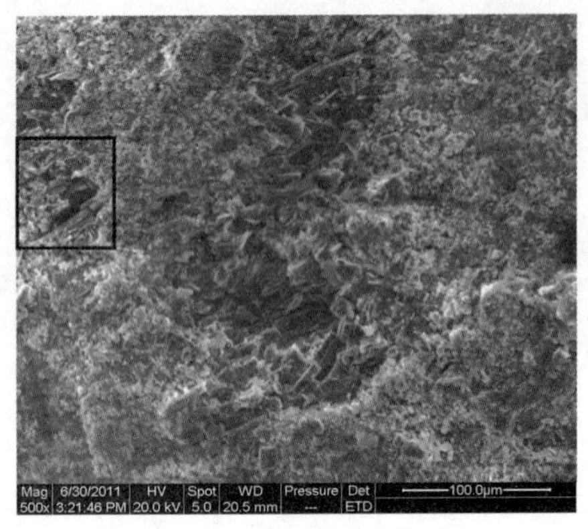

a)SEM图(500倍)

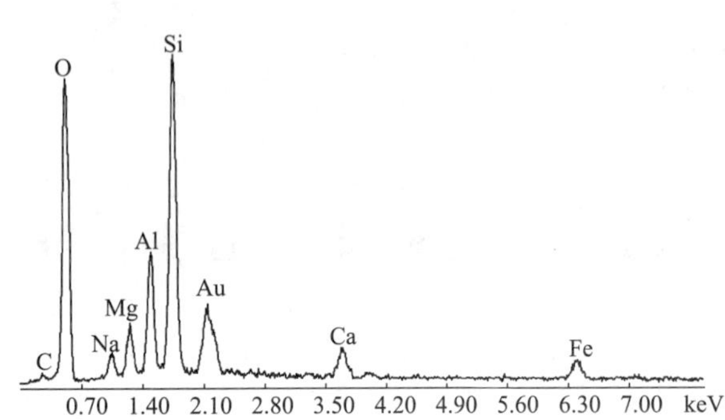

b)能谱分析图

图 2-2　绿泥石片岩

从图 2-3a)中可以看出局部微区内有较完整的晶体结构,微结构单元间呈现出面—面的接触形态,结合图中其他部分散装微粒的形态与分布,推断岩样内的晶体结构极易被破坏或者风化而呈散状分布在岩体表面。从图 2-3b)的能谱分析中可见图 2-3a)所示试样局部微结构的化学元素为 O、Si、Mg、Ca、Fe、Al、Au 等(未标注的波峰是喷金材料),图中波峰的高低仅代表在该 SEM 分析中各元素所占比例大小,并不代表整个岩块各元素的含量。

a)SEM图(3000倍)

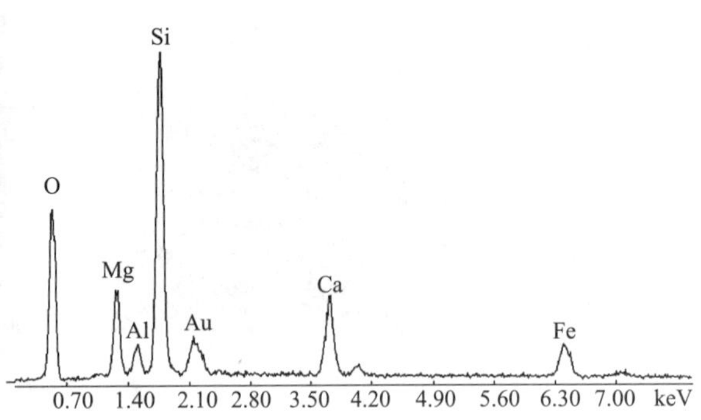

b)能谱分析图

图 2-3　绿泥石片岩局部

图 2-4 为绿泥石片岩试样放大 1000 倍和 5000 倍的扫描电镜图,可明显看出细鳞片状结构(绿泥石典型特征),岩层呈片状构造,充填、包裹风化母岩裂隙。因此,该软岩一旦遇水,其母岩风化颗粒被悬浮于近似流态的泥浆之中,母岩颗粒间彼此接触程度大大减小,岩体强度迅速降低。

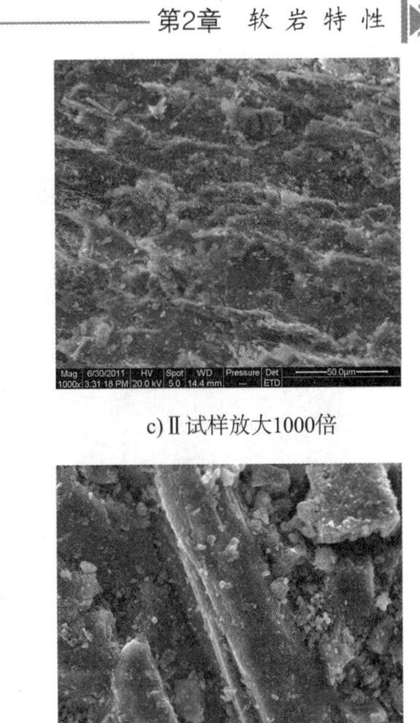

a) Ⅰ试样放大1000倍

b) Ⅰ试样放大5000倍

c) Ⅱ试样放大1000倍

d) Ⅱ试样放大5000倍

e) Ⅲ试样放大1000倍

f) Ⅲ试样放大5000倍

图2-4 绿泥石片岩试样SEM图

图2-5和图2-6为千枚岩的SEM及能谱分析图，可以看出其鳞片状特征更为明显，片状矿物粒径2～5μm。岩石风化后的岩粒极易脱离，裂隙较多，容易受到渗水的影响，具有可塑性，岩石强度较低。从能谱分析图中可看出元素O、Al、Si在千枚岩中的含量较高。

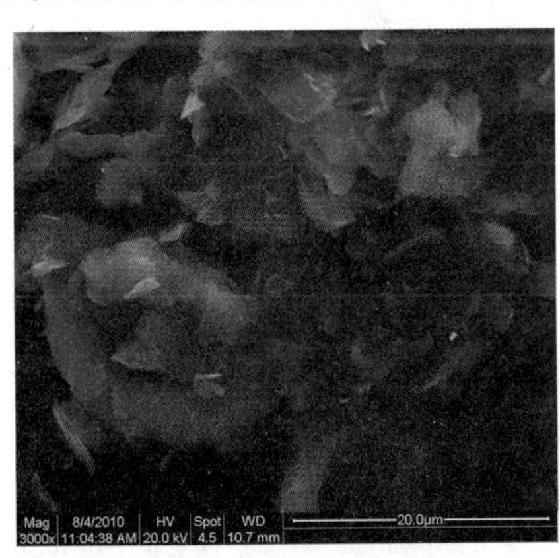

a)SEM图(3000倍)

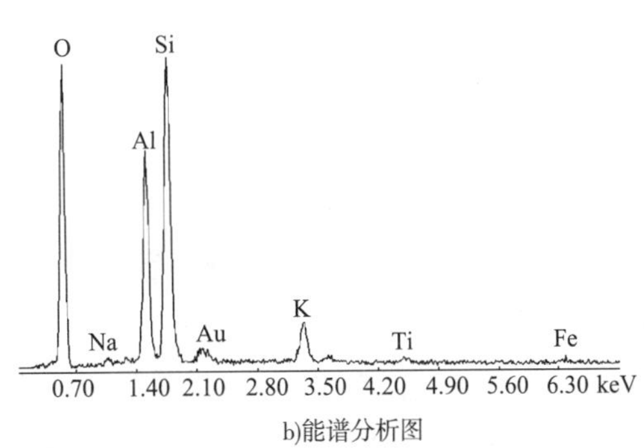

b)能谱分析图

图2-5 千枚岩(放大3000倍)

2.1.2 软岩的物相组成

采用X射线衍射仪可有效确定岩石矿物的物相组成。X射线衍射的位置取决于晶胞形状、大小，也取决于各晶体间距；而衍射线的相对强度则取决于晶胞内原子的种类、数目及排列方式。通过对4个绿泥石片岩试样进行X射线衍射，得到的衍射图谱如图2-7所示。为了进一

步分析以确定样品中所含化合物种类及名称，采用 X′ Pert Highscore 专业软件及 PDF2－2004 卡片进行分析，得到各样品的分析结果，如图 2-8、图 2-9 所示。

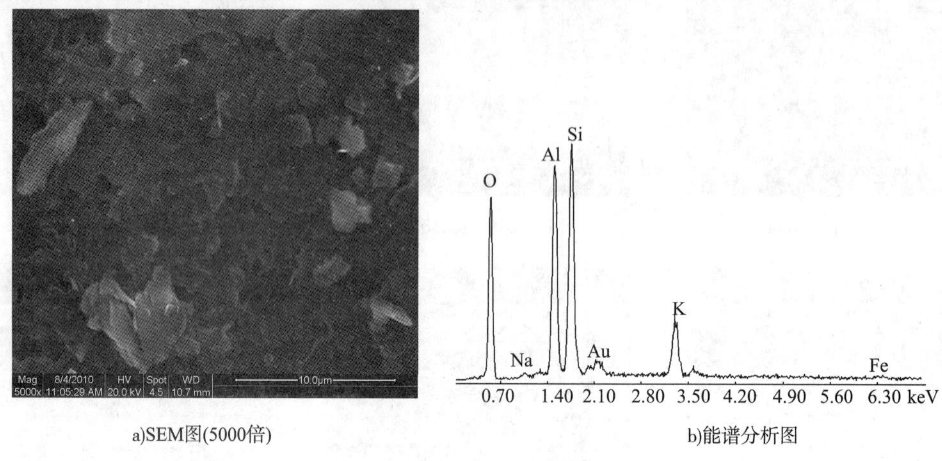

a)SEM图(5000倍)　　b)能谱分析图

图 2-6　千枚岩（放大 5000 倍）

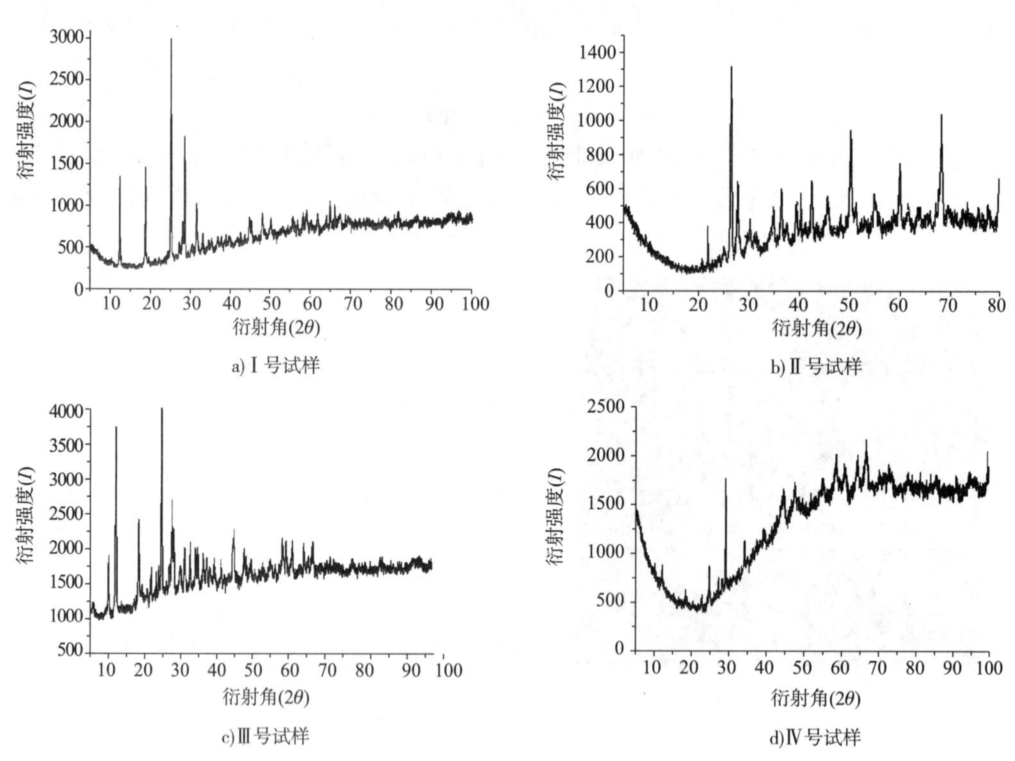

a) Ⅰ号试样　　b) Ⅱ号试样

c) Ⅲ号试样　　d) Ⅳ号试样

图 2-7　各样品 X 射线衍射谱

通过对实验数据的统计，将各样品主要物相组成及含量列于表 2-1，与设计地质勘察报告中关于绿泥石片岩矿物成分的叙述基本相似。从表中可看出，样品中绿泥石片岩的主要矿物成分为绿泥石，其含量达 30% ~50%，绿泥石为黏土矿物，薄片状，具有挠性而无弹性，遇水易软化，强度低、弹性和塑性变形能力强；次要矿物成分有滑石、闪石、方解石等，斜长石及钠长石含量仅占1% ~2%；亲水性矿物（石英、绢云母）含量占10%左右，表明岩石软化性较强。

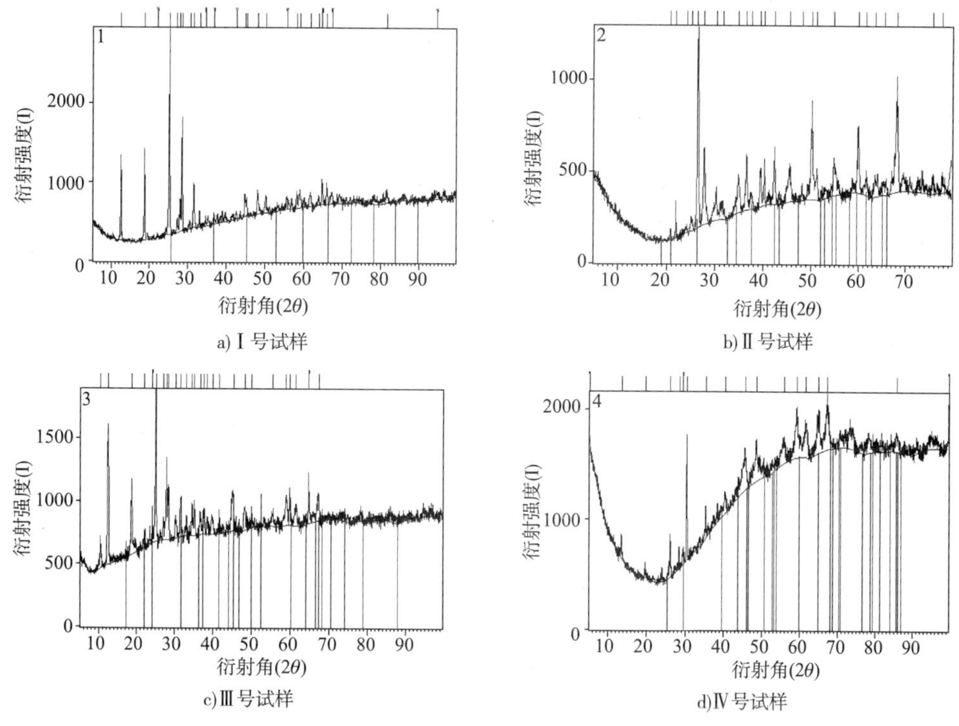

a) Ⅰ号试样 b) Ⅱ号试样 c) Ⅲ号试样 d) Ⅳ号试样

图2-8 X′ Pert Highscore 处理后的衍射谱

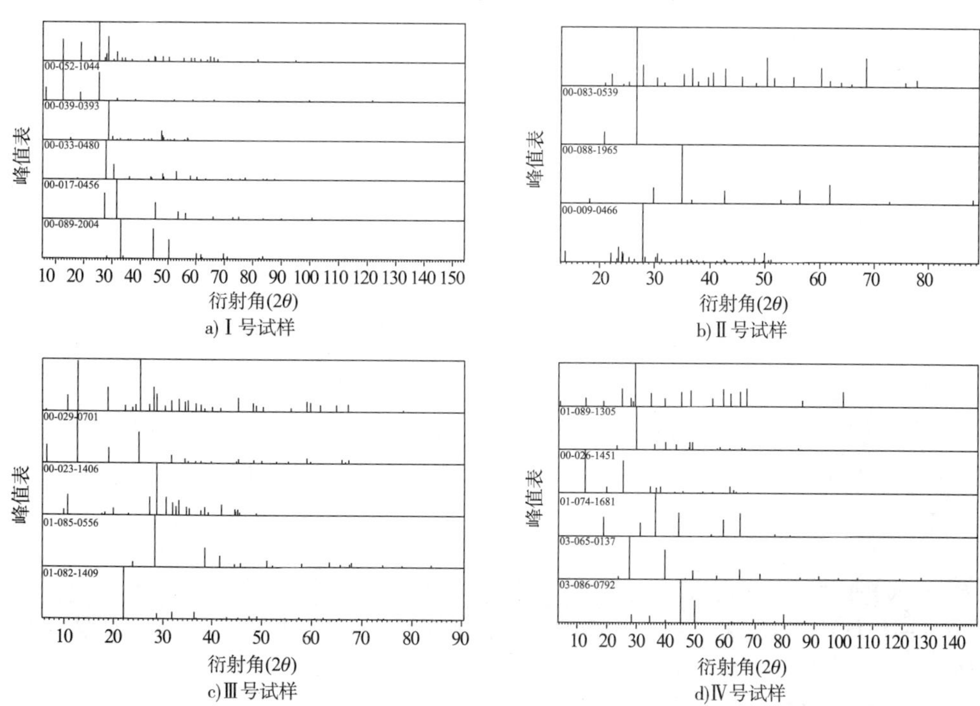

a) Ⅰ号试样 b) Ⅱ号试样 c) Ⅲ号试样 d) Ⅳ号试样

图2-9 各样品物相组成

表 2-1

X 射线衍射成分分析结果

编号	埋深(m)	矿物种类和含量(%)								
		绿泥石	滑石	闪石	方解石	绢云母	石英	绿帘石	斜长石	钠长石
Ⅰ	1200~1500	47.2	8.5	9.7	2.6	6.7	4.6	2.8	1.2	0.9
Ⅱ		38.9	16.1	10.2	3.3	5.8	6.9	3.4	0.9	0.5
Ⅲ		44.6	6.2	3.8	4.2	9.5	3.7	1.5	2.0	1.1
Ⅳ		41.7	11.3	1.9	6.6	2.8	4.3	4.1	1.5	0.8

2.1.3 软岩的膨胀性

岩石的自由膨胀率采用下式计算：

$$\delta_{ef} = \frac{V_1 - V_0}{V_0} \times 100 \tag{2-1}$$

式中：δ_{ef}——自由膨胀率(%)，精确至1%；

V_1——试样在水中膨胀稳定的体积(mL)；

V_0——试样原体积(mL)。

绿泥石片岩的自由膨胀率试验结果见表 2-2。

表 2-2

绿泥石片岩自由膨胀率试验结果

岩样编号	干岩质量(g)	量筒编号	不同时间的体积读数(mL)						自由膨胀率 δ_{ef}(%)	
			2h	4h	6h	8h	10h	12h		
Ⅰ	9.48	1	20	20	20	20	20	20	20	20
	9.52	2	20	20	20	20	20	20	20	
Ⅱ	9.53	1	10	10	10	10	10	10	10	11
	9.49	2	12	12	12	12	12	12	12	
Ⅲ	9.75	1	34	34	34	34	34	34	34	25
	9.72	2	21	21	21	21	21	21	21	
Ⅳ	10.74	1	13	13	13	13	13	13	13	23
	10.79	2	13	13	13	13	13	13	13	

由试验数据可以看出，岩样的自由膨胀率为10%～25%，膨胀变化在2h内已基本完成并保持稳定，表明该软岩具有弱膨胀性。岩石的膨胀力采用如下公式计算：

$$P_e = k\frac{W}{A} \times 10 \tag{2-2}$$

式中：P_e——膨胀力(kPa)；

k——杠杆比(本试验杠杆比为24:1)；

W——总平衡荷载(N)；

A——试样面积(cm^2)。

膨胀力试验结果见表 2-3～表 2-6。

Ⅰ号试样膨胀力试验记录表 表 2-3

试 样 状 态			膨胀力测定			
项 目	试验前	试验后	测定时间(h)	平衡重(g)	杠杆比	膨胀力(kPa)
环刀编号	1	1				
环刀加湿土质量(g)	162.69	176.50	24	160.88	24	13
环刀加干土质量(g)	158.91	157.69				
环刀质量(g)	36.69	36.69				
湿土质量(g)	126	139.81				
干土质量(g)	122.22	121				
水质量(g)	3.78	18.81				
含水率(%)	3	13.45				
土样体积(cm^3)	60.00	60.00				
密度(g/cm^3)	2.1	2.05				

Ⅱ号试样膨胀力试验记录表 表 2-4

试 样 状 态			膨胀力测定			
项 目	试验前	试验后	测定时间(h)	平衡重(g)	杠杆比	膨胀力(kPa)
环刀编号	1	1				
环刀加湿土质量(g)	164.90	176.89	24	85.11	24	7
环刀加干土质量(g)	161.12	160.4				
环刀质量(g)	38.90	38.90				
湿土质量(g)	126	137.99				
干土质量(g)	122.22	121.5				
水质量(g)	3.78	16.49				
含水率(%)	3	12				
土样体积(cm^3)	60.00	60.00				
密度(g/cm^3)	2.1	2.05				

Ⅲ号试样膨胀力试验记录表 表 2-5

试 样 状 态			膨胀力测定			
项 目	试验前	试验后	测定时间(h)	平衡重(g)	杠杆比	膨胀力(kPa)
环刀编号	1	1				
环刀加湿土质量(g)	167.10	179.37	24	63.62	24	5
环刀加干土质量(g)	163.32	162.9				
环刀质量(g)	41.1	41.1				
湿土质量(g)	126	138.27				
干土质量(g)	122.22	121.8				
水质量(g)	3.78	16.47				
含水率(%)	3	12				
土样体积(cm^3)	60.00	60.00				
密度(g/cm^3)	2.1	2.05				

Ⅳ号试样膨胀力试验记录表　　表 2-6

试样状态			膨胀力测定			
项　目	试验前	试验后	测定时间(h)	平衡重(g)	杠杆比	膨胀力(kPa)
环刀编号	1	1				
环刀加湿土质量(g)	142.01	165.63	24	181.93	24	15
环刀加干土质量(g)	138.23	138.01				
环刀质量(g)	16.01	16.01				
湿土质量(g)	126	149.62				
干土质量(g)	122.2	122				
水质量(g)	3.78	27.62				
含水率(%)	3	18.46				
土样体积(cm^3)	60.00	60.00				
密度(g/cm^3)	2.1	2.05				

从表 2-3 ~ 表 2-6 中的试验结果可看出，各编号岩样的膨胀力平均值分别为 11kPa、9.33kPa、7kPa、14.27kPa，表明软岩的膨胀力较弱，膨胀程度低。该绿泥石片岩产生大变形的主要影响因素中可排除膨胀的作用。

2.2 软岩的力学特性

本节以绿泥石片岩为例，试样岩石为锦屏引水隧洞西端 T_1 地层揭露的绿泥石片岩，该区域的绿泥石片岩呈黑绿 ~ 灰绿色，弱 ~ 微风化，质地细腻，稍有滑感，片理不明显，有时偶见细小相间的石英脉，总体连续性、完整性相对较好。现场采用水钻法钻孔取芯来制备试样。试样两端面用锯石切割机平整，然后在磨石上进行研磨，制样要求严格按照国际岩石力学学会(ISRM)试验规程来加工(见图 2-10)。根据采集点不同分别将试样编号为Ⅰ、Ⅱ、Ⅲ、Ⅳ，同一编号的岩石样本制备多组分别进行单轴和三轴抗压强度实验。

采用岩石力学刚性试验机对绿泥石片岩进行力学特性试验(见图 2-11)。试验步骤：首先用乳胶套将试样包裹好，以防止试验过程中液压油侵入试样内，从而影响岩石力学特性参数的

图 2-10　典型岩石试样

图 2-11　三轴压缩试验设备

测定;其次在两端加上与试样直径匹配的钢性垫块,以减小端面摩擦对试验结果的影响,同时调整好位移传感器;然后将试样放进三轴压力室内,对试样施加至预定的围压,此时试样处于静水压力状态;最后对试样施加轴向应力使之失去承载能力而破坏。试验采用位移控制,加载速率为0.002mm/s,采用5mm的位移传感器,测试试样的轴向位移;采用1000kN的力传感器,测试试样的轴向荷载。仪器可施加最大轴力为1000kN,最大围压为50MPa,加荷方式为均布荷载。围压利用气压通过液压油施加,轴压是在气压的基础上通过活塞机械施加。

2.2.1 软岩的单轴抗压力学特性

绿泥石片岩干燥和饱和条件下典型的单轴压缩全过程曲线如图2-12所示。干燥和饱和条件下绿泥石片岩的力学特性参数见表2-7。

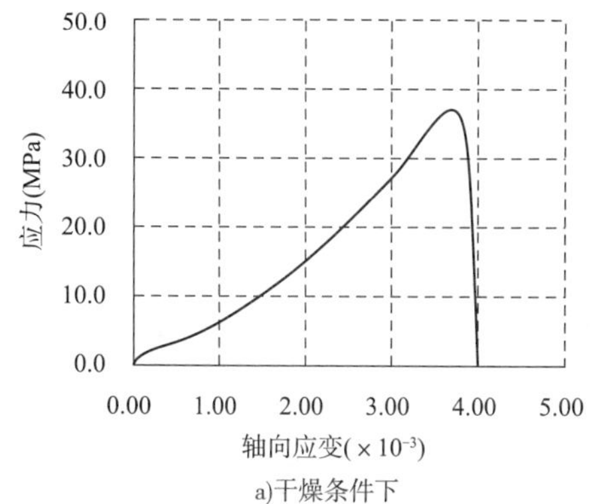

a)干燥条件下

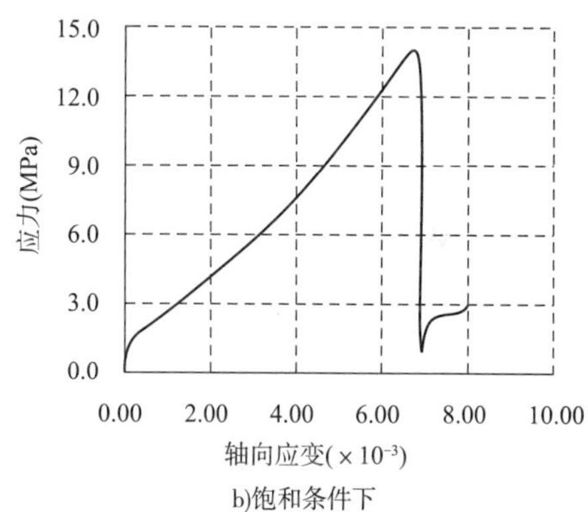

b)饱和条件下

图2-12 典型绿泥石片岩的单轴压缩应力应变曲线

干燥和饱和条件下绿泥石片岩的力学特性参数 表2-7

岩样编号	岩样状态	峰值应力(MPa)	峰值应力时的应变($\times10^{-3}$)	弹性模量(GPa)	变形模量(GPa)	泊松比
Ⅰ-1	干燥	53.37	3.04	19.81	17.17	0.38
Ⅱ-1		50.13	4.26	13.18	11.83	0.23
Ⅲ-1		35.51	3.76	11.35	7.77	0.22
Ⅳ-1		16.18	2.22	8.36	6.52	0.18
平均值		38.80	3.32	13.18	10.82	0.25
Ⅰ-2	饱和	37.09	7.42	6.01	3.92	0.35
Ⅱ-2		20.24	5.08	4.78	3.96	0.70
Ⅲ-2		14.03	6.70	1.95	1.82	0.36
Ⅳ-2		6.52	3.77	1.44	1.92	0.05
平均值		19.47	5.74	3.54	2.90	0.36

从图2-12中可以看出,加载初期,绿泥石片岩初始压密段很明显,然后,随着继续加载进入弹性变形阶段,在达到峰值强度前,未出现明显的压密段,峰值后应力应变曲线呈脆性跌落形态。

从表2-7试验结果可以看出,由于岩芯取样洞段的绿泥石片岩岩层产状复杂,且绿泥石片岩与绿砂岩互层分布,层厚较小等原因,造成无论是干燥还是饱和条件下,所得结果的离散性比较大。此外,由于引水隧洞中大部分为大理岩层,绿泥石片岩地层相对非常短,因此,一般对大理岩的变形力学性质的概念比较清晰,而对绿泥石片岩的认识并不深入,为了对这类软岩的变形破坏特征建立起概念,在以下的分析中,将其与大理岩进行了比较,以加深理解。

单轴条件下绿泥石片岩的弹性变形情况如图2-13所示,从图中可看出,干燥条件下,绿泥石片岩的平均弹性模量为13.18GPa,单轴条件下大理岩的弹性模量为36.53GPa,为绿泥石片岩的2.8倍,通过这种比较,可以建立起绿泥石片岩变形能力的概念,仅弹性变形就将达到大理岩变形3倍左右,甚至更多。饱和条件下,绿泥石片岩的平均弹性模量为3.54GPa,大理岩的弹性模量为30.13GPa,为绿泥石片岩的8.5倍,可以看出,即使仅计弹性变形,绿泥石片岩的变形将远大于大理岩,其所导致的工程问题同大理岩相比可能完全不同。该岩层发生的大变形问题主要因素之一便是绿泥石片岩弹性模量小,可变形能力强。饱和条件下,绿泥石片岩的弹性模量约为干燥时的27%,弹性模量的软化系数达到了0.27,这说明,绿泥石矿物遇水导致的软化效应十分突出。

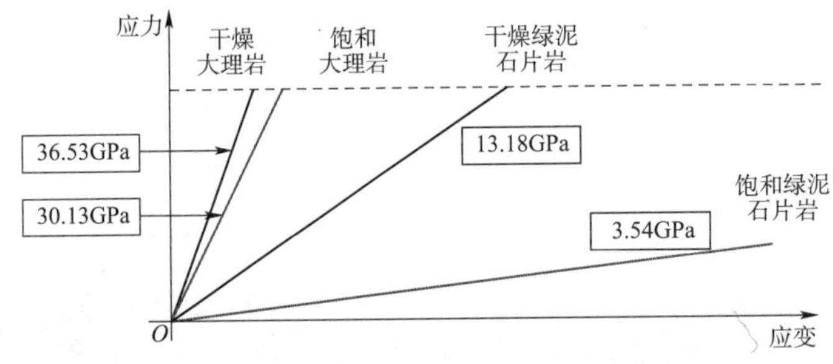

图2-13 单轴条件下绿泥石片岩的弹性变形情况

根据表2-7,干燥条件下,绿泥石片岩单轴抗压强度的平均值为38.8MPa,饱和时为19.47MPa,为前者的50%,强度的软化系数为0.5,强度降低非常明显。其干燥强度约为大理岩强度的43%,这说明,除大的弹性变形外,较低的强度导致岩体破坏时产生的塑性变形也将成为该洞段大变形的主要因素之一。仅对完整岩石来讲,饱和后的强度降低约一半,由此导致的工程稳定性问题将非常突出。

根据岩石采样现场观察,绿泥石片岩较为破碎,完整性差,用手可掰断,其整体强度可能远小于试验结果值,而该洞段埋深超过了1500m,实测地应力约45MPa,即绿泥石片岩强度小于地应力,满足了工程软岩所具备的地应力大于岩石强度的条件;同时,采用常规支护措施时,围岩仍发生了大变形,局部严重侵限,即围压变形已经大大超出了允许变形范围,这与工程软岩的变形超过其允许值的特点相同,所以,引水隧洞西端揭露的T_1地层绿泥石片岩为典型的工程软岩。

2.2.2 软岩的三轴抗压力学特性

(1)常规三轴条件下的强度特性

三轴压缩条件下,绿泥石片岩的变形具有明显的应变强化和软化特征。围压较小时,应力降低值较大,随着围压的增加,应力降低值变小,并趋于理想弹塑性变形性态,如图2-14所示。绿泥石片岩的力学特性对围压比较敏感。干燥和饱和条件下,其峰值强度与围压的关系如图2-15所示,很好地符合Mohr-Coulomb强度准则直线型的特点。由此得出干燥条件下,绿泥

石片岩的黏聚力 $c = 13.74$MPa，摩擦角 $\varphi = 21.43°$；饱和条件下，其黏聚力 $c = 4.47$MPa，摩擦角 $\varphi = 25.26°$。

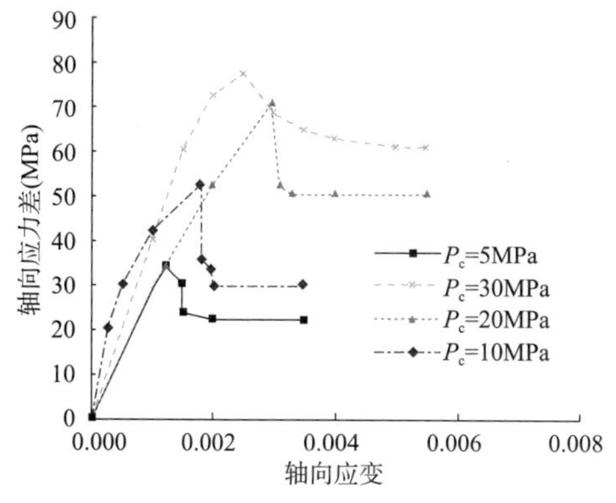

图2-14 绿泥石片岩不同围压下的应力—应变曲线

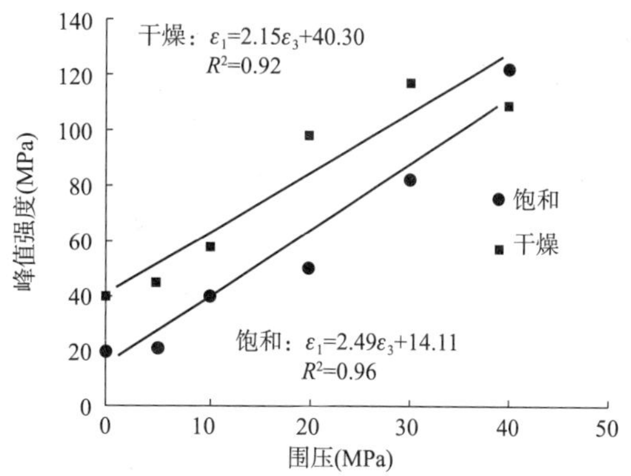

图2-15 绿泥石片岩干燥和饱和条件下峰值强度与围压关系

峰值强度与残余强度之差称为峰残差，图2-16为绿泥石片岩峰残差与围压的关系。从图中可以看出，随着围压的升高，峰残差逐渐降低，即残余强度随围压增加的幅度比峰值强度大，也就是说残余强度对围压的敏感性要高于峰值强度。峰残强度降低率与围压大致有着负指数的变化规律，即随着围压的增加有渐进减小的趋势，说明当其降低至零时，此点即对应着岩石的脆—延转化点，对应的围压即为转化围压。低于此围压的应力—应变关系出现应变软化现象，高于此围压的应力—应变关系出现硬化现象。干燥试样的转化围压为47.7MPa，由于饱水岩样残余强度的试验结果离散性较大，故试验未能得到其转化围压。

(2)常规三轴条件下的变形特性

图2-17为干燥和饱和条件下弹性模量与围压的关系。由此可见，在干燥条件下，绿泥石片岩的弹性模量随围压显著升高，并呈线性相关性。随着围压升高，岩样结构压密，弹性性质的压缩硬化效应明显。而在饱和条件下，弹性模量降低很多，且其对围压的敏感性降低，因此，绿泥石片岩遇水不但软化效应明显，而且压缩硬化效应也大大减小。

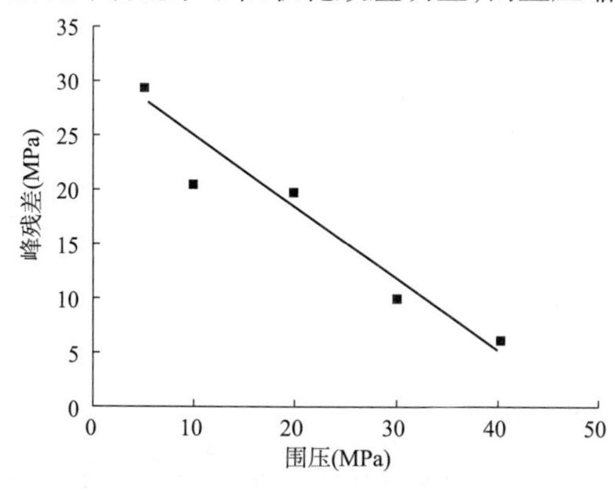

图2-16 绿泥石片岩峰残差与围压的关系

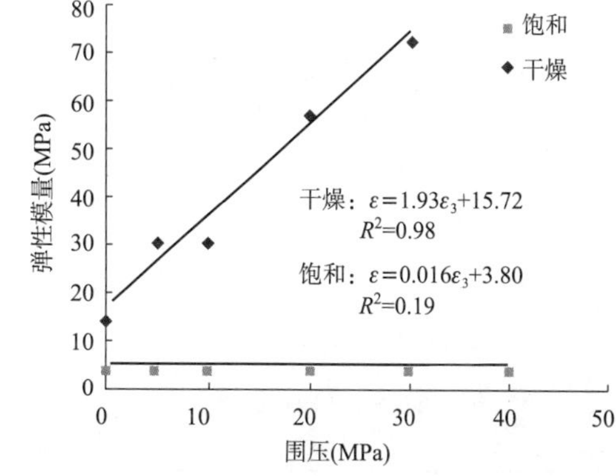

图2-17 干燥和饱和条件下弹性模量与围压的关系

(3)常规三轴条件下的破坏特性

绿泥石片岩试样在三轴压缩条件下的破坏形式如图2-18所示。由试验结果可知，不同围

压条件下试样的破坏均是剪切破坏，在较低围压下，试样基本上为宏观单一断面的剪切破坏，通过对岩石试样宏观断口的观察，低围压时破裂面较粗糙，并在破裂面附近出现许多细小的碎裂块；随着围压的增大，试样也会出现彼此近于平行的双断面剪切破坏，而且其破裂面也愈来愈平整，剪切破裂面上附有强烈摩擦作用产生的白色粉末。

a)5MPa

b)20MPa

c)40MPa

图 2-18 绿泥石片岩试样在三轴压缩条件下的破坏形式

(4)卸围压条件下的三轴压缩力学特性

隧洞开挖过程中，围压实际经历的是径向卸载、环向加载应力路径。邓荣贵等在 2001 年曾经做过保持轴压不变、卸围压的应力路径下绿泥石片岩的三轴压缩试验，得出的常规加载、卸围压情况下峰值强度与围压的关系如图 2-19 所示。从图中可以看出，卸围压情况下，峰值强度相比常规加载的结果有所降低，其降低百分比(为两者之差与常规加载结果的百分比)与围压相关，如图 2-20 所示，在低围压下降低达到 50% 左右，而围压升高到 40MPa 后，降低百分比为 19%，呈下降趋势。卸围压路径下得出的弹模相比常规加载路径的结果也有所降低，其降低百分比随着围压升高也呈下降趋势，但下降幅度较小，最大值为 50%，最小为 42.5%。在隧洞开挖后，围岩经历径向卸荷及环向加载过程中峰值强度比开挖前明显降低，即本身强度较低的绿泥石片岩开挖后受力状态更不利于承载。

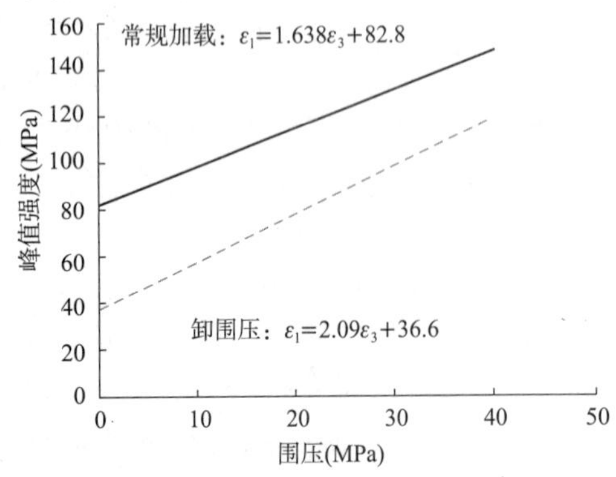

图 2-19 常规加载和卸围压条件下峰值强度与围压的关系

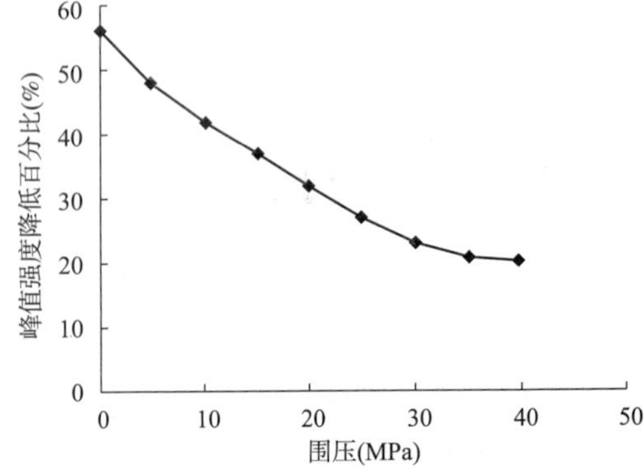

图 2-20 卸围压条件下峰值强度相对常规加载结果的降低百分比与围压关系

2.2.3 水对软岩力学性质的影响

由于绿泥石片岩中的绿泥石矿物遇水后泥化性质明显，导致其强度、变形软化现象明显。

(1)饱和条件下绿泥石片岩的强度特性

单轴压缩条件下，绿泥石片岩饱和岩样的峰值强度为干燥岩样的50%左右，即强度软化系数为0.5，强度降低非常明显。常规三轴压缩条件下，饱和岩样的黏聚力为干燥岩样的32.5%，摩擦角为干燥岩样的1.17倍。根据峰值强度与围压拟合曲线得出的峰值强度软化系数与围压的关系如图2-21所示。从图中可以看出，随着围压的升高，峰值强度的软化效应逐渐降低，低围压下软化严重，高围压下软化较轻。表层松动围岩围压较低，因此，一旦遇水后强度降低将非常严重。

(2)饱和条件下绿泥石片岩的变形特性

单轴压缩条件下，饱和岩样的弹性模量约为干燥的27%，弹性模量的软化系数为0.27，饱和后绿泥石的遇水泥化性质导致岩样的弹性性质下降较多。在三轴压缩条件下，饱和绿泥石片岩的弹性模量相对于干燥时同样降低很多，弹性模量软化系数随围压的关系如图2-22所示。从图中可以看出，由于饱和后，绿泥石片岩的弹性模量对围压的敏感性大大降低，而干燥条件下，其弹性模量对围压非常敏感，导致弹性模量软化系数随围压增大而降低，这与强度软化系数的变化规律相反。因此，水对绿泥石片岩变形性质的影响效应是非常显著的。

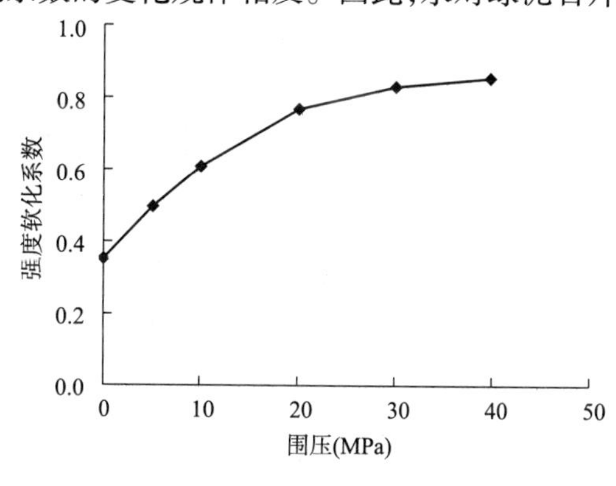

图2-21 绿泥石片岩峰值强度软化系数与围压的关系

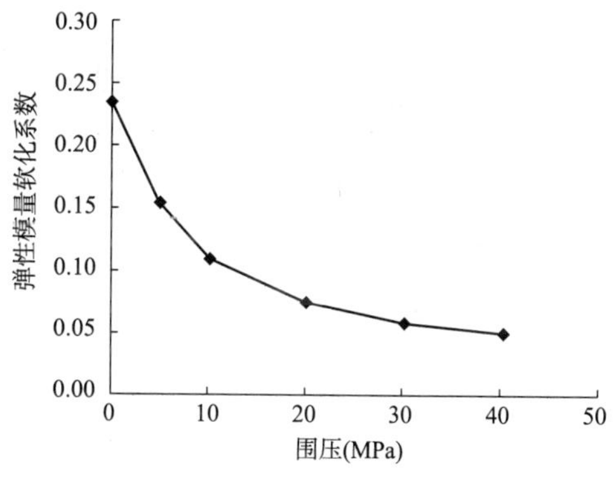

图2-22 绿泥石片岩弹性模量软化系数与围压的关系

2.3 软岩的工程力学特性

软岩之所以能产生显著塑性变形的原因，是因为软岩中的泥质成分(黏土矿物)和结构面控制了软岩的工程力学特性。一般说来，软岩具有可塑性、膨胀性、崩解性，分散性、流变性、触变性、离子交换性和易扰动性。正是这些特殊的性质，导致软岩地区修建地下工程时面临如前所述诸多工程、地质问题。

2.3.1 可塑性

可塑性是指软岩在工程力的作用下产生变形，去掉工程力之后这种变形不能恢复的性质。

低应力软岩、高应力软岩和节理化软岩的可塑性机理不同，低应力软岩的可塑性是由软岩中泥质成分的亲水性所引起的，而节理化软岩是由所含的结构面扩展、扩容引起的，高应力软岩是泥质成分的亲水性和结构面扩容共同引起的。

低应力软岩可塑性可用液限(w_1)、塑限(w_p)和塑性指数(I_p)来描述。低应力软岩一般是泥岩、泥页岩类，遇水容易软化。当和水充分作用时，可变成液体而流动。人们把达到流动状态的界限含水率(颗粒含水质量与风干颗粒的质量百分比)称为液限。另一方面，水量逐渐减少，软岩变硬但刚开始开裂，达到该状态前所失去的水量和干样品的重量百分比，称为塑限。评价低应力软岩的可塑性程度，一般用塑性指数这个术语。塑性指数是液限和塑限的含水率之差($I_p = w_1 - w_p$)，表示了塑性的含水率范围。节理化软岩的可塑性变形是由于软岩中的缺陷和结构面扩容引起的，与黏土矿物成分吸水软化的机制没有关系。描述结构面扩容，一般用塑性扩容内变量(θ_p)，这方面的研究尚待进一步深入。

高应力软岩的可塑性变形机制比较复杂，前述两种机制(结构面扩容机制和黏土矿物吸水软化机制)可同时存在。高应力软岩塑性变形机制的研究基本上是空白。

2.3.2 膨胀性

软岩在力或水的作用下体积增大的现象，称为软岩的膨胀性。根据产生膨胀的机理，膨胀性可分为内部膨胀性、外部膨胀性和应力扩容膨胀性三种。

(1)内部膨胀性

内部膨胀性是指水分子进入晶胞层间而发生的膨胀。例如，蒙脱石的单位构造层厚度为1.54nm，遇水成为胶体状时则增大到2nm左右。Norrish用Na型蒙脱石浸在不同的盐类溶液中，逐渐降低溶液浓度，并观察其底面的间距变化，到2nm为止呈阶梯状增大，到10～12nm则与盐类浓度的平方根之倒数成比例增大。比2nm更大的值，可能不仅是底面间距的增加，还可能是由各种不同值的混合层引起的。在常温下观察蒙脱石的层间水状态，则可见到其层间水呈平行于水分子并有规则的层面排列。和水继续作用，则水分子层相继在层间平等堆积，扩大层间距离。这种水分子层的发育受交换性离子(电荷、原子价、大小及加水能性质)的影响，在水分子层的发育方面可达到数层的厚度。大体上可以认为，它是对峙于层间域的氧元素面的阴电荷和交换性离子的加水力，向层间吸入水分子；由于水分子的偶极子性质，水分子与氧形成氢键而排列，一层水分子上发育另一层水分子。因这两层间有交换性离子，水分子配位在各离子的周围，所以有离子存在的地方，水分子的排列似乎有点紊乱。Na型蒙脱石膨胀速度小，但能形成厚的水分子层，其原因之一可能是层间似一价来牵引，其引力小所致。Li型蒙脱石也一样，但由于离子半径小，水分子层很少发生紊乱。Mg、Ca型蒙脱石中，水分子层的发育，在单位构造高度的增加是有限度的(2nm)，与一价离子相比，这可能是由于层间的牵引力较强所致。

(2)外部膨胀性

外部膨胀性，是极化的水分子进入颗粒与颗粒之间而产生的膨胀性。因为黏土矿物都是层状硅酸盐，所以其表面积主要是底表面积。也就是说，水主要存在于小薄片与小薄片之间，并使其膨胀，这种膨胀性称为外部膨胀性。黏土矿物和黏土结晶学的研究表明，所谓膨胀，就是水和其他液体在进入层间的瞬间即形成黏土矿物晶体的一部分。Fujioka 和 Nagahori(1960)发现，用常规膨胀量测定装置测定的数值很大，大到仅用内部膨胀难以解释的程度，因此,黏土矿物的膨胀可能不仅有内部膨胀的机制,而且还存在着外部膨胀的机制。内部膨胀也称为层间膨胀,而外部膨胀是粒间膨胀,是相对于层间膨胀而言,黏土颗粒的集合体浸透水和溶液时,进入粒间空隙比进入各颗粒的层间可能容易些。各颗粒只要是呈板状形态的层状硅酸盐,那么沿底面容易破裂,各颗粒的形状也大半是平行于底面的板状体。因此,把颗粒之间的膨胀看作黏土颗粒的表面与水或者溶液的相互作用。

(3)扩容膨胀性

扩容膨胀性,是软岩受力后其中的微裂隙扩展、贯通而产生的体积膨胀现象,故亦称应力扩容膨胀性。如果说内部膨胀是指层间膨胀、外部膨胀是指粒间膨胀的话,扩容膨胀则是集合体间隙或更大的微裂隙的受力扩容。前两者的间隙是原生的,后者主要是次生的;前两者的膨胀机理是一种与水作用的物理化学机制,而后者则属于力学机制,即应力扩容机制。

实际工程中,软岩的膨胀是综合机制。但对低应力软岩来讲,以内部膨胀和外部膨胀机制为主;对节理化软岩来讲,则以扩容机制为主;对高应力软岩来讲,可能诸种机制同时存在且均起重要作用。

2.3.3 崩解性

低应力软岩和高应力软岩、节理化软岩的崩解机理是不同的。低应力软岩的崩解性是软岩中的黏土矿物集合体在与水作用时膨胀应力不均匀分布造成崩裂现象;高应力软岩和节理化软岩的崩解性则主要表现为在巷道工程力的作用下,由于裂隙发育的不均匀造成局部张应力集中引起的向空间崩裂、片帮现象。当然,高应力软岩也存在着遇水崩解的现象,但不是控制性因素。

关于低应力软岩的崩解性研究,曲永新(1979,1985)、时梦熊(1985)、徐晓岚(1985)、傅学敏(1991)等做了很多试验工作。时梦熊根据崩解特征,将低应力软岩归结为四种崩解类型,如表2-8所示。

低应力软岩崩解的四种模式　　表2-8

崩解分类	崩解物形态	崩 解 特 征	崩解物形态示意
Ⅰ	泥状	浸入水中即刻“土崩瓦解”呈泥状	
Ⅱ	碎屑泥、碎片泥、碎块泥	浸入水中呈絮状、粉末状崩落,短则几分钟,长则20～30min,样品即崩解完毕,崩解物为粒状、片状碎屑或碎块,但用手搓仍为泥	
Ⅲ	碎岩片、碎岩块	浸入水中呈块状崩裂、塌落或片状开裂,全部样品崩解完毕需一至数小时,崩解物为碎岩片或碎岩块	
Ⅳ	整体岩块	浸入水中经数天、半月以至更长时间都不发生崩解破坏,或仅在局部沿隐微裂隙、节理开裂	

软岩浸水后所表现出来的不同崩解特征与软岩的成因、成分以及胶结状态密切相关。崩解物为泥状的Ⅰ类软岩，主要是以蒙脱石为主要矿物成分的弱胶结软岩。由于蒙脱石亲水性很强，加之颗粒间胶结较弱，所以遇水后很快崩解；该类软岩的干燥—饱和吸水量在50%以上，更大者可达122.21%和137.7%，如此高的吸水量说明该类软岩具有很大的膨胀性。第Ⅱ类软岩，情况较为复杂。这类软岩的矿物成分，有以蒙脱石为主的，也有的是蒙脱石和伊利石或蒙脱石与高岭石以及三者兼有的混合物，而且它们具有不同数量的胶结物。因此，当这类软岩浸于水时，虽然也常常呈絮状或粉末状崩落，但最终崩解物为鳞片状碎屑或大小不等的碎块，用手指揉搓，其仍为泥状物。如北川仁禹公路隧道的千枚岩就是这种情况，其崩解物为典型的鳞片状碎屑。而堡镇隧道的粉砂质页岩、泥质页岩，其崩解物均是大小不等的碎块泥。这类软岩的干燥—饱和吸水量较崩解物为泥状的Ⅰ类软岩要低，其数值与样品的流限值基本一致。这种近似的规律恰恰说明，其所以呈大小不等的碎屑泥或碎块泥崩解，主要是由于有一定量的胶结物存在，而黏土矿物成分的影响在此居于次要地位。第Ⅲ类软岩浸水后呈块状崩裂塌落或片状开裂、其崩解速度较慢，一般为一至数小时，崩解物为碎岩片或碎岩块，手指搓碾时仍为硬块。该类软岩胶结良好，之所以崩裂为碎片或碎块，主要是由于岩石自身的微结构引起的。其干燥—饱和吸水率较低，一般在塑限以下或流塑限之间。第Ⅳ类属水稳定性很好的软岩，它们浸水后不发生任何形式的破坏，其干燥—饱和吸水量一般低于10%。高应力软岩和节理化软岩的崩解性，是由在高应力的作用下岩体中分布极不均匀的裂隙尖端发生应力集中而扩展、崩裂。在巷道开挖时向空间发生片帮现象，常常形成高应力破坏对称台阶。高应力软岩和节理化软岩的崩解特性，许多文献都进行了初步研究，但尚待深入。

2.3.4 流变性

软岩是一种流变材料，具有流变特性的材料的力学性状和行为是流变学(Rheology)的研究范畴。流变性又称黏性(Viscosity)，是指物体受力变形过程与时间有关的变形性质。软岩的流变性包括弹性后效、流动、结构面的闭合和滑移变形。流动又可分为黏性流动和塑性流动。弹性后效是一种延迟发生的弹性变形和弹性恢复，外力卸除后最终不留下永久变形。流动是一种随时间延续而发生的塑性变形(永久变形)，其中黏性流动是指在微小外力作用下发生的塑性变形(永久变形)，塑性流动是指外力达到极限值后才开始发生的塑性变形。闭合和滑移是岩体中结构面的压缩变形和结构面间的错动，也属塑性变形。

从微观和细观分析，弹性后效是晶体群和晶格的滞后变形，黏性流动是颗粒间的非定向转动，而塑性流动是沿微观滑移面的滑动，闭合和滑移则是细观和宏观结构面的变形方式。尽管其机理各不相同，但表现形式一致，且往往同时发生在同一物体上，因此在研究时很少加以区分。

单纯的黏性材料是很少的，常见的工程材料在外力作用下，瞬时出现弹性或弹塑性，以后才逐渐呈现黏性，即多为弹性材料或弹黏塑性材料。因此，在研究实际工程问题时，必须同时进行弹性分析或弹塑黏性分析，故流变学又常称为弹黏性力学、黏塑性力学或弹黏塑性力学等。

加强流变学研究，对软岩工程问题非常重要。这一方面是由于软岩工程岩体本身的结构和组成反映出明显的流变性质，另一方面也是由于受力条件(长期受力，三向应力状态)使流变性质更为突出。在地下工程中表现出来的力学现象，包括地压、变形、破坏等几乎都与时间有关。严格的说,以往应用弹性力学和弹塑性力学求得的隧道变形和应力都是瞬时发生的,是测量不到且无法阻止的,通常测量到的和用支护加以阻挡的都是流变产生的变形和应力。因此,解决岩石力学实际问题不能离开流变力学的研究。

软岩的流变性主要表现在软岩的蠕变性、松弛性和流动极限的衰减性。

(1)蠕变性

蠕变性是指在恒定荷载作用下发生的流变性质,用蠕变方程和蠕变曲线来表示。蠕变(Creep)和流变是有区别的。蠕变给定了应力,流变中应力可以是变量。蠕变是流变的一种表现。

在较高的应力水平下,蠕变曲线一般可分为三个阶段,如图2-23a)所示。

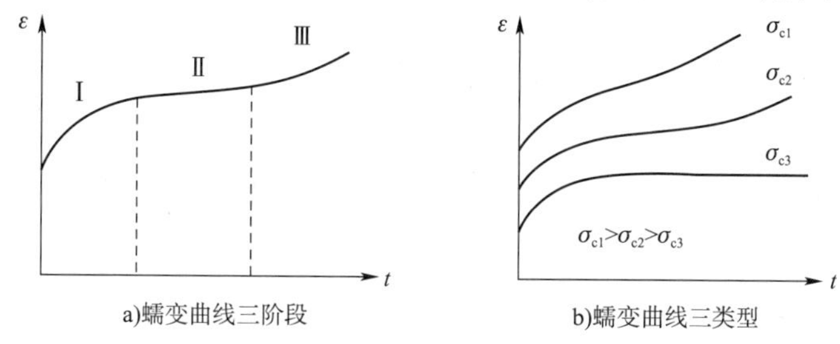

图2-23 塑性半径随埋深的变化曲线

Ⅰ阶段——衰减蠕变。应变速率由大逐渐减小,蠕变曲线上凸,即

$$\frac{\mathrm{d}\varepsilon}{\mathrm{d}t}<0,\frac{\mathrm{d}\varepsilon}{\mathrm{d}t}>0$$

Ⅱ阶段——等速蠕变。应变速率近似为常数或为0,蠕变曲线近似为直线,即

$$\frac{\mathrm{d}\varepsilon}{\mathrm{d}t}=0,\frac{\mathrm{d}\varepsilon}{\mathrm{d}t}=\mathrm{const}$$

Ⅲ阶段——加速蠕变。应变速率逐渐增加,蠕变曲线下凹,即

$$\frac{\mathrm{d}\varepsilon}{\mathrm{d}t}<0,\frac{\mathrm{d}\varepsilon}{\mathrm{d}t}=\mathrm{const}$$

并不是任何材料在任何应力水平上都存在蠕变三阶段。同一材料,在不同应力水平上的蠕变阶段表现不同,可分为以下三种类型,如图2-23b)所示。

①稳定蠕变——在低应力水平下($\sigma=\sigma_{c3}$),只有蠕变Ⅰ阶段和Ⅱ阶段,且Ⅱ阶段为水平线,永远不出现Ⅲ阶段那种变形迅速增大而导致破坏的现象;

②亚稳定蠕变——在中等应力水平下($\sigma=\sigma_{c2}>\sigma_{c3}$),也只有蠕变Ⅰ阶段和Ⅱ阶段,但Ⅱ阶段蠕变曲线为稍有上升的斜直线,在相当长的期限内不致出现Ⅲ阶段;

③不稳定蠕变——在比较高的应力水平下($\sigma=\sigma_{c1}>\sigma_{c2}>\sigma_{c3}$),连续出现蠕变Ⅰ、Ⅱ、Ⅲ阶段,变形在后期迅速增长而导致破坏。

材料的蠕变曲线通常是通过试验得到的,也可以通过现场实测得到。应该指出,只有无支护隧道的围岩变形曲线属于蠕变曲线,因为无支护隧道内压力为0,外压力即原始地应力,因此,其变形曲线是在不变荷载条件下所测得的。对于有支护的隧道,支护反力随着围岩的挤压而不断增长,因此围岩受到的内压力是随时间变化的。这时的围岩变形曲线就不能算作蠕变曲线而可视为一种流变曲线。

(2)松弛性

松弛性是指在保持恒定变形条件下,应力随时间延续而逐渐减小的性质,用松弛方程[$\varepsilon=\mathrm{const}, f(\sigma, t)=0$]和松弛曲线(图2-24)表示。

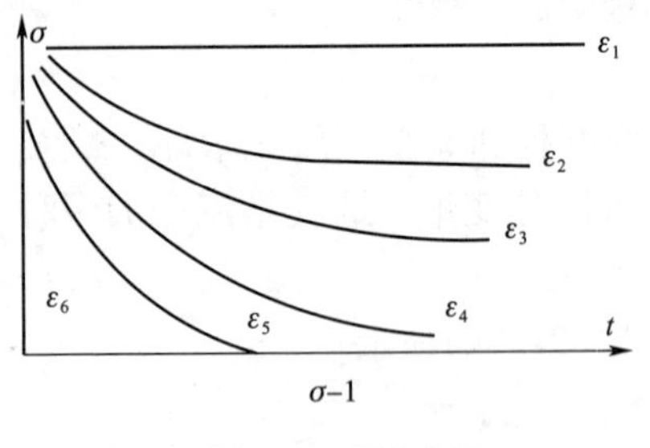

图2-24　松弛曲线

松弛特性可划分为三种类型:

①立即松弛——变形保持恒定后,应力立即消失0,松弛曲线与σ轴重合,如图2-24中ε_6曲线。

②完全松弛——变形保持恒定后,应力逐渐消失,如图2-24中ε_5、ε_4曲线。

③不完全松弛——变形保持恒定后,应力逐渐松弛,但最终不能完全消失,而趋于某一定值,如图2-24中ε_3、ε_2曲线。

此外,还有一种极端情况:变形保持恒定后应力始终不变,即不松弛,松弛曲线平行于t轴,即图2-24中ε_1曲线。在同一变形条件下,不同材料具有不同类型的松弛特性。同一材料,在不同变形条件下也可能表现为不同类型的松弛特性。

2.3.5　易扰动性

软岩的易扰动性系指由于软岩软弱、裂隙发育、吸水膨胀等特性,导致软岩抗外界环境扰动的能力极差。对卸荷松动、施工振动、邻近巷道施工扰动极为敏感,而且具有吸湿膨胀软化、暴露后风化的特点。

第3章 隧道开挖应力重分布规律

隧洞开挖和支护全过程是一个动态过程，是一个围岩应力、支护应力和位移不断变化的过程。掌握隧洞开挖过程中各个重要阶段的围岩应力分布、位移分布、塑性区分布以及支护结构的效果是隧洞开挖方案和支护方案的基础。

隧洞施工过程中的围岩应力状态主要分为三个重要阶段，即开挖前的初始应力状态（一次应力状态）、开挖后支护前的二次应力状态、支护完成后的三次应力状态。如果围岩具有明显的膨胀性和流变特性，围岩应力还将随着时间继续发生变化，即变形的时间效应。

3.1 隧道开挖前的初始应力状态

隧洞开挖前的初始应力状态是指隧道开挖前岩体中已经存在的原始应力场，它的形成是由长期的地质构造运动形成的，同时与岩石的物理力学及构造密切相关。一般情况下，初始应力场非常复杂，为简化起见，地质力学将初始应力场看作为两部分构成：自重应力场和构造应力场。其中自重应力场由岩体本身的重量引起，而构造应力场由地质构造运动引起。

力学分析时发现，要明确区分和定量确定构造应力场也是非常困难的，简便的做法是将两者合二为一，由竖向应力和水平应力组成。其中竖向应力主要由自重应力引起，而水平应力与自重应力成正比关系，量值上为侧压力系数乘以水平应力。即

$$\begin{aligned} \sigma_h &= \gamma \cdot h \\ \sigma_v &= \lambda \cdot \sigma_h \end{aligned} \tag{3-1}$$

式中：γ——岩体重度；

λ——侧压力系数。

侧压力系数的确定主要由两种方法确定：应力测试法和位移反分析法。应力测试法早期得到较广泛的应用，最常用的有应力回复法，即将原岩从岩体中取出，释放应力后再在实验室将岩石恢复到原始状态，所需要的压力即为初始地应力，然而测试发现，操作过程很难控制，其误差较大，而且测得的应力只是某一点或几点的应力，加之误差大，很难用来代表整个隧洞区域的应力场。近年来，随着信息化技术的发展，通过测得的位移反推初始应力场成为可能，且得到越来越广泛的应用。

3.2 隧道开挖后的二次应力场

隧洞开挖后，围岩应力发生了变化，称之为应力重分布，形成二次应力场。假定岩石为弹性应力，Kirsch(1898)推导了圆形隧洞的围岩应力分布和隧洞周边位移。

$$\begin{cases}\sigma_r=\dfrac{\sigma_y}{2}[(1-a^2)(1+\lambda)+(1-4a^2+3a^4)(1-\lambda)\cos2\theta]\\ \sigma_t=\dfrac{\sigma_y}{2}[(1+a^2)(1+\lambda)-(1+3a^4)(1-\lambda)\cos2\theta]\\ \tau_{rt}=-\dfrac{\sigma_y}{2}(1-\lambda)(1+2a^2-3a^4)\sin2\theta\\ u_a=\dfrac{1+\mu}{2E}\sigma_y a[1+\lambda-(3-4\mu)(1-\lambda)\cos2\theta]\end{cases}\tag{3-2}$$

式中：σ_r——径向应力；

σ_t——环向应力；

τ_{rt}——剪切应力；

u_a——隧洞周边位移；

a——隧洞半径；

λ——侧压力系数（水平初始应力与竖向初始应力之比）；

E——围岩弹性模量；

μ——围岩泊松比；

σ_y——竖向初始应力；

θ——极坐标中围岩点所处位置与竖向的夹角。

当围岩应力达到一定时，围岩屈服达到塑性状态，应用 Coloumb-Mohr 准则，芬纳推导出了静水应力状态下考虑围岩屈服的计算公式如下：

$$\begin{cases}r_0=a\left[\dfrac{2}{\xi+1}\cdot\dfrac{\sigma_y(\xi-1)+R_\mathrm{b}}{R_\mathrm{b}}\right]^{\frac{1}{\xi-1}}\\ \sigma_{r\mathrm{p}}=\dfrac{R_\mathrm{b}}{\xi-1}\left[\left(\dfrac{r}{a}\right)^{\xi-1}-1\right]\\ \sigma_{t\mathrm{p}}=\dfrac{R_\mathrm{b}}{\xi-1}\left[\left(\dfrac{r}{a}\right)^{\xi-1}\xi-1\right]\\ u_\mathrm{a}=\dfrac{1}{2K}(\sigma_y-\sigma_{r_0})\dfrac{r_0^2}{a}\end{cases}\tag{3-3}$$

其中，$\xi=\dfrac{1+\sin\varphi}{1-\cos\varphi}$，$R_\mathrm{b}=\dfrac{2c\cos\varphi}{1-\sin\varphi}$。

式中：c——围岩黏聚力；

φ——围岩内摩擦角；

r——围岩点所在位置的半径；

σ_{r_0}——塑性边界上的径向应力。

3.3 隧道开挖后的三次应力场

当围岩不能独自承受围岩压力时,隧洞开挖后需进行支护对隧洞周边提供支护阻力。支护阻力使围岩应力发生重分布,称为三次应力场。由于支护阻力的存在,围岩内的塑性区和周边位移为:

$$\begin{cases} r_0 = a\left[\dfrac{2}{\xi+1}\cdot\dfrac{\sigma_y(\xi-1)+R_b}{p_a(\xi-1)+R_b}\right]^{\frac{1}{\xi-1}} \\ \sigma_{r_0} = \dfrac{R_b}{\xi-1}\left[\dfrac{r_0}{a}^{\xi-1}-1\right]+\left(\dfrac{r_0}{a}\right)^{\xi-1}\cdot p_a \\ u_a = \dfrac{1}{2K}(\sigma_y\sin\varphi + c\cos\varphi)\dfrac{r_0^2}{a} \end{cases} \tag{3-4}$$

式中:p_a——支护阻力。

从式(3-4)可看出,一般情况下,隧洞开挖支护后的塑性区与周边位移的主要影响因素有隧洞埋深(初始应力场)、支护阻力和围岩强度(c,φ)。

3.3.1 隧洞埋深的影响

隧洞埋深体现在竖直初始应力 σ_y 中。图3-1为塑性半径随埋深的变化曲线($a=4$m,$c=0.2$MPa,$\varphi=23.5°$)。从图中可看出,塑性半径随着隧洞埋深的增加而增加。例如,在支护阻力为0.4MPa时,隧洞埋深100m时的塑性半径为6.2m,而隧洞埋深300m时的塑性半径为12.9m。

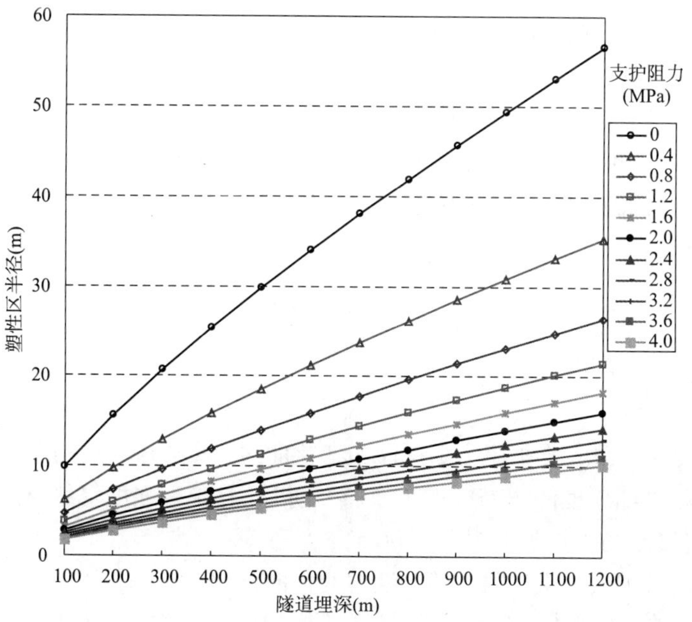

图3-1 塑性半径随埋深的变化曲线

图3-2为周边位移随埋深的变化曲线($a=4\text{m}, c=0.2\text{MPa}, \varphi=23.5°$)。从图中可看出,周边位移随着隧洞埋深的增加而急剧增加。例如,在支护阻力为0.4MPa时,隧洞埋深100m时的周边位移为9.1mm,而隧洞埋深300m时的周边位移达到104.7mm。

可见,隧洞埋深对塑性半径和周边位移的影响极大,特别在软岩隧洞中,影响更大。

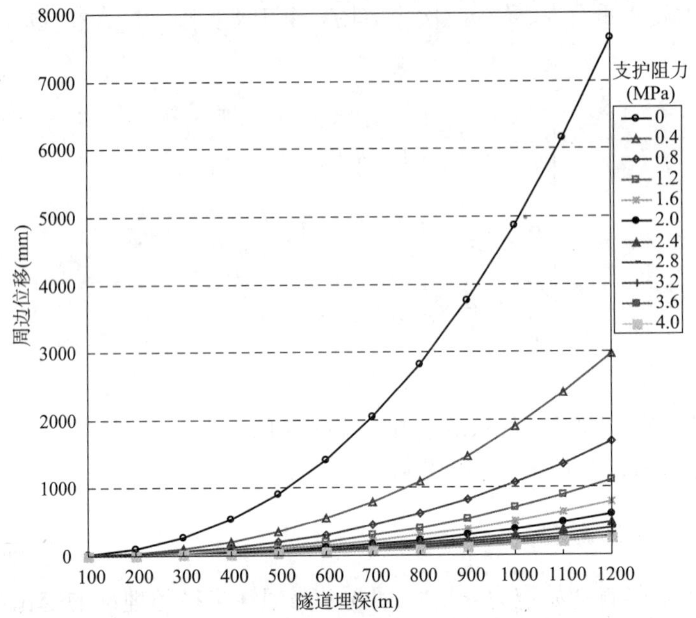

图3-2 周边位移随埋深的变化曲线

3.3.2 支护阻力的影响

围岩变形过大,将直接影响隧洞的稳定,为控制围岩变形,保证隧洞稳定,在隧洞周边施加支护是常用手段。支护产生的支护阻力对围岩变形起着抑制作用。

常用的隧洞支护有锚杆、喷混凝土、钢筋网、钢拱架、二次衬砌等,不同支护方式的作用机理有所不同,其支护效果也不同,一般情况下都是多种支护的联合使其发挥最佳效果,其支护阻力共同产生,弹性范围内的支护阻力与隧洞变形成正比。混凝土与喷混凝土为面支护结构,可提供的最大支护阻力为:

$$p_{\text{amax}}=\frac{t_{\text{c}}\cdot R_{\text{c}}}{a} \tag{3-5}$$

式中:t_{c}——厚度;

R_{c}——抗压强度。

图3-3为喷混凝土最大支护阻力随厚度的变化曲线(隧洞半径为4m)。从图中可看出,喷混凝土最大支护阻力随厚度的增加成正比增加。同时,混凝土强度等级越高,支护阻力越大。20cm厚的C20混凝土的支护阻力为0.55MPa。

图3-4为二次衬砌最大支护阻力随厚度的变化曲线(隧洞半径为4m)。从图中可看出,与喷混凝土类似,二次衬砌最大支护阻力随厚度的增加成正比增加。同时,混凝土强度等级越高,支护阻力越大。与喷混凝土相比,二次衬砌厚度大,混凝土强度等级高,其支护阻力大得

多。例如,60cm 厚的 C30 混凝土的支护阻力为 2.03MPa。因此,二次衬砌对控制围岩变形最有效。

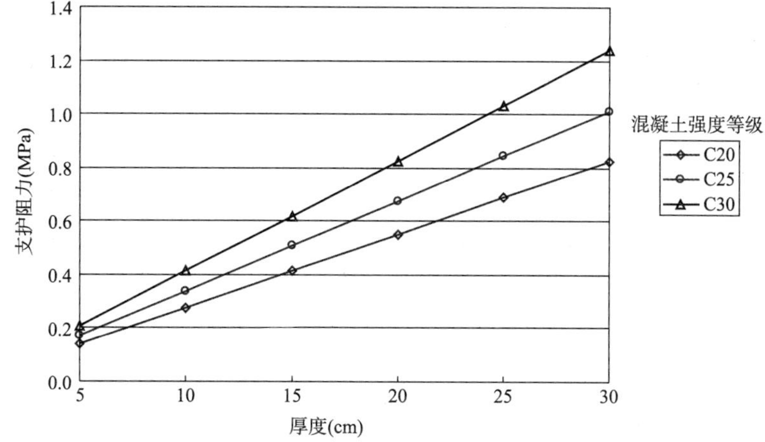

图 3-3 喷混凝土最大支护阻力随厚度的变化曲线(隧洞半径 = 4m)

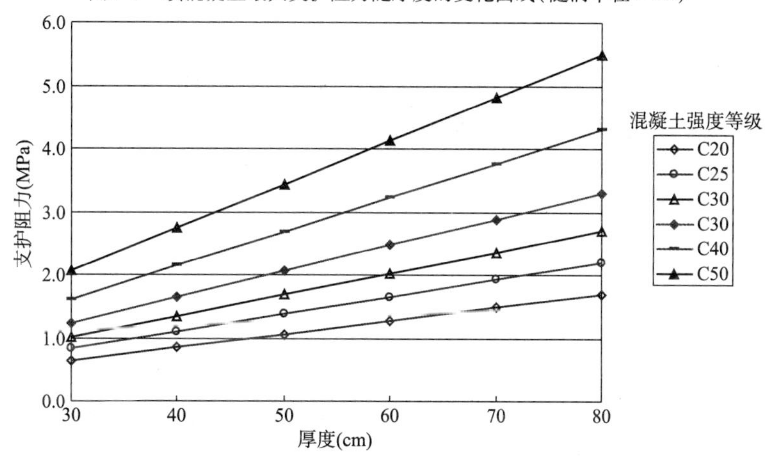

图 3-4 二次衬砌最大支护阻力随厚度的变化曲线(隧洞半径 = 4m)

钢拱架为线支护结构,其支护阻力的计算比较复杂,为简化起见,可按支护间距进行等效计算。图 3-5 为钢拱架最大支护阻力随间距的变化曲线(隧洞半径为 4m)。从图中可看出,钢拱架最大支护阻力随间距成反比关系。同时,钢拱架型号对钢拱架最大支护阻力影响显著。例如,0.5m 间距钢拱架,型号 16 的最大支护阻力为 0.24MPa,而型号 22b 的最大支护阻力为 0.42MPa。

钢拱架的刚度大,抗拉强度高,对控制围岩变形非常有效,即使钢材屈服后仍能提供一定的支护阻力,对提高软岩隧洞的稳定性非常有效。由于钢拱架的刚度大(210GPa),约为混凝土的 10 倍,一般都是钢拱架失效后才会出现喷混凝土的开裂、剥落等。

钢筋网也为面支护结构,但由于厚度小,能提供的支护阻力非常小,主要配合其他支护结构起到防止局部掉块、关键块的滑动。

锚杆在工程实践中被证明为有效的支护手段,特别是对节理岩体,控制关键块的滑落非常有效。由于是点支护,加上与岩层走向、岩体强度、锚杆长度、端部型式、锚杆施工质量密切相关,其支护阻力的计算较为复杂,通常与其他支护结构联合更为有效。

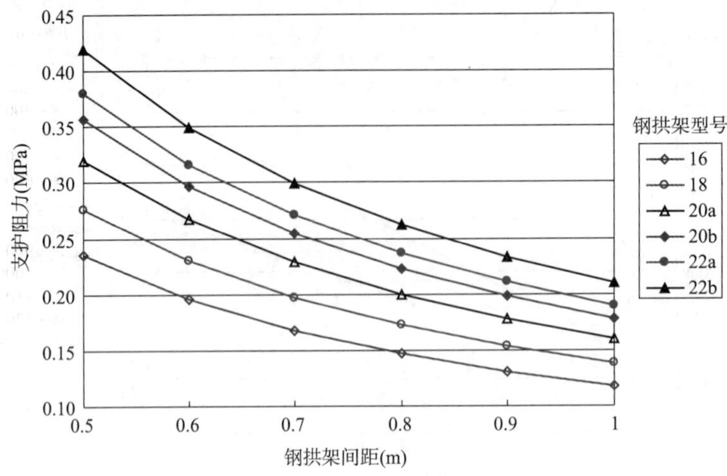

图 3-5 钢拱架最大支护阻力随间距的变化曲线(隧洞半径 =4m)

图 3-6 为塑性半径随支护阻力的变化曲线($a=4$m,$c=0.2$MPa,$\varphi=23.5°$)。从图中可看出,塑性半径随着支护阻力的增加而减小。例如,在隧洞埋深 =300m 时,无支护时的塑性半径为 20.7m,而支护阻力为 0.8MPa 时的塑性半径缩小为 9.7m。以间距 0.8m 型号 H18 的钢支撑和 20cm 喷混凝土的初期支护为例,其初期支护阻力为 0.72MPa,隧洞埋深的塑性区约为 10m。

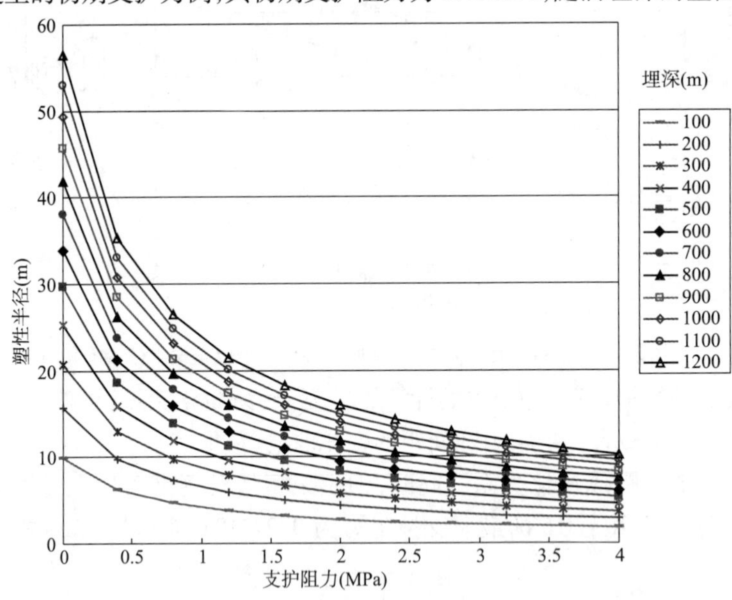

图 3-6 塑性半径随支护阻力的变化曲线

图 3-7 为周边位移随支护阻力的变化曲线($a=4$m,$c=0.2$MPa,$\varphi=23.5°$)。从图中可看出,周边位移随着支护阻力的增加而急剧减小。例如,在隧洞埋深为 300m 时,无支护时的周边位移为 268.9mm,而支护阻力为 0.8MPa 时的周边位移急剧缩小为 58.8mm。以间距 0.8m 型号 H18 的钢支撑和 20cm 喷混凝土的初期支护为例,其初期支护阻力为 0.72MPa,隧洞埋深的周边位移约为 6.5cm。

综上所述,支护阻力对塑性半径和周边位移的影响很大,尤其是在软岩隧洞中。

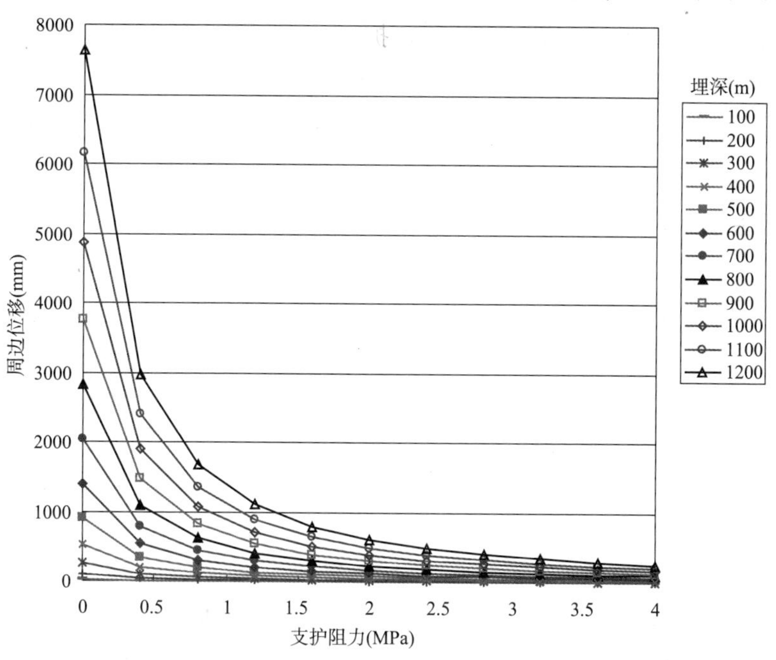

图 3-7　周边位移随支护阻力的变化曲线

3.3.3　围岩强度的影响

围岩抗压强度表现为黏结力和内摩擦角，由于摩擦角变化相对较小，故围岩强度常以黏结力表示。

图 3-8 为塑性半径随围岩黏结力的变化曲线（$a = 4\text{m}, \varphi = 23.5°$，隧洞埋深 300m）。从图中可看出，塑性半径随着黏结力的增加而减小。例如，无支护状态下，$c = 0.2\text{MPa}$ 的塑性区为 20.7m，而 $c = 1.0\text{MPa}$ 的塑性区急剧减少到 7.4m。这对锚杆长度设计非常重要。

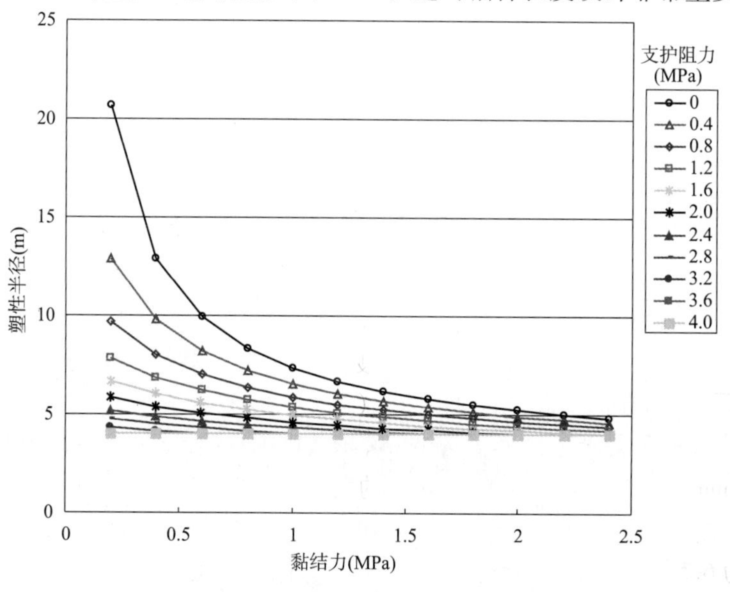

图 3-8　塑性半径随黏结力的变化曲线

同样,周边位移随着黏结力的增加也急剧减小(见图 3-9)。例如,无支护状态下,$c=0.2$MPa的周边位移为 26.9cm,而 $c=1.0$MPa 的塑性区急剧减少到 4.3m。

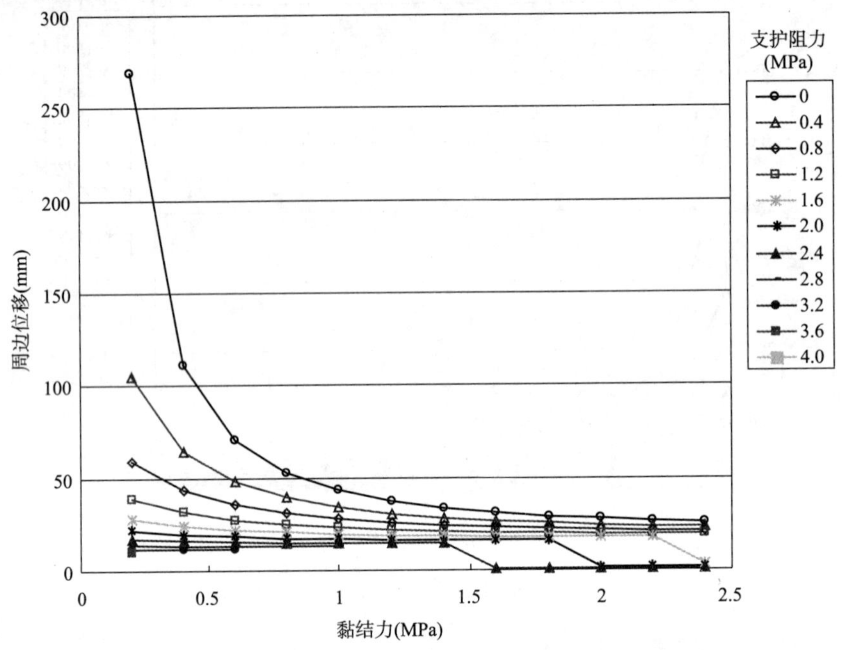

图 3-9　周边位移随黏结力的变化曲线

第4章 软岩隧道施工力学模拟分析

4.1 分析方法简介

本章结合锦屏水电站引水隧洞软岩段工程施工，采用国际通用的三维有限差分程序FLAC3D，对软岩隧洞变形规律，软岩隧洞开挖方法优化及软岩隧洞支护优化等进行了模拟研究。FLAC和FLAC3D为基于显式拉格朗日有限差分法算法的软件，其原理清晰、适应性强，在岩土和水利工程的数值模拟中得到越来越广泛的应用。

FLAC基本源于流体力学的拉格朗日差分法。在流体力学中有两种主要的研究方法，一种是定点观察法，亦称欧拉法；另一种是随机观察法，称为拉格朗日法。后者是研究每个流体质点随时间而变化的状态，即研究某一流体质点在任一段时间内的运动轨迹、速度、压力等特征。把拉格朗日法移植到固体力学中，把所研究的区域划分成网格，其结点相当于流体质点，然后按时步用拉格朗日法来研究网格结点的运动，这种方法就是拉格朗日元法。它的优点是占用内存少，求解速度快，便于用微机求解较大规模的工程问题。拉格朗日有限差分法是求解微分方程和积分方程数值解的方法。基本思想是把连续的定解区域用有限个离散点构成的网格来代替，这些离散点称作网格的节点；把连续定解区域上的连续变量的函数用在网格上定义的离散变量函数来近似；把原方程和定解条件中的微商用差商来近似，积分用积分和来近似，于是原微分方程和定解条件就近似地代之以代数方程组，即有限差分方程组，解此方程组就可以得到原问题在离散点上的近似解。然后再利用插值方法便可以从离散解得到定解问题在整个区域上的近似解。

随着构形的不断变化，不断更新坐标，允许介质有较大的变形。模型经过网格划分，物理网格映射成数学网格，数学网格上的某个结点就与物理网格上相应的结点坐标相对应。对于某一个结点而言，在每一时刻它受到来自其周围区域的合力的影响。如果合力不等于零，结点就具有了失稳力，就要产生运动。假定结点上集中有临接该结点的质量，在失稳力的作用下，根据牛顿定律，结点就要产生加速度，进而可以在一个时步中求得速度和位移的增量。对于每一个区域而言，可以根据其周围结点的运动速度求得它的应变率，然后根据材料的本构关系求得应力的增量。由应力增量求出 t 和 $t+\Delta t$ 时刻各个结点的不平衡力和各个结点在 $t+\Delta t$ 时的加速度。对加速度进行积分，即可得结点的新的位移值，由此可以求得各结点新的坐标值。同时，由于物体的变形，单元要发生局部的整旋，只要计算相应的应力改正值，最后通过应力叠加就可得到新的应力值。

(1)空间离散化

和有限元一样,显式拉格朗日有限差分法首先需要对计算域进行离散化。其基本单元为常应变率四面体,单元划分如图4-1所示。编号为节点1~4,第 n 面表示与节点 n 相对的面。对于六面体单元[图4-1b)],为表示方便,省略"节点"字样),计算时也进一步划分为四面体。

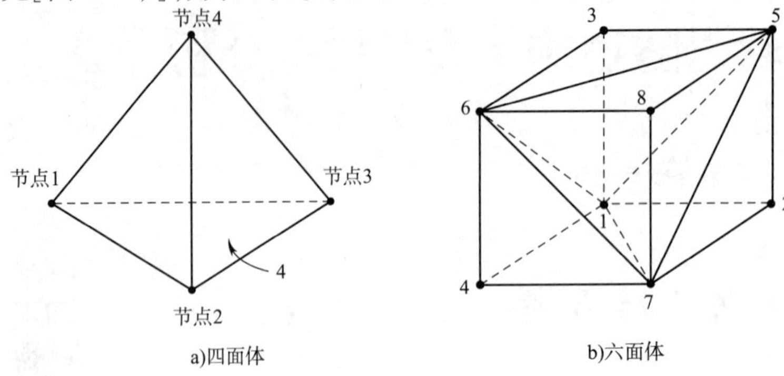

图4-1 单元划分

(2)单元应变增量计算

对于一个给定的初始速度场 v_i,假定四面体单元内 v_i 为线性分布,则 v_i 在 j 方向的导数 $v_{i,j}$ 是一个常量,外表面的单位法向向量 n_j 在每个面上为常量,应用高斯公式可得:

$$v_{i,j} = -\frac{1}{3V}\sum_{i=1}^{4} v_i^l n_j^{(l)} S^{(l)} \tag{4-1}$$

式中:V——四面体的体积;

S——四面体的外表面,上标"l"为节点 l 的变量,上标"(l)"为面 l 的变量。

对每个四面体单元,应变率 ξ_{ij} 可以写成:

$$\xi_{ij} = \frac{1}{2}(v_{i,j} + v_{j,i}) \tag{4-2}$$

由式(4-1),(4-2)可得到某一时步 Δt 中,单元应变增量 $\Delta\varepsilon_{ij}$ 为:

$$\Delta\varepsilon_{ij} = -\frac{\Delta t}{6V}\sum_{i=1}^{4}(v_i^l n_j^{(l)} + v_j^l n_i^{(l)}) S^{(l)} \tag{4-3}$$

(3)单元应力计算

材料的增量型本构方程可表述为:

$$\Delta\sigma_{ij} = H_{ij}(\sigma_{ij}, \Delta\varepsilon_{ij}, k) \tag{4-4}$$

式中:$\Delta\sigma_{ij}$——应力增量;

H_{ij}——表示应力-应变关系的函数;

σ_{ij}——单元当前的应力;

k——考虑加载过程的参数。

算出 $\Delta\sigma_{ij}$ 之后,可得到新的单元应力。

(4)节点力计算

节点在 i 方向上受到的合力 F_i 为:

$$F_i = \left[\left[\frac{1}{3}\sigma_{ij} n_j^{(l)} S^{(l)} + \frac{1}{4}\rho b_i V\right]\right] + P_i \tag{4-5}$$

式中:ρ——材料的密度;

b_i——单位质量受到的体力；

P_i——节点上受到的外力；

[[·]]——对所有相关单元求和。

阻尼是连续体系在运动过程中能量耗散的主要原因，节点阻尼力f_i为：

$$f_i = -\alpha |F_i| \mathrm{sgn} v_i \tag{4-6}$$

式中：α——阻尼系数，默认值为0.8；

$\mathrm{sgn} v_i$——速度v_i的符号；

F_i——节点在i方向上受到的合力。

(5)节点集中质量计算

在显式拉格朗日有限差分法中，采用节点集中质量，使得在求解运动方程的时候，不必进行矩阵求逆的运算，节点质量M可表示为：

$$M = [[m]] \tag{4-7}$$

式中：m——相关单元分配到节点上的质量。

在分析静力问题时，采用虚拟质量m以保证数值稳定性，计算表达式为：

$$m = \frac{K + 4G/3}{9V} \max[(n_i^{(l)} S_i^{(l)})^2] \qquad (i = 1,2,3) \tag{4-8}$$

式中：K——材料的体积模量；

G——材料的剪切模量。

(6)节点速度更新

在每个节点上，牛顿第二定律成立，即

$$F_i + f_i = M \frac{\mathrm{d}v_i}{\mathrm{d}t} \tag{4-9}$$

式中：$\mathrm{d}v_i/\mathrm{d}t$——节点在$i$方向的加速度。

将式(4-9)用中心差分近似表示，则可得

$$v_i\left(t + \frac{\Delta t}{2}\right) = v_i\left(t - \frac{\Delta t}{2}\right) + \frac{F_i + f_i}{M}\Delta t \tag{4-10}$$

计算出新的速度场之后，即可进行下一个时步的计算。

4.2　隧道施工过程中的空间效应

隧洞施工过程中的围岩变形和应力重分布是随着掌子面的推进（空间变化）而不断变化的，称之为隧洞施工过程中的空间效应（有时也称为时空效应）。由于掌子面的存在，与平面问题相比，围岩受到了一定的约束，其约束程度与其离掌子面的距离有关。离掌子面距离越远，约束越小。隧洞施工过程中的这一特性对隧洞开挖和支护设计意义重大。

针对锦屏引水隧洞软岩大变形的特点，采用三维弹塑性模拟技术，分析隧洞施工过程中的空间效应。根据地质详细勘探报告、相关规范及分报告一的成果，确定围岩的计算参数如表4-1所示。

由于软岩洞段埋深超过了1500m，侧压力系数可近似取为1.0。计算模型如图4-2所示。

通过记录每步开挖后隧洞围岩周边监视点的竖向位移,得到了掌子面附近沿隧洞纵向的隧洞周边位移分布(图4-3)。横坐标为隧洞直径的倍数,纵坐标为总位移的百分比(位移释放率)。

围岩计算参数 表4-1

参数 / 围岩	密度 ρ (kg/m³)	泊松比 μ	内摩擦角 φ (°)	黏聚力 c (MPa)	弹性模量 (GPa)
绿泥石片岩	2600	0.32	35	0.6	3

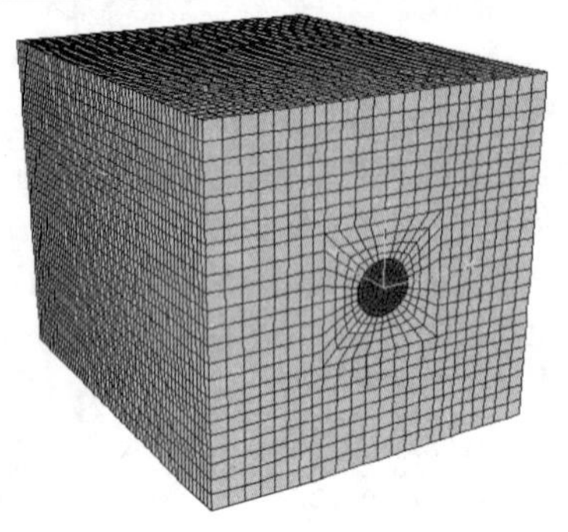

图4-2 计算模型

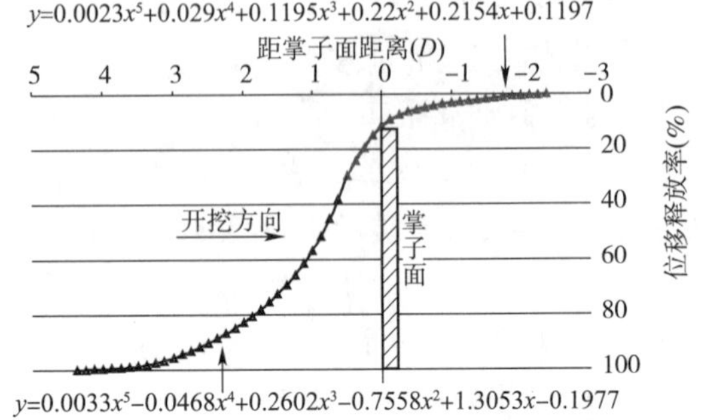

图4-3 掌子面附近沿隧洞纵向周边位移分布

从图4-3中可看出,围岩在掌子面前方2倍洞径处开始变形,直到离掌子面后方4倍洞径处绝大部分位移才已完成。当隧洞掌子面正好位于监视点断面时,围岩已发生11.5%的总位移。2倍洞径时发生总位移的80%以上。同时,可以看出,曲线变化规律在掌子面后约0.5倍隧洞直径前后差别较大,拟合时很难采用一条曲线来表达。为方便实际应用,将曲线分前后两段进行拟合,其曲线方程分别为:

前段: $y = 0.0023x^5 + 0.029x^4 + 0.1195x^3 + 0.22x^2 + 0.2154x + 0.1197$

后段: $y = 0.0033x^5 - 0.0468x^4 + 0.2602x^3 - 0.7558x^2 + 1.3053x - 0.1977$

通过以上公式可知任何一位置的位移释放率,例如,掌子面后1倍直径时的位移释放率为57%。这对变形富裕量及支护结构的作用效果评估非常有用。

4.3 无支护洞室围岩变形规律

通过对影响围岩变形的几个主要因素进行模拟,分析在不同埋深、洞径及围岩强度条件下隧洞围岩的变形特征,为锦屏引水隧洞大变形分析提供理论基础。针对不同的围岩变形影响因素,进行了11种工况的模拟,计算参数见表4-2,计算模型如图4-4所示,边界条件为6个侧面均施加位移约束,并根据不同工况施加初始地应力,岩体屈服服从摩尔—库仑准则。同时,结合现场实际施工,主要对上半断面的开挖进行模拟分析。

图4-4 计算模型

1)地应力对隧洞变形的影响

本计算旨在分析不同初始地应力(即不同的埋深)时围岩变形及塑性区的分布特征。计算分析了四种工况:工况1——10MPa地应力;工况2——20MPa地应力;工况3——

30MPa 地应力;工况 4——40MPa 地应力。隧洞直径取 13.4m,上断面开挖高度取 9m,围岩参数见表 4-2。计算结果如下。

模拟工况及参数　　表 4-2

项目	工况编号	围岩类别	洞径(m)	初始地应力(MPa)	密度 ρ (kg/m^3)	泊松比 μ	内摩擦角 φ (°)	黏聚力 c (MPa)	弹性模量(GPa)	上台阶开挖高度(m)
地应力影响	1	Ⅳ	13.4	10	2600	0.32	35	0.6	3	9
	2			20						
	3			30						
	4			40						
洞径影响	5	Ⅳ	12	35	2600	0.32	35	0.6	3	9
	6		13							
	7		14							
	8		15							
围岩类别影响	9	Ⅲ	3.4	35	2700	0.27	45	1.0	6	9
	10	Ⅳ			2600	0.32	35	0.6	3	
	11	Ⅴ			2400	0.40	25	0.3	1	

(1)围岩位移分布

图 4-5 为不同工况下围岩位移分布云图,从图中可以看出当地应力超过 20MPa 时,拱顶及拱腰位移明显较洞周其他部位大(底拱除外),这与现场收敛监测结果显示的 DE 线变形最大表现一致。同时还可以看出随着地应力的增加,围岩变形的范围及量值均有明显增加。

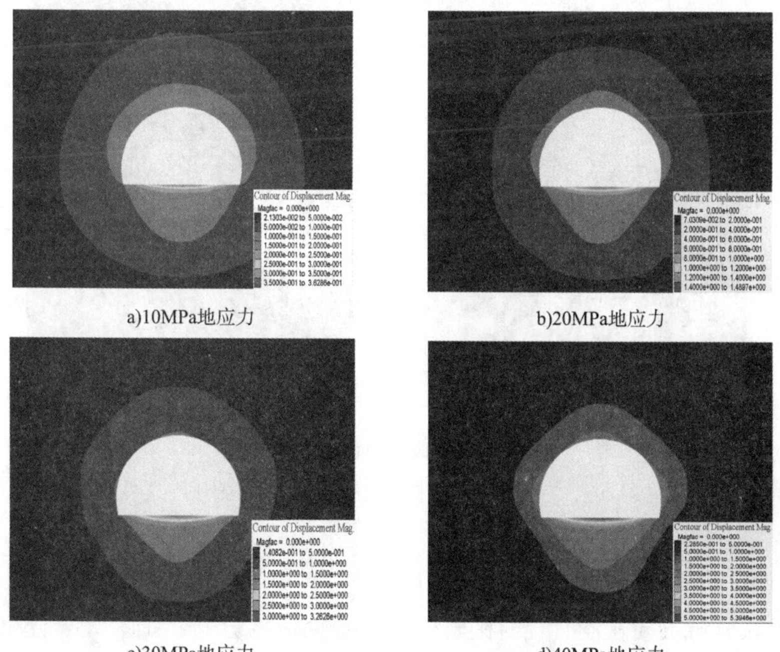

a)10MPa地应力　b)20MPa地应力

c)30MPa地应力　d)40MPa地应力

图 4-5　不同地应力时位移分布云图

隧洞拱顶及拱腰变形随地应力变化如图 4-6 所示，随着地应力的增加，其拱顶沉降和拱腰水平位移也逐渐增加。拱顶沉降由工况 1 的 15.77cm 增加到工况 4 的 169.2cm，拱腰水平位移由工况 1 的 14.42cm 增加到工况 4 的 175.55cm。拱顶沉降与拱腰水平位移相差不大，均大致随地应力增加呈线性增加。

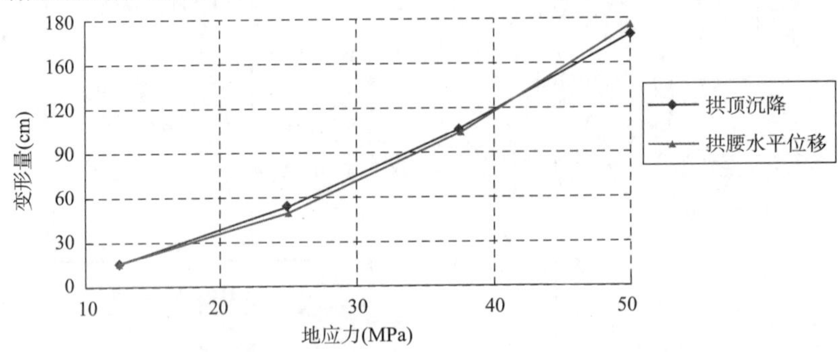

图 4-6　拱顶及拱腰变形量随地应力变化曲线

(2)塑性区分布

图 4-7 为各工况下隧洞围岩塑性区的分布图。相同的洞径和围岩条件下，塑性区范围随地应力的增加而增大，各工况下塑性区扩散范围约 0.5*D*、*D*、1.5*D*、2*D*(*D* 为洞室直径)。

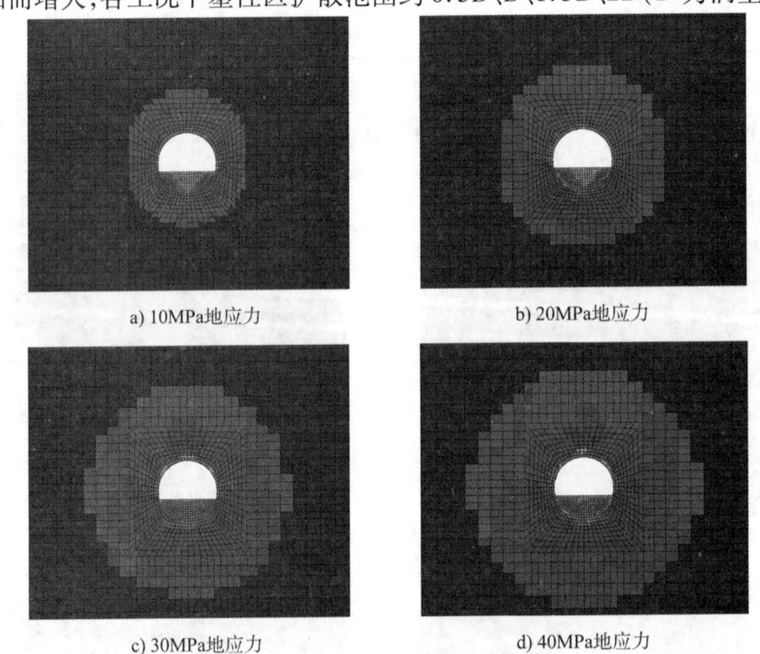

图 4-7　不同地应力时塑性区分布图

综合分析可知，地应力对围岩的变形和稳定有着显著的影响，其变形量与地应力基本满足线性关系。

2)洞径对隧洞变形的影响

本计算旨在分析不同隧洞直径时围岩变形及塑性区的分布特征。计算分析了四种工况，工况 5：$D=12$m，工况 6：$D=13$m，工况 7：$D=14$m，工况 8：$D=15$m，D 为隧洞直径。初始地应力取 45MPa，上断面开挖高度取 9m，围岩参数见表 4-2。计算结果如下。

(1)围岩位移分布

图4-8为不同洞径时位移分布云图,从图中可以看出随洞径的增大,围岩的变形量也在增加,且变形范围也在增加;各洞径下围岩的变形主要集中在拱顶及拱腰(底拱除外)。图4-9显示了拱顶及拱腰变形量随洞径的变化曲线,随着洞径的增大,变形量增加不明显,增量在5cm以内;拱顶变形略大于拱腰处的变形。

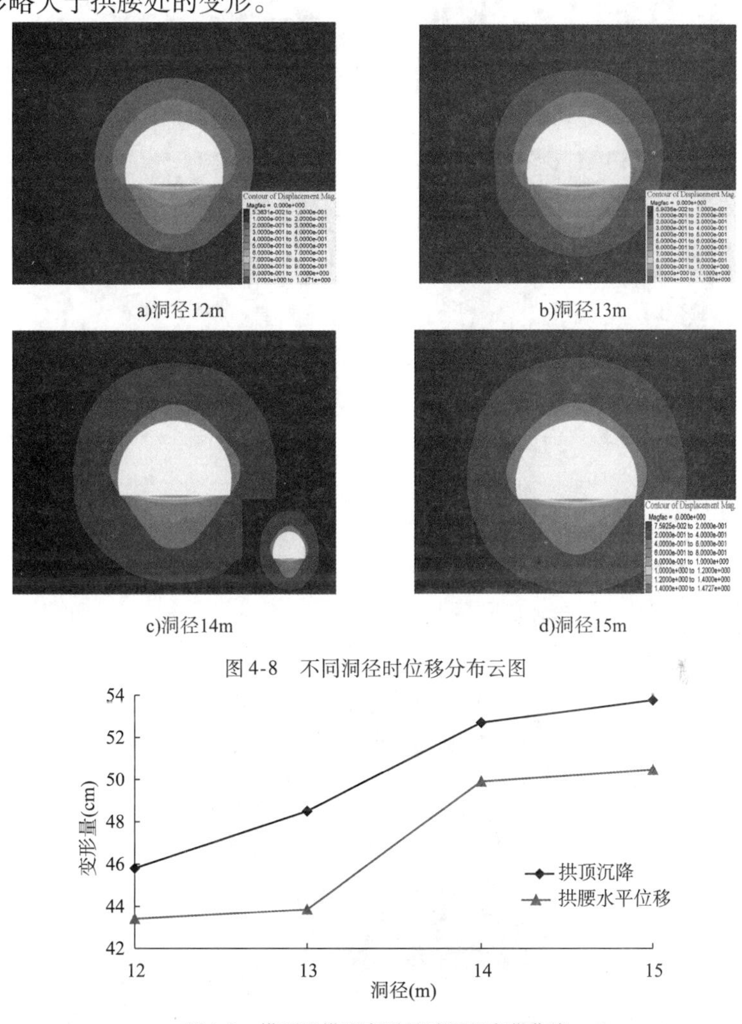

图4-8　不同洞径时位移分布云图

图4-9　拱顶及拱腰变形量随洞径变化曲线

(2)塑性区分布

从图4-10可以看出随着洞径增大,塑性区亦有所增大,塑性区范围约为一倍的洞径。结合上述分析,如果采用预留变形量防止侵限的发生,则需要考虑洞径增加后变形也有所增加的影响。

3)围岩类别对隧洞变形的影响

本计算旨在分析不同围岩类别的条件下隧洞开挖后围岩变形及塑性区的分布特征。计算分析了三种工况,工况9:Ⅲ级围岩,工况10:Ⅳ级,工况11:Ⅴ级围岩。不同类别的围岩计算参数见表4-2,初始地应力取35MPa,隧洞直径取13.4m,上断面开挖高度取9m,计算结果如下。

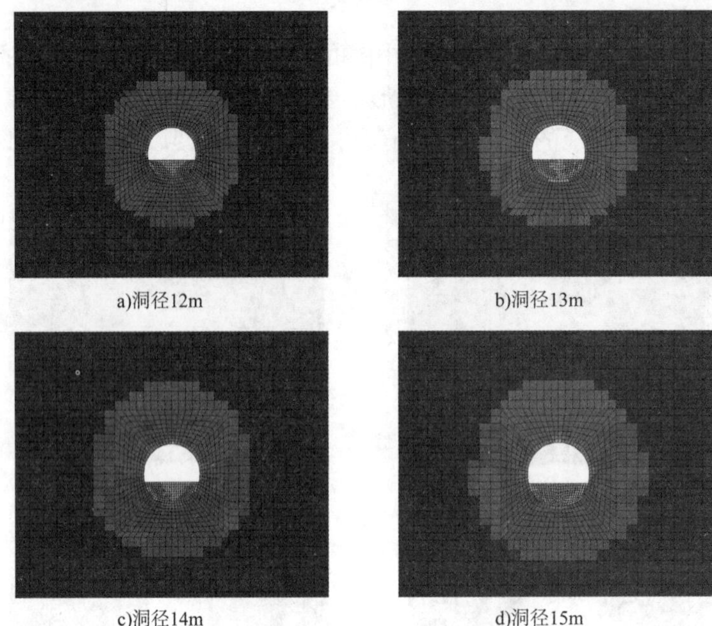

a)洞径12m　b)洞径13m

c)洞径14m　d)洞径15m

图4-10　不同洞径时塑性区分布图

(1)围岩位移分布

图4-11为不同围岩类别时位移分布云图,可以看出,在相同埋深及洞径条件下,围岩的类别越差,洞室变形量越大。从隧洞变形量与围岩类别关系曲线(图4-12)可以看出围岩类别对变形量影响非常大,不同围岩级别的隧道变形量值相差极大。

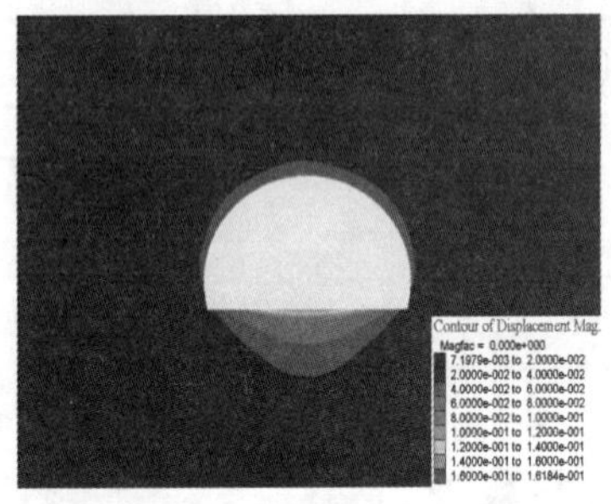

a)Ⅲ级围岩

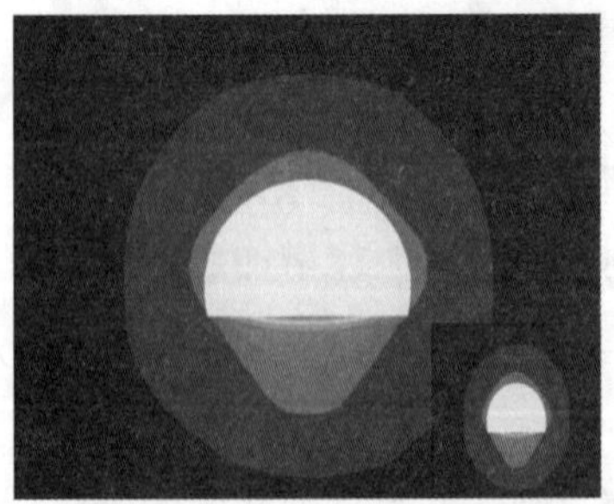

b)Ⅳ级围岩

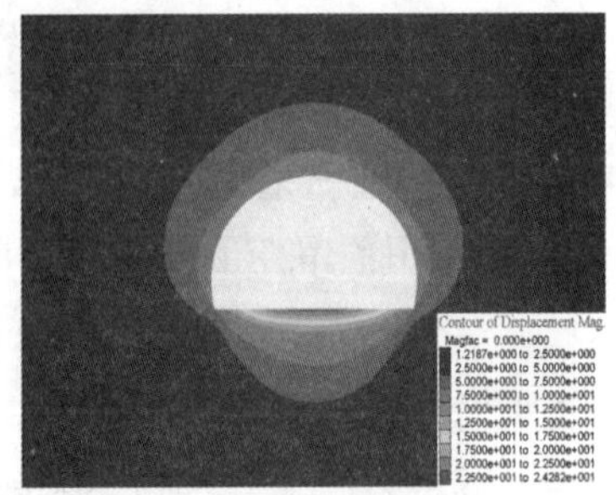

c)Ⅴ级围岩

图4-11　不同围岩类别时位移分布云图

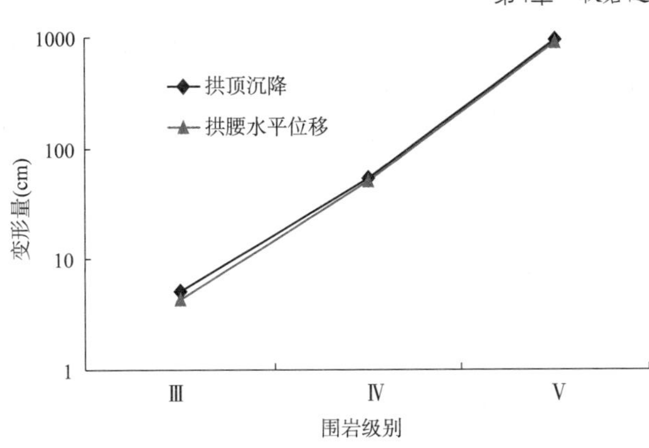

图4-12 隧洞变形量与围岩类别关系曲线

(2)塑性区分布

图4-13显示Ⅲ级和Ⅳ级围岩时塑性区的分布,可以看出Ⅳ级围岩中塑性区明显大于Ⅲ级围岩,说明在Ⅳ级围岩条件下需要提供更强的支护力以保持围岩的稳定。

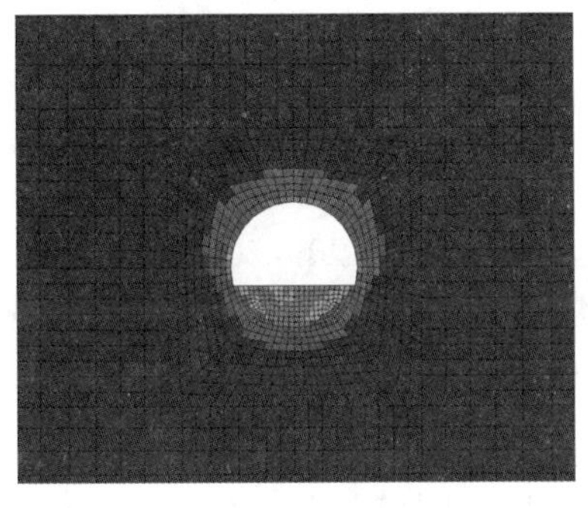

a)Ⅲ级围岩

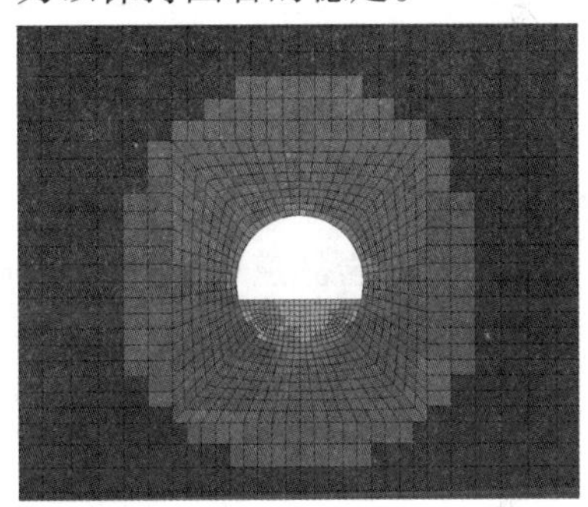

b)Ⅳ级围岩

图4-13 不同围岩级别下的塑性区分布

4.4 软岩隧道开挖方案优化分析

4.4.1 预留变形量分析

预留变形量,即为防止围岩过度变形而预先设计(一般大于原始开挖轮廓)的预留变形空间。目前尚未有一套完全成熟的方法确定各种条件下的预留变形量值,本书从极限位移的角度探讨预留变形量的分析方法并给出预留变形量的建议值。

(1)规范中的预留变形量

现行《铁路隧道设计规范》(TB 10003—2005)规定,各级围岩在确定开挖断面时,除应该满足隧道建筑限界要求外,还应预留适当的围岩变形量,其量值可根据围岩级别、隧道宽度、埋置深度、施工方法和支护情况等条件,采用工程类比法确定;当无类比资料时,可参照表4-3采用。

现行《公路隧道设计规范》(JTG D70—2004)规定,在确定开挖断面时,除应满足隧道净空和结构尺寸外,还应该考虑初期支护并预留适当的变形量。预留变形量的大小可根据围岩级别、断面大小、埋置深度、施工方法和支护情况等，采用工程类比法预测。当无预测值时可参考表4-4选用，并应根据现场监控量测结果进行调整。

预留变形量(铁路隧道)(mm)　　表4-3

围岩级别	单线隧道	双线隧道	围岩级别	单线隧道	双线隧道
Ⅱ	—	10~30	Ⅴ	50~80	80~120
Ⅲ	10~30	30~50	Ⅵ	由设计确定	由设计确定
Ⅳ	30~50	50~80			

注：1. 深埋、软岩隧道取大值；浅埋、硬岩隧道取小值。

2. 有明显流变、原岩应力较大和膨胀性围岩，应根据测量数据反馈分析确定。

预留变形量(公路隧道)(mm)　　表4-4

围岩级别	两车道隧道	三车道隧道	围岩级别	两车道隧道	三车道隧道
Ⅰ	—	—	Ⅳ	50~80	80~120
Ⅱ	—	10~50	Ⅴ	80~120	100~150
Ⅲ	20~50	50~80	Ⅵ	现场测量确定	

注：破碎围岩取大值；完整围岩取小值。

对于一些深埋的软岩隧道，现场实测反映变形普遍超过了20~30cm，拱顶及边墙的变形甚至超过了100cm，显然根据表4-3和表4-4的标准确定预留变形量并不适用。应结合现场实际情况，通过理论分析及对现场测量数据统计后确定预留变形量的范围。

(2)初期支护极限位移分析

大变形软岩隧道与一般隧道相同，其极限位移应按不同施工阶段(无支护阶段、初期支护阶段、二次衬砌阶段)分别确定。但考虑到在实际施工中受埋点时机影响，无支护阶段位移较难施测，其极限位移确定的实际工程意义不大。二次衬砌通常作为支护储备，且施作时间较为滞后，其极限位移的工程意义也不大。初期支护一般用于保证隧道的长期稳定，尤其是水工隧洞，对初期支护的要求较高，因此，本书重点讨论隧道初期支护的极限位移。

初期支护一般由喷混凝土和锚杆组成，必要时可加设钢筋网、钢筋格栅或型钢拱架等，具体的组成由围岩性质、隧道净空尺寸、开挖方法等来确定。对每一种支护或支护组合都有一个由材质、几何形状和尺寸以及所处围岩约束条件所决定的特征曲线。由于初期支护与地层紧密连接，局部开裂或破坏还不致整个隧道坍塌，但支护体系的位移会增加，呈现塑性变形势态。初期支护的塑性变形过程中也伴随着开裂、被压坏截面数量的增加，当开裂破坏发展到一定范围将起不到支护作用，于是就会发生坍塌，此时的破坏称为完全破坏。初期支护的完全破坏较难界定，暂以拱或边墙各部位均出现1~2处破坏为完全破坏，可以认为初期支护系统的极限位移为从开始出现破坏到完全破坏的位移范围值。

隧道是隐蔽工程，只能看到支护结构的内表面，从近距离处才能看到隧道内表面的细裂缝，难以观察到破坏的全貌，但内表面位移则可通过专门测量仪测得。不管隧道的作用机理如何复杂，其经受各种作用后的反应可以用周边位移体现出来。通过周边位移观测以了解隧道的力学动态是比较直观也易于实施的办法，隧道的稳定性也可以从周边位移变化和发展得到体现。由于隧道稳定性是指支护系统稳定的程度，既包括系统的安全性，又包括系统的耐久性和良好的正常工作性。系统或其一部分超过某一特定状态就不能满足规定的某一功能要求，此状态应为该功能的极限状态。用位移判别隧道的稳定性，就是从隧道出现的各种极限状态入手，找出在某种极限状态下各控制点的位移（即极限位移），作为稳定性判据。以锚喷初期支护为主要技术背景的“新奥法”的推行，提供了在隧道开挖和支护过程中，及时对围岩及支护结构变形进行监测，并用这种监测对围岩稳定性作为判断的可能性。

图4-14显示了不同围岩结构情况下的 $P-u$ 关系，支护的实际工作状态是 c 点（剪胀二期初始变形点前）前。支护结构受力大小是支护与围岩相互作用的结果，主要取决于隧洞变形量大小与支护结构的增阻性能（支护刚度）。有约束的允许围岩破裂变形以释放变形压力，其结果可使支架承受较小的变形压力。但围岩破裂范围过大将导致支架承受巨大的荷载，例如达到 d 点，将使支架变形破坏。所以松动圈理论将 c 点认为是允许破裂岩体非连续变形量的极限值，该点所需支护力最小。因此，在确定预留变形量时，应满足下式：

$$u_0 = u_e + u_p \tag{4-11}$$

式中：u_0——绿泥石片岩预留变形量参考值；

u_e——绿泥石片岩洞段应力释放产生的弹性变形，对应图4-14中 $\sigma-\varepsilon$ 曲线围岩峰前（b 点前）变形量；

u_p——绿泥石片岩剪胀一期末尾（剪胀二期开始）对应的围岩变形，对应图4-14中 $\sigma-\varepsilon$ 曲线围岩峰后软化段（bc 段）变形量。

根据现场围岩收敛的监测资料确定绿泥石片岩洞段围岩预留变形量时，应考虑围岩第一次量测前“丢失”的变形数据，前面分析可知，该部分变形量主要是隧道围岩在开挖卸荷后发生的弹性变形，对应岩石应力—应变曲线中峰前变形。岩石峰后围岩位移—时间曲线关系如图4-15所示，从图中可以发现，收敛变形主要是围岩峰后软化段发生的体积膨胀组成，在剪胀一期（软化段末）和剪胀二期（残余变形段开始）分界处（图4-14中 c 点），在该点围岩特征曲线和支护结构特征曲线达到平衡状态，围岩位移不再增加。此时，围岩压力和支护阻力最小，因此，将围岩峰后软化段围岩变形量和开挖后的变形作为预留变形量，在经济上合理，技术上可行。下面将采用现场数据统计法、理论计算和数值模拟法确定 u_0，并作为最终预留变形量的参考值。

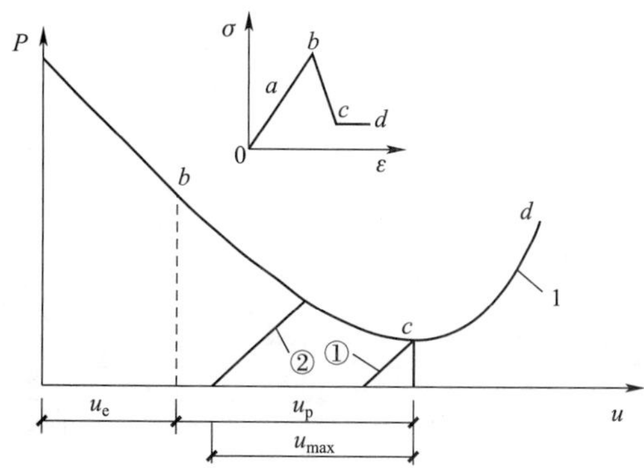

图4-14　支护与围岩共同作用原理

1-围岩特征曲线；①、②-支护特征曲线

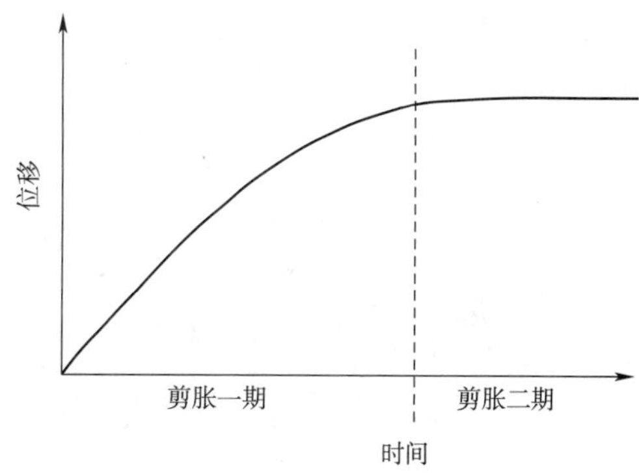

图4-15　位移—时间曲线和岩石体积变化关系

(3)现场数据统计分析预留变形量

根据前面的分析，将 u_0(初期支护后的极限位移)作为预留变形量的参考，u_0包括围岩变形及后期变形。由于现场收敛监测预埋点在初期支护完成后开始测量，变形量(u_e)数据部分或者全部"丢失"，如果仅以收敛监测数据作为参考确定预留变形量则会偏小。为了更准确地获得 u_0，可以采用断面扫描仪对变形已经稳定的断面进行测量，将原设计初期支护后的断面数据减去测量的断面数据就可得到初期支护后隧洞的总变形量(或者是侵限值)，该值即可作为 u_0参考，需要说明的是，测量是在大变形以后进行的，即初期支护已经屈服破坏，而实际需要保证的是初期支护随围岩一定变形后既不屈服的同时还能满足衬砌断面的要求，也就是说预留变形量应该比现场测量得出的侵限值小。

隧洞初始支护变形量受到隧洞施工方法、施工工艺水平(如初期支护封闭时间等因素)、隧洞支护形式、围岩性质、开挖跨度等多种因素的影响。对于锦屏引水隧洞，隧洞的施工方法、隧洞支护形式以及开挖高度已经确定，其主要受工程软岩的特性和极高地应力的影响，现场实测数据仍然会有许多的不确定性。为了考虑实测数据的这种不确定性，同时兼顾实用性，在选择预留变形量范围时，可以参考一定保证率条件下的范围值，使确定的预留变形量更符合工程实际。保证率定义为:初期支护变形量小于给定值的断面个数占统计断面总数的百分比。

从现场揭露围岩变形来看，侵限超过60cm 的断面占19.01%，即揭露 T_1地层(总长254m)侵限超过60cm 的洞段约49m，如果将预留变形量对应保证率设为80%以上，则可以说明洞段小于20%的洞段会出现侵限，根据设计地质勘查资料预测，前方尚有数百米 T_1地层(含绿泥石片岩)，若以80%的保证率设置预留变形量，则预测可能侵限的洞段仅数十米。本节以80%的保证率作为确定预留变形量的参考。

根据对现场已变形洞段(里程为引(1)+536~759m 和引(2)+613~643m)断面扫描数据的统计，当给定不同的预留变形量时，其对应的保证率关系如图4-16、图4-17及表4-5所示。

1号引水隧洞的断面扫描数据统计见图4-16及表4-5，当设计预留变形量分别取40cm、50cm 和60cm 时，其保证率分别为59.05%、67.62%和78.01%，另外可看出引(1)+660~720m 范围侵限值明显较大(普遍60cm 以上)，而大部分洞段侵限在40cm 左右。考虑现场量测数据的离散性，同时兼顾较高的保证率，1号引水隧洞设计预留变形量范围可取50~60cm。对于2号引水隧洞，从图4-17和表4-5可知，当设计预留变形量分别取40cm 时，其保证率就

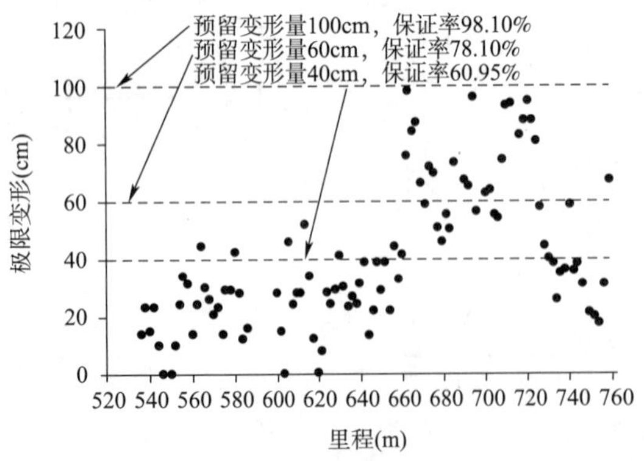

图4-16 1号引水隧洞围岩预留变形量与保证率对应关系

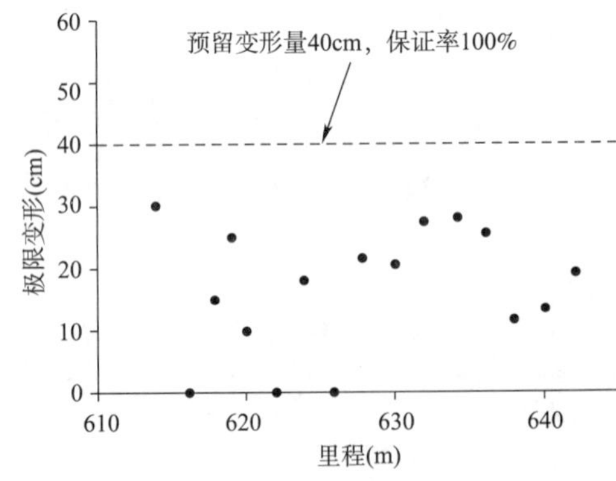

图4-17 2号引水隧洞围岩预留变形量与保证率对应关系

达到了100%。但是现场揭露洞段的断面测量数据少,参考性不强,2号引水隧洞与1号引水隧洞平行相距60m,地层岩性及地应力情况相当,即2号引水隧洞的预留变形量可在已统计数据的基础上参考1号引水隧洞,综合分析可认为2号引水隧洞设计预留变形量范围取40~50cm较为合适。

围岩预留变形量与保证率对应关系 表4-5

预留变形量(cm)		100	90	80	70	60	50	40	30
保证率(%)	引(1)	98.10	93.33	87.62	83.81	78.10	67.62	59.05	35.24
	引(2)	—	—	—	—	—	—	100	99

(4)解析法分析预留变形量

在深埋隧洞中,围岩的二次应力状态可能超过围岩的抗压强度或是局部的剪应力超过岩体的抗剪强度,从而使该部分的岩体进入塑性状态。考虑到锦屏引水隧洞埋深大,取侧压力系数为1,用弹塑性法分析支护阻力 p_a 为0MPa、1MPa和2MPa时隧洞周边的极限位移。

$$u_{r_0\max}^{\mathrm{P}} = \frac{R_0^2(1+\mu)}{Er_0}(\sigma_Z - \sigma_{R_0}) \tag{4-12}$$

式中:$u_{r_0\max}^{\mathrm{P}}$——隧洞洞周位移(m);

μ——泊松比;

E——围岩的弹性模量(MPa);

σ_Z——初始地应力(MPa);

r_0——隧洞半径(m);

R_0——塑性区半径(m);

σ_{R_0}——塑性区边界上的径向应力。

塑性区半径(R_0)采用如下公式计算,计算参数同式(4-12):

$$R_0 = r_0\left[(1-\sin\varphi)\frac{c\cot\varphi + \sigma_Z}{c\cot\varphi + p_a}\right]^{\frac{1-\sin\varphi}{2\sin\varphi}} \tag{4-13}$$

式中:c——黏聚力(MPa);

φ——内摩擦角(°);

p_a——支护阻力(MPa)。

塑性区边界上的径向应力 σ_{R_0} 采用如下公式计算,计算参数同式(4-12):

$$\sigma_{R_0} = \sigma_Z(1-\sin\varphi) - c\cos\varphi \tag{4-14}$$

采用表4-2参数分别计算Ⅲ和Ⅳ类围岩下不同地应力条件下支护阻力 p_a 为0MPa、1MPa和2MPa时隧洞洞周的位移,计算结果见表4-6~表4-8,图4-18为无支护隧洞洞周极限位移与初始地应力的关系曲线。

从表4-6和图4-18中可看出,Ⅳ类围岩条件下隧洞洞周的极限位移明显大于Ⅲ类围岩。洞径越大,极限位移越大,且随着地应力的增加,极限位移增大的趋势越明显。根据揭露的 T_1 地层情况(Ⅳ类围岩),可知埋深1500~1850m(地应力约45MPa)条件下,洞径为13.4m时无支护情况下隧洞洞周位移为70cm,支护阻力 p_a =1MPa时,为45cm,支护阻力 p_a =2MPa时,为33cm。考虑支护作用的滞后性,则预留变形量应大于有支护阻力作用时的位移,而小于无支护阻力时的洞周位移,按 1MPa 的支护阻力考虑,则预留变形量范围可取 45 ~ 70cm;按 2MPa 的支护阻力考虑,则预留变形量范围可取 33 ~ 70cm。

无支护隧洞洞周极限位移(p_a =0MPa) 表 4-6

位移	围岩级别	洞径(m)	地应力(MPa)				
			10	20	30	40	50
洞周(cm)	Ⅲ	12	1.63	4.07	7.05	10.47	14.26
		13	1.76	4.40	7.64	11.34	15.45
		14	1.90	4.74	8.23	12.21	16.63
		15	2.03	5.08	8.81	13.09	17.82
	Ⅳ	12	5.76	17.99	35.60	58.08	85.07
		13	6.24	19.48	38.57	62.92	92.16
		14	6.72	20.98	41.54	67.76	99.25
		15	7.20	22.48	44.50	72.60	106.34

有支护隧洞洞周极限位移(p_a =1MPa) 表 4-7

位移	围岩级别	洞径(m)	地应力(MPa)				
			10	20	30	40	50
洞周(cm)	Ⅲ	12	1.22	3.05	5.29	7.86	10.70
		13	1.32	3.30	5.73	8.51	11.59
		14	1.43	3.56	6.17	9.17	12.48
		15	1.53	3.81	6.61	9.82	13.37
	Ⅳ	12	3.24	10.12	20.03	32.68	47.87
		13	3.51	10.96	21.70	35.41	51.86
		14	3.78	11.81	23.37	38.13	55.85
		15	4.05	12.65	25.04	40.85	59.84

有支护隧洞洞周极限位移(p_a =2MPa) 表 4-8

位移	围岩级别	洞径(m)	地应力(MPa)				
			10	20	30	40	50
洞周(cm)	Ⅲ	12	1.03	2.58	4.47	6.64	9.05
		13	1.12	2.79	4.85	7.20	9.80
		14	1.21	3.01	5.22	7.75	10.55
		15	1.29	3.22	5.59	8.30	11.31
	Ⅳ	12	2.35	7.35	14.54	23.73	34.75
		13	2.55	7.96	15.76	25.70	37.65
		14	2.74	8.57	16.97	27.68	40.55
		15	2.94	9.18	18.18	29.66	43.44

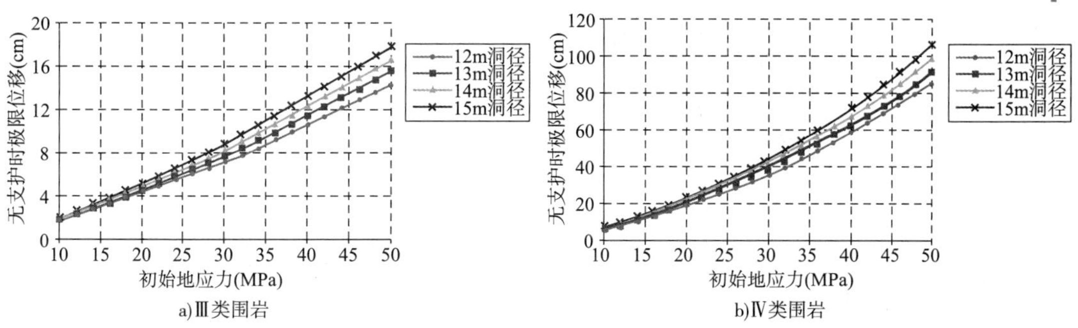

图4-18　无支护隧洞洞周极限位移与地应力的关系曲线(p_a=0MPa)

(5)数值模拟分析预留变形量

预留变形量与最大变形量(拱顶和边墙)密切相关,而最大变形量与围岩强度、地应力大小、支护刚度和支护时间有关。考虑到支护作用的不确定性,本节将无支护时隧洞的极限位移作为确定预留变形量的参考,并与无支护阻力时的解析解对比。

根据锦屏引水隧洞地勘资料和室内实验,并参考相关规范,隧洞围岩力学计算参数见表4-1。对10MPa、20MPa、30MPa、40MPa、50MPa四种地应力情况下洞径分别为12m、13m、14m、15m的Ⅲ、Ⅳ级围岩条件下的40个工况的毛洞围岩变形进行了模拟计算,计算模型宽140m,高120m,即左右宽约为5倍洞径,上下高约为4倍洞径,计算模型前、后面设置为前后位移固定边界,上、下面设置为上下位移固定边界,左、右面设置为左右位移固定边界,取围岩屈服服从摩尔-库仑准则。计算结果列于表4-9中,并绘于图4-19中。

计算结果　　表4-9

位移	围岩级别	洞径(m)	地应力(MPa)				
			10	20	30	40	50
拱顶下沉(cm)	Ⅲ	12	1.11	2.90	5.20	8.05	12.81
		13	1.19	3.09	5.55	8.41	14.09
		14	1.29	3.32	6.19	9.17	15.13
		15	1.35	3.54	6.37	9.97	16.58
	Ⅳ	12	6.97	19.5	39.97	64.25	95.31
		13	9.38	21.31	41.79	67.98	101.25
		14	10.17	23.24	46.43	71.29	106.79
		15	10.55	25.91	48.99	73.56	110.85
拱腰水平位移(cm)	Ⅲ	12	1.16	3.08	5.60	8.58	13.13
		13	1.21	3.16	5.89	8.98	14.06
		14	1.33	3.42	6.28	9.73	15.58
		15	1.38	3.69	6.67	10.14	17.27
	Ⅳ	12	9.19	20.71	42.55	66.43	98.68
		13	9.53	23.08	45.11	69.71	104.92
		14	10.23	26.98	47.24	74.06	110.64
		15	10.60	27.45	51.67	77.15	115.12

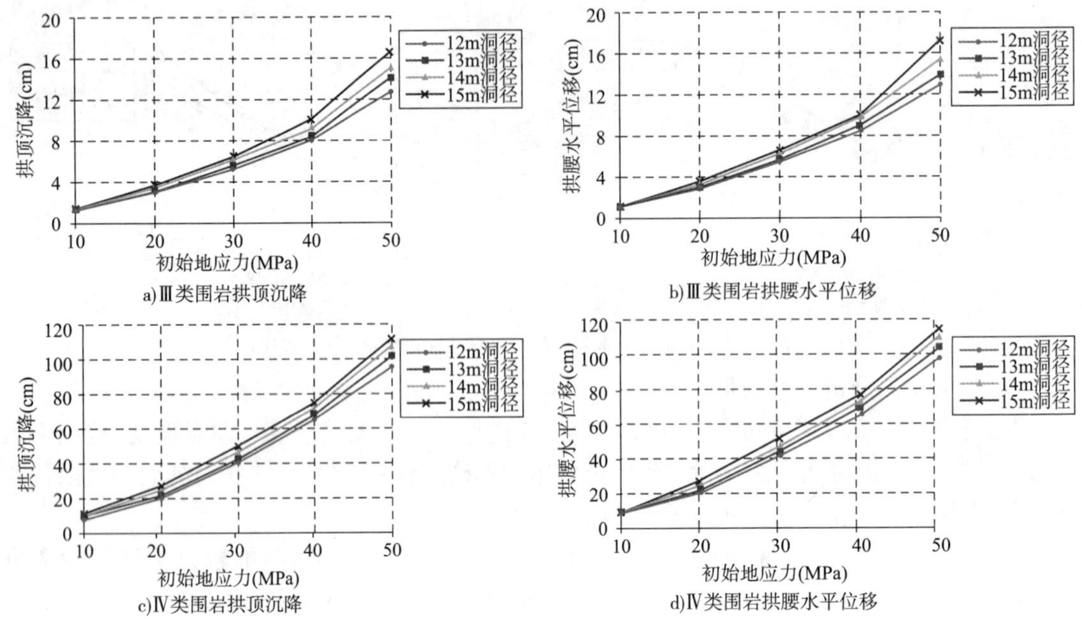

图 4-19　位移随地应力变化图

从表 4-9 可以看出围岩变形受围岩级别影响最大，围岩级别每增大一级围岩位移增大 5～10倍，如Ⅲ级围岩的毛洞最大变形量在 12～17cm，而Ⅳ级围岩的最大变形量在 95～115cm。在 10～50MPa 地应力范围位移近似呈线性变化，如图 4-19 所示。围岩位移受洞径变化影响较小，近似呈线性变化，洞径增加 3m 围岩位移增加 15% 左右。结合表 4-6 无支护时的理论计算结果，发现两者有一定偏差，主要表现在模拟结果偏大，且拱腰位移普遍大于拱顶。

相对于理论计算，模拟更接近于实际情况。根据以上计算结果，可宏观地估计预留变形量。根据工程具体位置的围岩级别、洞径和地应力情况查表 4-9 相应计算结果进行预测。例如，位于Ⅳ类围岩段，地应力 20MPa，洞径 13m 的变形量查表 4-9 拱顶最大下沉为 21.31cm，拱腰最大水平位移为 23.08cm，故最大预留变形量可取 23cm。对于洞径、地应力和围岩级别介于表 4-9 中计算值之间的可近似采用内插法来确定预留变形量的最大值。

锦屏引水隧洞西端绿泥石片岩洞段埋深达 1500～1850m，地应力约为 45MPa，Ⅳ级围岩，开挖洞径为 13.4m，查表 4-9 可知拱顶最大位移约 75cm，拱腰最大位移约 78cm，可将 75cm 和 78cm 分别作为拱顶及拱腰预留变形量的上限参考值。

应该指出的是，由于现场地质条件、局部地应力、初期支护刚度等千差万别，而数值模拟的是均质条件下围岩的变形，且并没有考虑支护的作用，所以模拟的结果需要结合解析计算和现场数据统计进行对比分析。

根据锦屏引水隧洞的断面量测结果，统计的数据是在已有支护条件下发生变形的量值，同时还未包括超挖约 15cm 在内(由于施工工艺限制，必然存在超挖，即常说的允超)，其变形侵限原因之一是预留变形量不足、二是支护强度不够、三是支护不及时，尽管最大变形超过了 1m，但大多数断面变形在 20～60cm，结合解析计算和数值模拟的结果，建议Ⅳ级绿泥石片岩段预留变形量取为 30～60cm(计入 15cm 允超在内，最大预留变形可达到 75cm)。

4.4.2　掌子面稳定性分析

1）隧洞掌子面失稳形式

隧洞开挖后掌子面的稳定情况主要可以分为三大类：稳定、暂时稳定、不稳定。如图4-20所示，其稳定性的判定标准见表4-10。

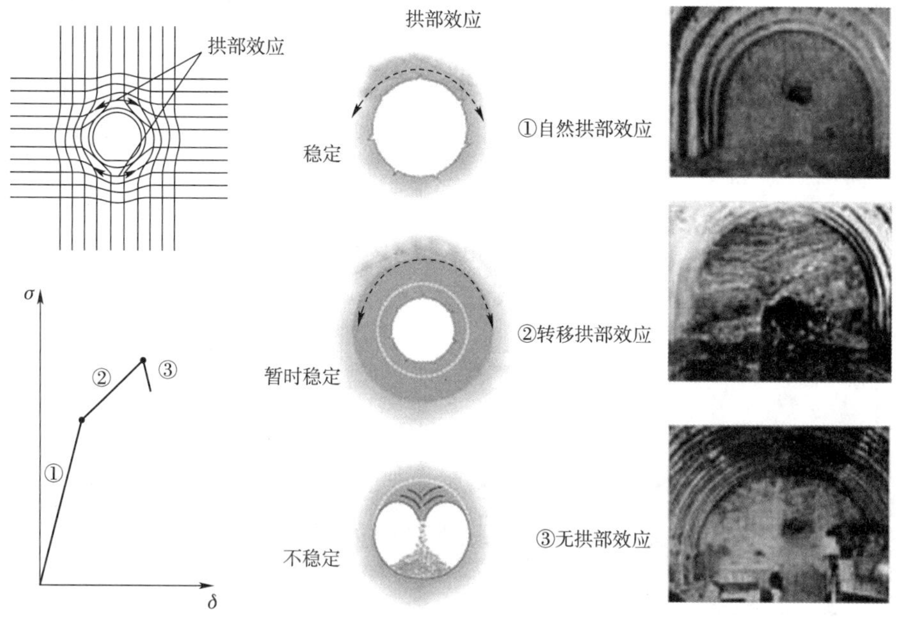

图4-20　隧洞开挖后稳定情况

隧洞稳定性分类判定标准　　表4-10

判定条件	A类（掌子面稳定）	B类（掌子面暂时稳定）	C类（掌子面不稳定）
地层强度	地层强度能够保持隧道稳定	地层强度能够保持隧道短期稳定	地层强度小于地层应力，隧道失稳
成拱效应	接近开挖轮廓面形成拱部效应	远离开挖轮廓面形成拱部效应	不形成拱部效应
围岩变形	变形处于弹性范围内，大小以mm计	变形处于弹－塑性范围内，大小以cm计	必须对掌子面前方地层进行超前加固，否则围岩会出现明显的不稳定现象
掌子面	整个掌子面是稳定的	掌子面在短期内稳定	必须对掌子面前方地层进行超前加固，否则掌子面将坍塌
地下水	只要地下水不降低地层的强度，隧道的稳定性就不受地下水的影响	地下水会降低地层的强度，从而影响隧道的稳定性，因此需要把动态的地下水从超前核心土排出	必须采取措施，把动态的地下水从超前核心土排出，否则将严重影响隧道的稳定性
支护方式	一般处理，主要是防止围岩弱化和保持开挖轮廓面的稳定	在掌子面后方采取传统的径向围岩约束措施，有时需要采取掌子面前方超前约束措施	必须对掌子面前方地层进行超前加固，以提供能够形成人工成拱效应的超前约束作用

在节理、断层不发育的硬岩中，由于岩体强度高，刚度大，隧洞开挖后即形成拱部效应，掌子面几乎没有变形，此时掌子面处于稳定状态。对于有较多结构面、岩体质量稍差的地层，开完后也能在离隧洞一定距离内形成拱部效应，而隧洞周边则形成一定的塑性区域，核心土由于受到较大的地压，发生向隧洞内的水平挤压变形，此时掌子面虽然能暂时稳定，但如果没有及时的加固以及支护措施，塑性区域扩大，最后掌子面出现局部塌落，甚至大面积塌方（图 4-21 和图 4-22）。在各种软弱结构面发育、围岩强度很差的地层中，开挖后已经不能形成拱效应，核心土在地压作用下形成滑动带，发生剪切滑移破坏。此时拱顶会发生坍塌，掌子面也会大面积的向隧洞内部塌落滑移（图 4-22）。

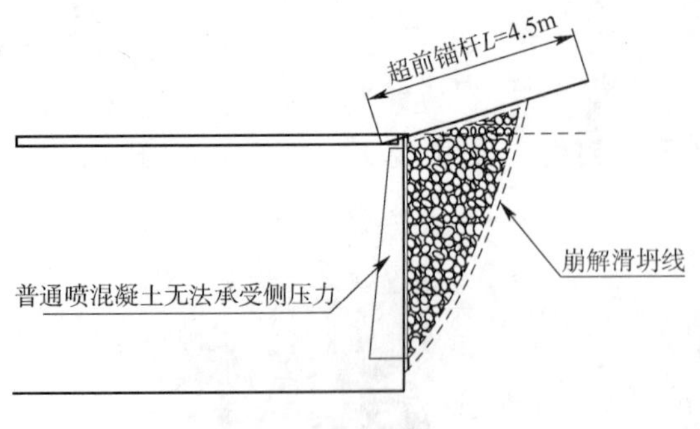

图 4-21　掌子面崩解滑坍

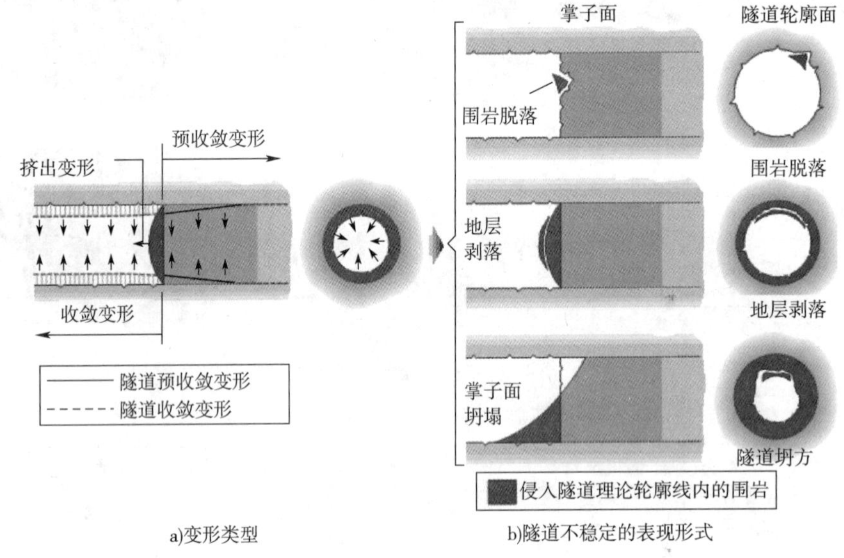

图 4-22　隧洞变形种类及不稳定表现形式

2）掌子面稳定性模拟分析

采用 FLAC3D 对掌子面的变形特征进行三维模拟分析。围岩计算参数见表 4-1，侧压力系数取 1，初始地应力取 45MPa，取围岩屈服服从摩尔库伦准则。模拟隧洞采用台阶法进行开挖，隧洞洞径 13.4m，上台阶高度为 9m。

（1）上台阶掌子面变形特征

上台阶开挖后掌子面位移及塑性区分布如图 4-23 ~ 图 4-25 所示，掌子面最大位移发生在掌子面中部，其主要原因是开挖后掌子面中部围岩受到的约束最小，在高地应力作用下，导致该处围岩位移最大。这证明了掌子面前方核心岩体的滑动与隧道塌方之间存在着紧密联系，即隧洞塌方是发生在核心岩体滑动之后。具体变形过程可见图 4-22，掌子面挤出变形、收敛变形及预收敛变形导致其稳定性降低，并产生围岩脱落、剥落等现象，逐渐发展为掌子面顶部围岩失去支撑后塌方。

掌子面周围主要分布着以剪切破坏为主的塑性区，其半径在7～8m；掌子面中部核心区约3m厚的围岩主要呈现受拉破坏，掌子面前方剪切破坏塑性区范围达8m。实际工程中，掌子面上受拉破坏的围岩在重力作用下不断脱落，掌子面上方形成新的临空面，原本发生剪切破坏的围岩，由于约束减小，受力状态发生改变，在高地应力作用下又形成新的受拉破坏区域，直到顶部围岩脱落形成拱部效应，达到稳定状态，若无法形成拱部效应则发生塌方，所以为了防止塌方的发生，需要重点针对上台阶掌子面中部核心岩体进行预加固。

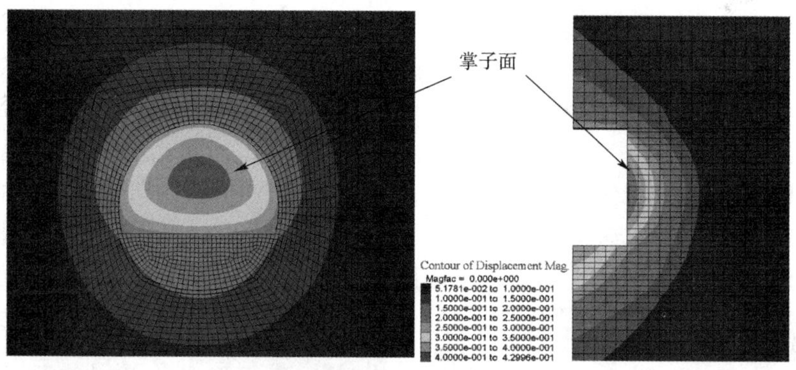

图4-23　上台阶掌子面位移分布云图

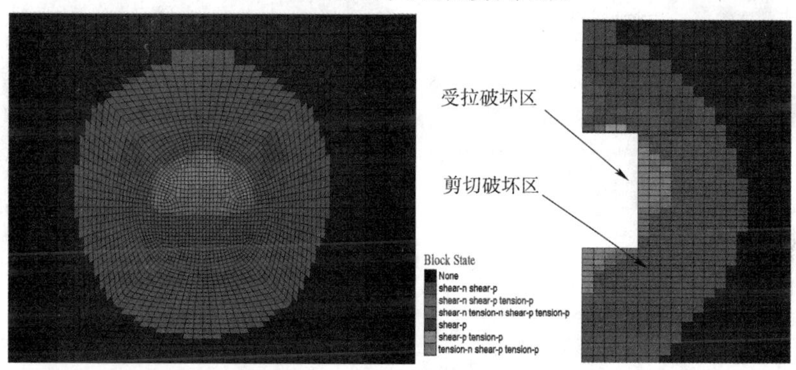

图4-24　上台阶掌子面塑性区分布图

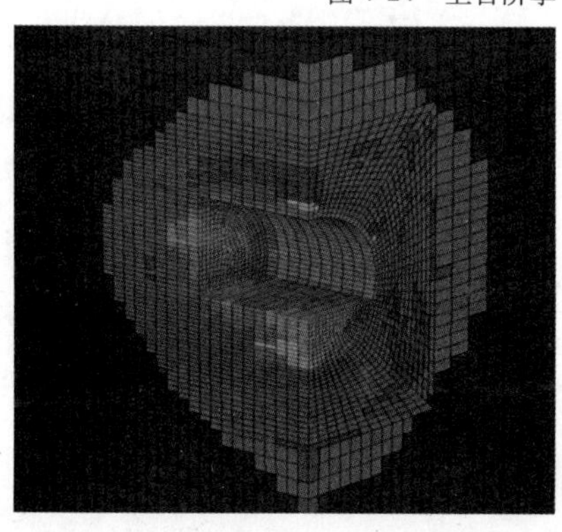
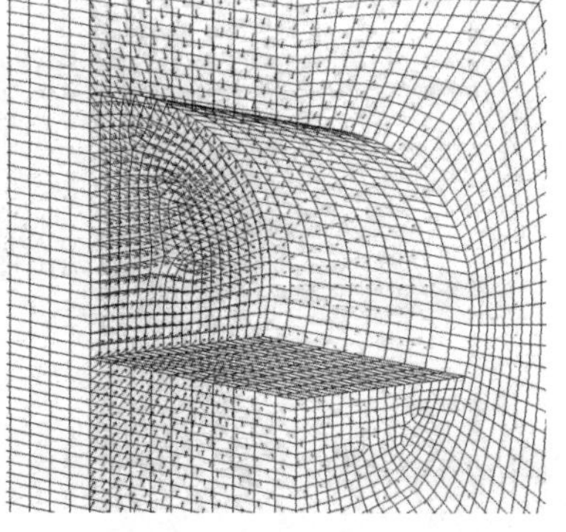

图4-25　上台阶掌子面塑性区及位移矢量空间分布图

根据模拟分析的结果显示，引水隧洞绿泥石片岩洞段掌子面变形处于弹－塑性范围内，变形量较小，说明掌子面处于短期稳定的状态，为保证掌子面的长期稳定，实现正常开挖，则需要进行预支护。针对掌子面的预支护首先是掌子面中部核心区,可采用一定的措施进行预加固,以保证中部核心岩体的稳定,防止其变形脱落导致顶部失稳坍塌;其次是对掌子面顶部进行预支护,可采用超前锚杆、小导管及管棚等,以防止掌子面中部核心岩体变形脱落后,顶部逐渐呈受拉破坏而失稳坍塌。由于掌子面核心岩体(受拉破坏区)范围为3m,所以为保证超前预支护产生作用,其预支护长度应超出受拉区域,即长度应在3m以上。

(2)下台阶掌子面变形特征

下台阶开挖后掌子面位移及塑性区分布如图4-26和图4-27所示。下台阶掌子面纵向最大变形位移发生在中心位置,量值约50cm。整个下台阶断面在高地应力作用下大部分受拉破坏,且受拉破坏区围岩纵向厚度为3m。就掌子面而言,与上台阶相比,下台阶不会出现掌子面塌方的危险,开挖后存在的主要问题在于两侧边墙的稳定,若边墙变形过大,则上台阶的初期支护可能因缺少底部支撑而失稳,应减小开挖进尺,并对边墙围岩进行预支护(由于掌子面附近受拉区厚度约为3m,故纵向预支护长度也应超过3m),同时,开挖后应尽早施作初期支护,并与上台阶支护封闭成拱,形成整体,以避免下部围岩开挖后逐步变形脱落而引起边墙失稳。

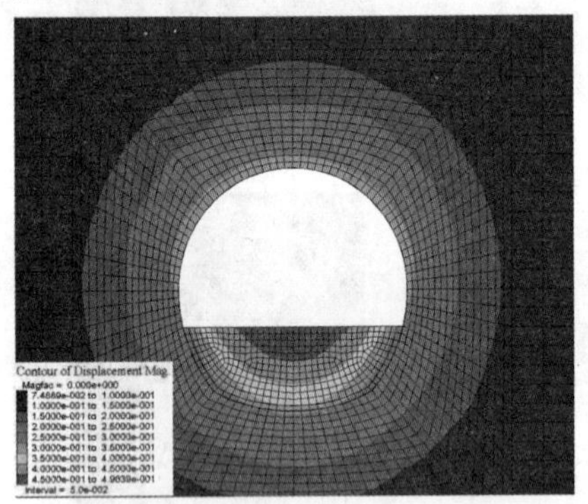

图4-26　下台阶掌子面位移及塑性区分布图

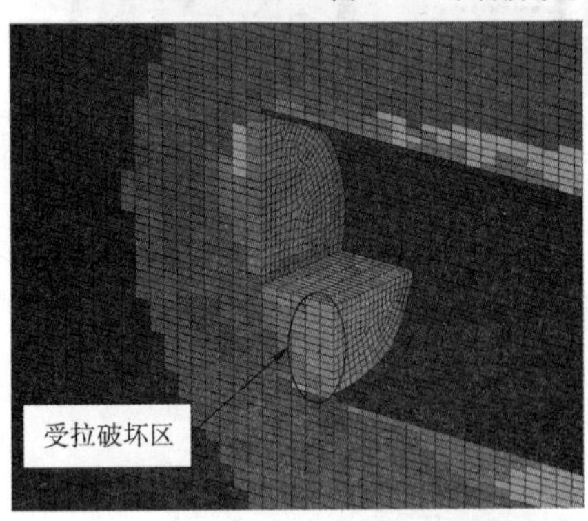

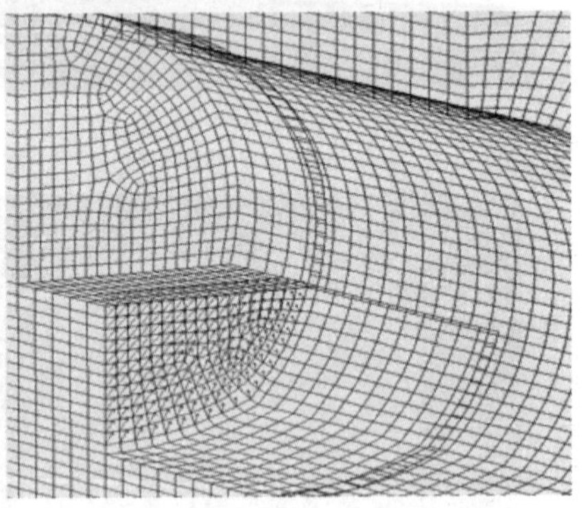

图4-27　下台阶掌子面塑性区及位移矢量空间分布图

4.4.3　预支护措施及参数优化分析

1)超前锚杆优化分析

采用有限差分软件FLAC3D对地应力45MPa的Ⅳ类围岩段无超前锚杆支护、超前锚杆长度为4m、6m、8m、10m和12m六个工况的隧洞开挖进行了三维数值模拟分析,以优化超前锚杆

的长度。计算中超前锚杆均在拱顶120°范围布置，锚杆间距35cm，外插角10°（图4-28）。围岩计算参数见表4-1。计算模型宽140m，高120m，长100m，即左右宽为5倍洞径，上下高为4倍洞径。模拟过程中，模型前、后面设置前后位移固定边界，上、下面设置上下位移固定边界，左、右面设置为左右位移固定边界。取围岩屈服服从摩尔库伦准则。

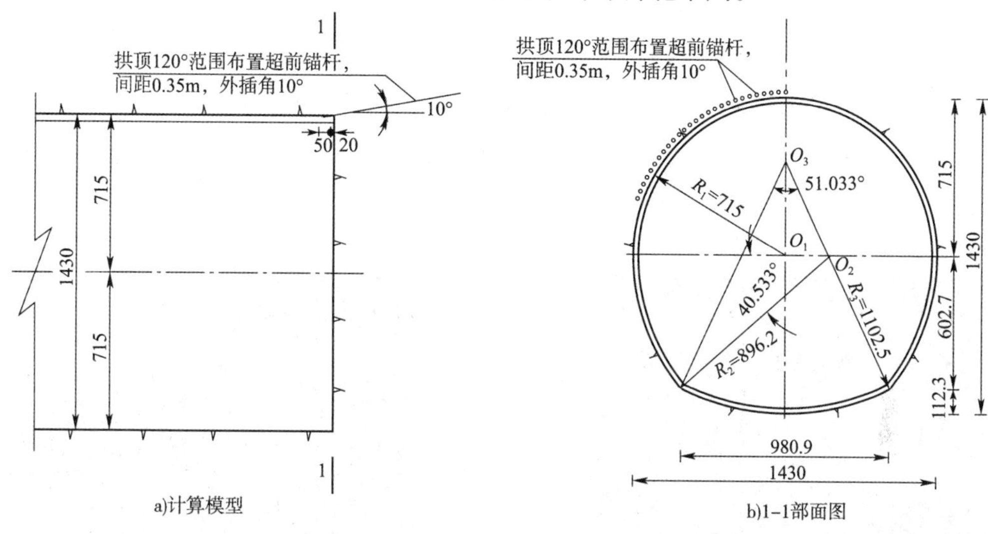

图4-28　超前锚杆布置示意图（单位：mm）

（1）超前锚杆对掌子面围岩位移影响

图4-29为不施作超前锚杆和超前锚杆长度为6m时开挖后掌子面位移云图。掌子面最大位移由不施作超前锚杆时的43.0cm减小到施作超前锚杆后的31.3cm。可见，超前锚杆对维持掌子面稳定具有重要作用。

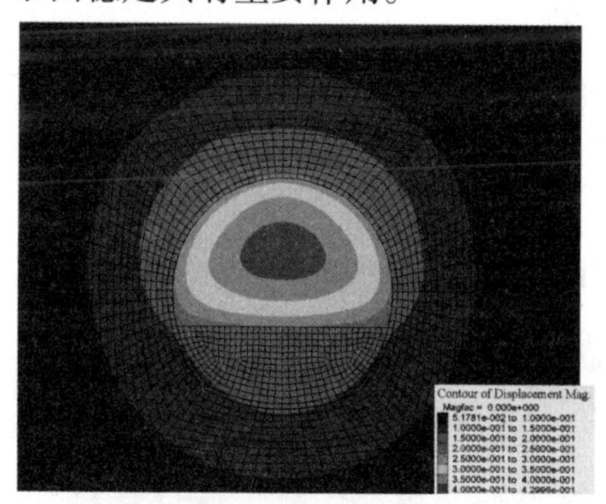

a)无超前锚杆时掌子面位移云图

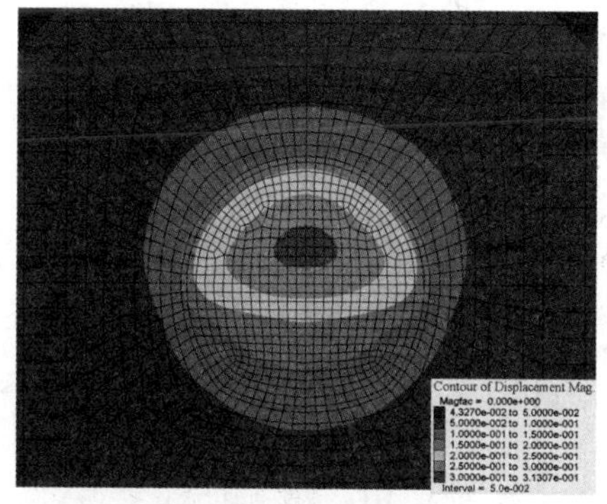

b)超前锚杆为6m时掌子面位移云图

图4-29　掌子面位移云图

图4-30为不同超前锚杆长度情况下，掌子面拱顶处沉降（竖向位移）变化。掌子面拱顶处沉降随着超前锚杆长度增加相应减小，但减小速度减缓。超前锚杆长度超过10m后对掌子面位移影响不明显。

（2）超前锚杆对围岩塑性区的影响

图4-31为不施作超前锚杆和超前锚杆长度为6m时掌子面附近的塑性区图。在掌子面前方有超前锚杆时开挖后的塑性区范围比不施作超前锚杆要减约小2m；在掌子面上和紧邻掌子

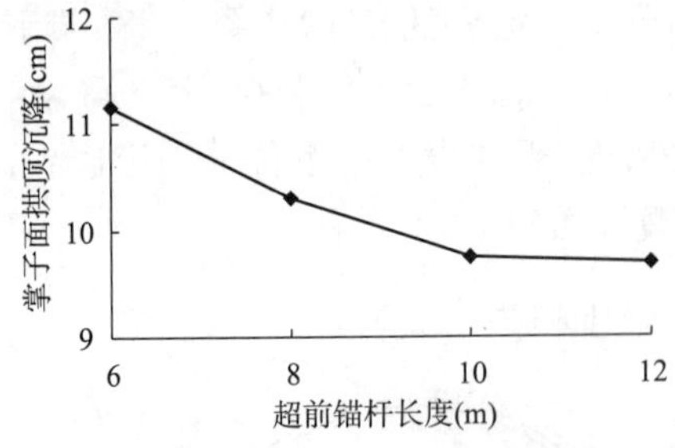

图 4-30 不同超前锚杆长度下的掌子面拱顶沉降

面的受拉塑性区有超前锚杆开挖后塑性区范围同样较不施作超前锚杆时减小约 2m。可见,超前锚杆可一定程度地控制掌子面附近塑性区的发展,从而对掌子面起到加固作用。

图 4-32 为超前锚杆轴力图,图 4-33 为锚杆最大轴力随超前锚杆长度变化情况,可见超前锚杆随着伸入围岩长度增加,受力增加,约束更多围岩变形,从而对围岩的加固作用增强。但当锚杆长度超过 10m 后增加得不明显。综合对位移和塑性区的分析,超前锚杆的长度可取6～10m,但是现场采用手风钻机钻深孔耗时较长且不经济,在进行了掌子面预加固后,超前锚杆长度可适当取短。

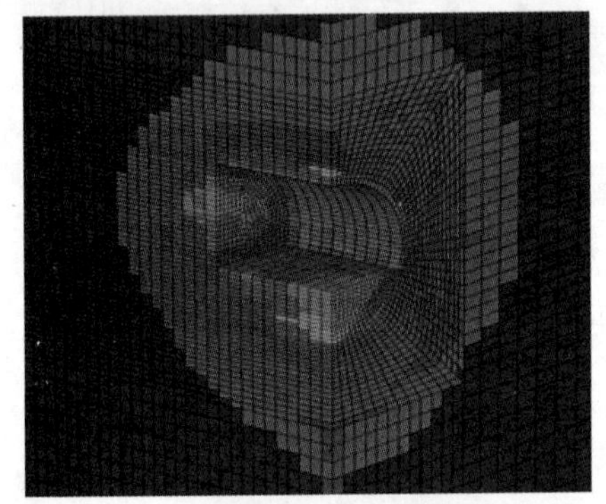

a)无超前锚杆时塑性区分布

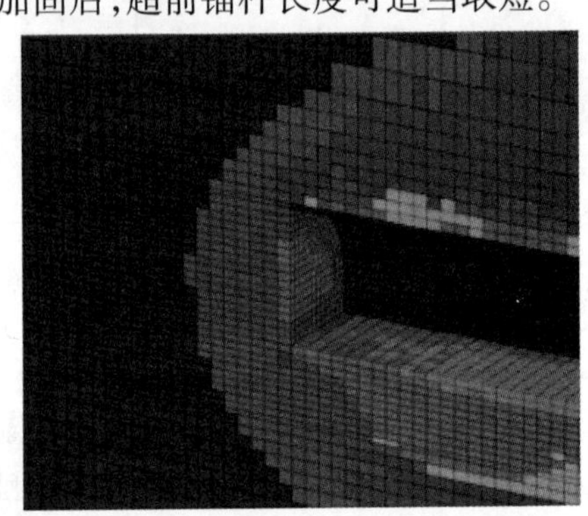

b)超前锚杆6m时塑性区分布

图 4-31 塑性区分布

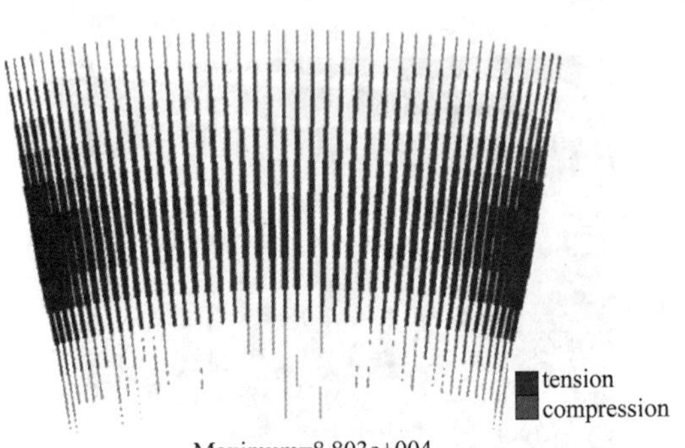

图 4-32 超前锚杆长 6m 时轴力图(单位:N)

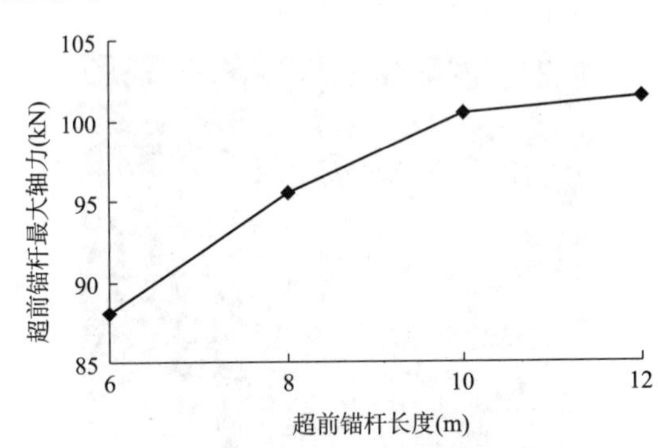

图 4-33 最大轴力随超前锚杆长度变化

2)玻璃纤维锚杆(GFRP)加固技术

玻璃纤维增强聚合物(glass fiber reinforced polymer,GFRP)筋材是一种复合增强材料新产品,它采用纤维纱浸渍含有固化剂、促进剂等多种助剂的不饱和聚酯树脂等树脂胶液后,在拉挤机的牵引下,通过预成型模进入加热模具,在高温高压下固化成型。GFRP 筋材作为一种新型材料,它的优点是:良好的抗腐蚀性;耐久性好;抗拉强度等于甚至高于预应力钢筋、自重轻,只有预应力钢筋的 15%～20%;优良的抗疲劳特性。目前 GFRP 筋材已应用于桥梁、公路、混凝土加固中。GFRP 筋材的抗拉强度高,抗腐蚀,可以将 GFRP 筋材作为岩土锚杆,在岩土工程加固中使用。国内已有厂家生产 GFRP 锚杆。本节主要研究 GFRP 注浆锚杆在掌子面超前预加固中的应用。

GFRP 注浆锚杆是通过砂浆的黏结作用,对围岩进行锚固加强,同时通过向围岩注浆提高围岩的自稳能力。GFRP 注浆锚杆的注浆锚固,可以充分调动和提高岩土体的自承载能力和自稳能力,对结构起到支护和加固作用。GFRP 注浆锚杆是通过砂浆的黏结作用,对岩土体进行锚固加强,同时通过向围岩注浆提高围岩的自稳能力。GFRP 注浆锚杆的注浆锚固,可以充分调动和提高岩土体的自承载能力和自稳能力,对结构起到支护和加固作用。GFRP 锚杆抗拉强度高,可以替代钢材有效的加固掌子面。GFRP 锚杆抗剪强度低,开挖过程中,锚杆受爆破和施工机械作用后易折断,而不需拆除,方便大断面隧道机械化快速施工的需要。

(1)上台阶掌子面 GFRP 锚杆预加固参数分析

根据前述对掌子面稳定性的分析可知,掌子面塌方是从核心岩体破坏开始,为了防止该部分失稳,必须进行预加固。用于掌子面预加固的措施主要有玻璃纤维锚杆和注浆,注浆加固可以显著提高围岩的抗剪强度,但是抗拉效果并不明显,采用注浆玻璃纤维锚杆可以同时提高围岩的抗拉及抗剪强度,对稳定掌子面更为有利。考虑锦屏引水隧洞大断面的开挖方式,可采用玻璃纤维锚杆对掌子面进行预加固,加固范围主要在掌子面核心区域,最外层玻璃纤维锚杆离隧洞开挖轮廓线 1 ~2m(图 4-34)。

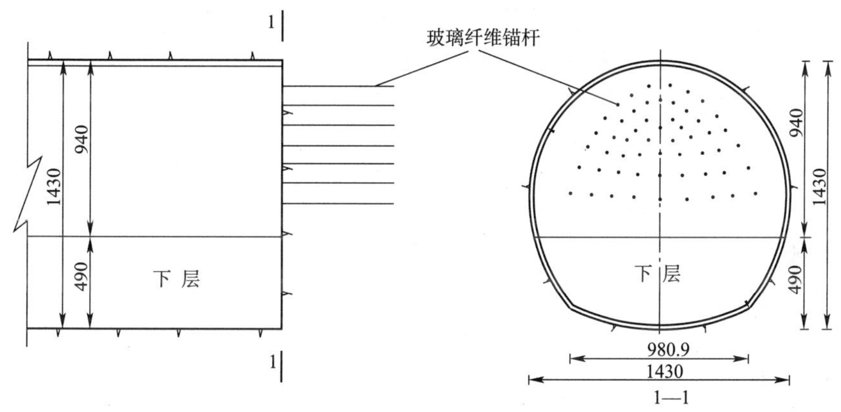

图 4-34 上台阶掌子面 GFRP 锚杆布置图(尺寸单位:mm)

采用 FLAC3D 对地应力 40MPa 的Ⅳ级围岩段掌子面上不同长度和间距的 GFRP 注浆锚杆进行模拟。掌子面 GFRP 注浆锚杆施设间距分别为0.5m、1.0m、1.5m 和 2.0m,施设长度为 3m、4m、6m、8m 和 10m,共计 20 个工况。GFRP 注浆锚杆按照不同间距梅花形布设如图 4-34 所示,图 4-35 为施设玻璃纤维杆的计算模型,围岩计算参数及边界条件与上一节相同。

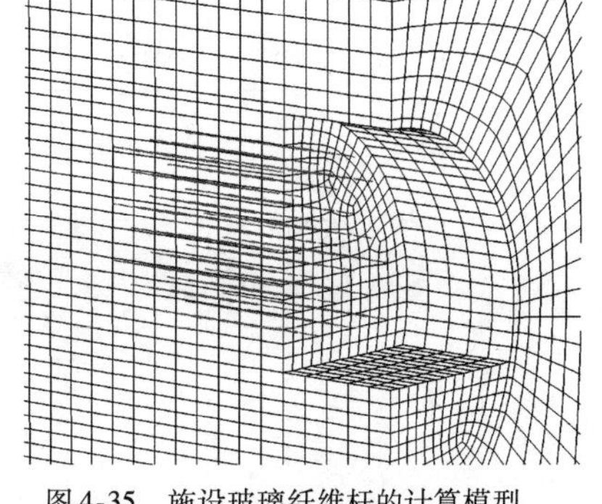

图 4-35 施设玻璃纤维杆的计算模型

通过计算 20 种工况得到上台阶掌子面最大位移,见表 4-11,掌子面最大位移随 GFRP 注浆锚杆长度和间距变化情况如图 4-36 和图 4-37 所示。与图 4-29a)无超前支护掌子面位移比较,无超前支护时掌子面最大位移为 43.0cm,而所有施加超前支护的计算工况中掌子面最大位移仅为 28.5cm,即采用 GFRP 注浆锚杆预加固使掌子面最大位移减小了约33.7%。

上台阶掌子面最大位移　　表4-11

间距(m)	不同玻璃纤维杆长度(m)下掌子面最大位移(cm)				
	3	4	6	8	10
0.5	29.36	27.83	25.91	24.58	24.15
1.0	29.55	28.15	26.82	25.68	25.33
1.5	29.76	28.44	27.6	26.95	26.75
2.0	29.89	28.47	28.12	27.79	27.70

从图4-36和图4-37可看出,掌子面位移随着GFRP注浆锚杆长度增大而减小,但减小速度逐渐变缓;掌子面位移随设置间距的增大加速增大。GFRP注浆锚杆长度小于6m时,其间距改变对掌子面位移影响不显著;间距大于1.5m时,GFRP注浆锚杆长度改变对掌子面位移影响不显著。综合分析发现采用GFRP注浆锚杆对掌子面的作用十分明显,而不同工况的计算结果差别较小,建议GFRP注浆锚杆长度可取4~6m,间距1~1.5m。

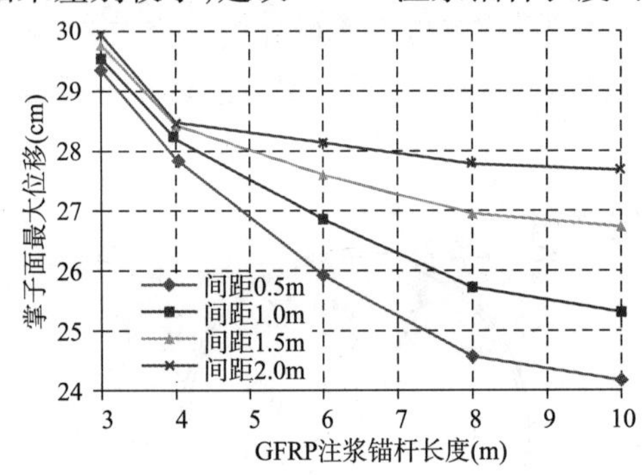

图4-36　上台阶掌子面最大位移随GFRP注浆锚杆长度变化曲线

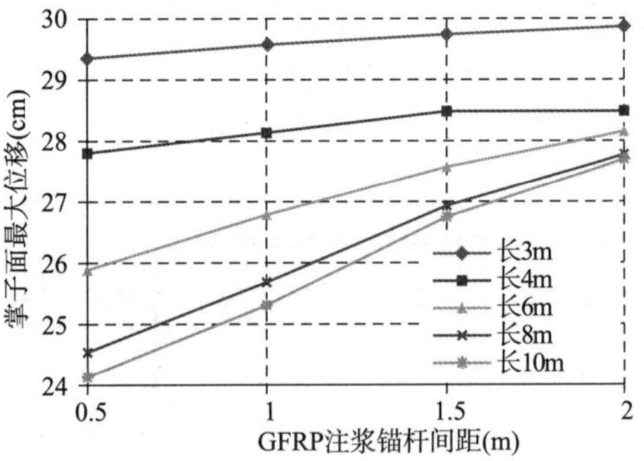

图4-37　上台阶掌子面最大位移随GFRP注浆锚杆间距变化曲线

(2)下台阶掌子面GFRP锚杆预加固作用分析

下台阶掌子面开挖后存在的主要问题在于两侧边墙的稳定,若边墙变形过大,则上台阶的初期支护可能因缺少底部支撑而失稳,所以在减小开挖进尺的同时,还需做好超前预支护。采用与模拟上台阶掌子面GFRP锚杆相同的围岩参数、边界条件及计算模型,对下台阶掌子面GFRP锚杆的预支护作用进行分析,并分别计算无GFRP锚杆、GFRP锚杆长为3m、4m、6m、8m及10m这6种工况。GFRP锚杆在下台阶的布置及计算模型分别如图4-38和图4-39所示。

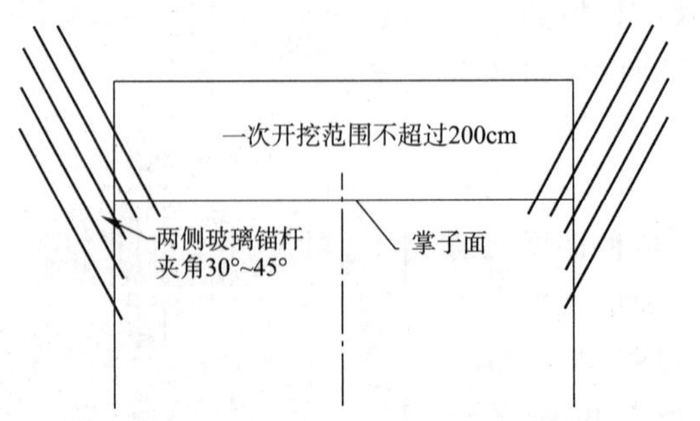

图4-38　下台阶掌子面GFRP锚杆布置图

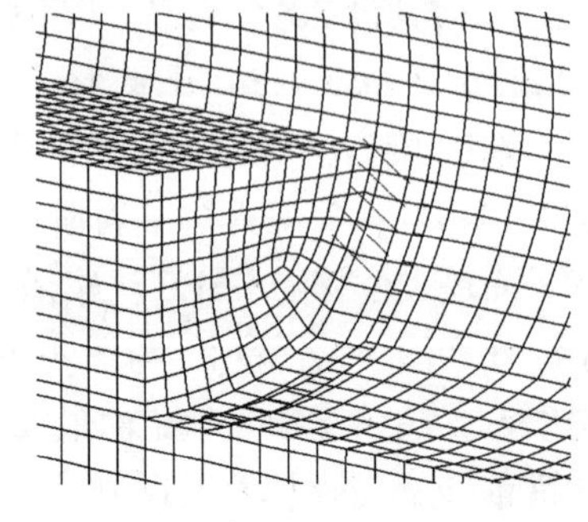

图4-39　GFRP锚杆计算模型图

图4-40为下台阶掌子面开挖后的位移云图，可以明显看出，使用了GFRP锚杆进行预支护后边墙位移有明显降低，说明施加GFRP锚杆对抑制边墙变形起到了一定的作用。图4-41为不同GFRP锚杆长度时下台阶边墙部位的最大位移，可以看出当长度超过6m时，边墙最大位移不再有明显的降低，说明了抑制边墙变形的作用没有持续出现较大增加。因此，建议下台阶边墙预加固时，采用的GFRP锚杆长度取4～6m，斜插角度取30°～45°。

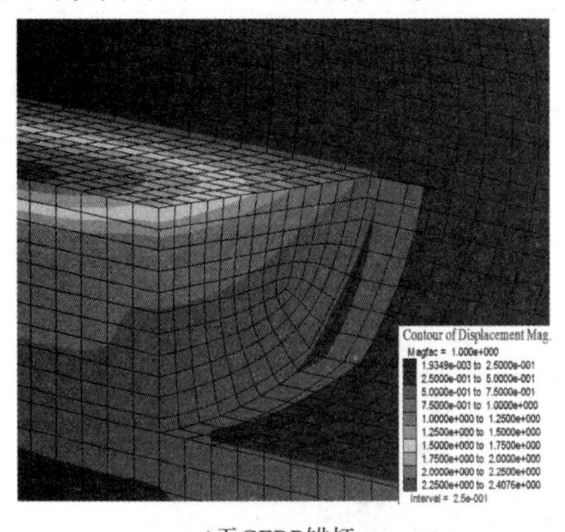

a)无GFRP锚杆

位移减小

b)有GFRP锚杆

图4-40 下台阶掌子面开挖后的位移分布云图

(3)掌子面预加固搭接长度分析

根据表4-1围岩参数和图4-35计算模型及边界条件对不同超前预加固搭接长度进行分析，计算过程中的超前预加固参数：GFRP注浆锚杆长度6m，间距1.0m×1.0m(环×纵)，开挖步长为1m。计算结果如表4-12、图4-42所示，可以看出超前加固搭接长度对掌子面位移的影响比较敏感，搭接长度增大时，掌子面位移明显减小。当预加固搭接长度超过2m时对位移的影响程度较小。掌子面临界搭接长度与围岩参数、隧洞几何参数及埋深等有关，由于GFRP注浆锚杆的建议长度为4～6m，故根据本模型计算结果，建议搭接长度为2～3m。

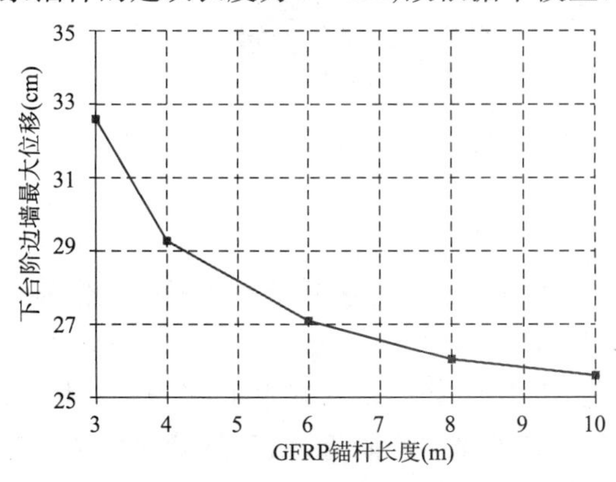

图4-41 下台阶边墙最大位移随GFRP锚杆长度变化的线

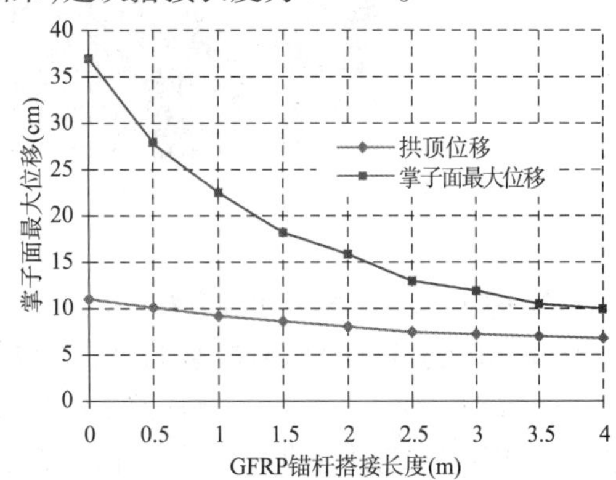

图4-42 位移随GFRP注浆锚杆搭接长度变化曲线

4.4.4 隧洞开挖方式优化分析

(1)开挖方案数值分析

采用FLAC3D对隧洞采用台阶法、CD法、CRD法和双侧壁导坑法四种方法开挖进行三维

模拟分析。围岩计算参数见表4-1,计算模型见图4-43,计算过程中,模型前、后面设置为前后位移固定边界,上、下面设置为上下位移固定边界,左、右面设置为左右位移固定边界,侧压力系数为1,初始地应力40MPa,取围岩屈服服从摩尔库伦准则。计算结果见图4-44～图4-46和表4-13。

不同搭接长度计算结果 表4-12

搭接长度(m)	掌子面最大位移(cm)	拱顶位移(cm)	搭接长度(m)	掌子面最大位移(cm)	拱顶位移(cm)
0	37.15	11.11	2.5	13.26	7.69
0.5	28.13	10.25	3	11.89	7.45
1	22.64	9.46	3.5	10.56	7.31
1.5	18.26	8.82	4	9.87	7.02
2	15.89	8.13			

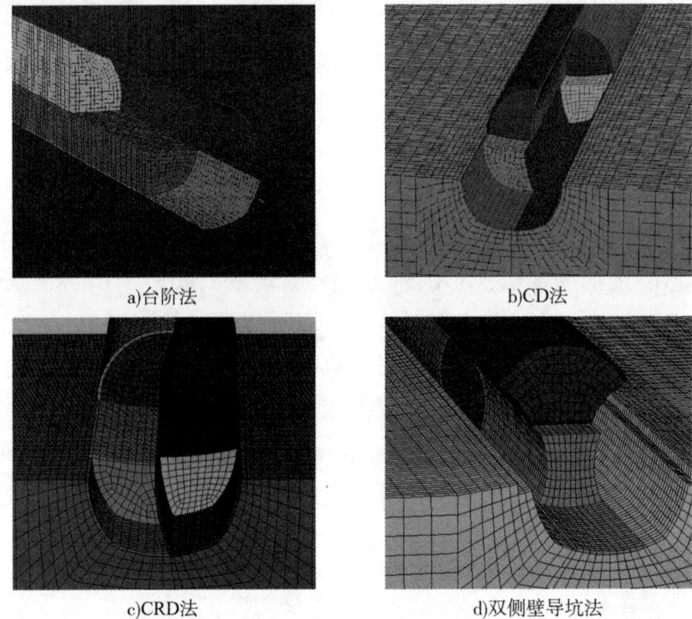

图4-43 计算模型

图4-44为分别采用四种方法开挖后掌子面的变形情况。台阶法开挖掌子面最大位移为45.9cm,CD法和CRD法开挖掌子面最大位移分别为36.2cm和35.0cm,较台阶法分别减少了21.1%和23.7%。双侧壁导坑法掌子面最大位移为27.1cm,较台阶法减少了40.9%。其中,台阶法、CD法、CRD法开挖后掌子面位移主要集中于掌子面中心附近,而双侧壁导坑法开挖后掌子面位移集中区域更靠近边墙。另外可看出CD法和CRD法开挖后围岩变形范围较台阶法小,说明CD法和CRD法对控制围岩变形起到了一定的作用。若采用台阶法开挖,由于高地应力和围岩低强度特性的影响,易导致掌子面变形过大,可能导致塌方的发生,所以用台阶法施工需要对掌子面进行预加固以保证掌子面的稳定。

图4-45分别为四种方法开挖后掌子面附近开挖断面的总位移分布图。台阶法开挖后围岩最大位移为28.8cm,主要发生于底拱部分,其次在拱顶和拱腰部位变形较为集中,而现场局

部隧洞拱肩发生初期支护开裂,说明存在局部应力集中的现象。CD 法和 CRD 法开挖后围岩最大位移分别为 29.5cm 和 28.5cm,并集中于洞内未开挖的围岩。双侧壁导坑法开挖后围岩最大位移为 26.4cm,且主要集中于拱腰,由于中壁的支撑作用,对抑制拱顶的变形起到了重要的作用。

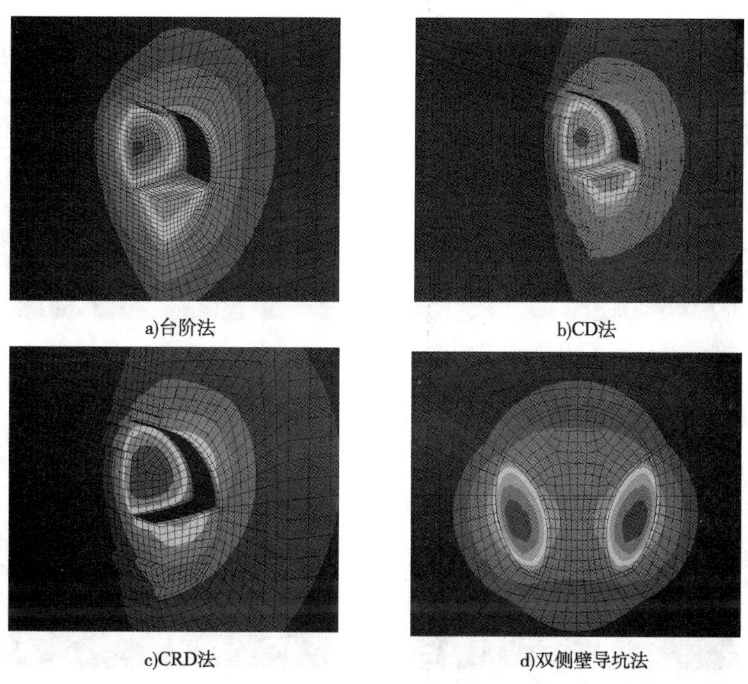

图 4-44 不同开挖方法时掌子面位移分布云图

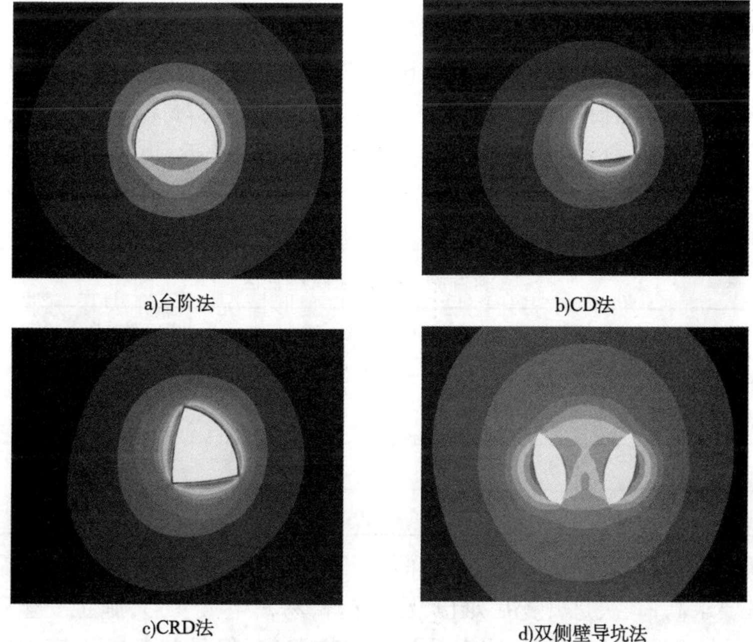

图 4-45 不同开挖方法时掌子面总位移分布云图

图4-46为四种开挖方法开挖后掌子面附近的塑性区分布。四种开挖方法在掌子面均出现受拉塑性区，其中台阶法开挖后塑性区分布范围最大，达8～10m。CD法和CRD法开挖后塑性区半径为6m左右。双侧壁导坑法在掌子面开挖后的受拉破坏区最小，塑性区半径5～6m。

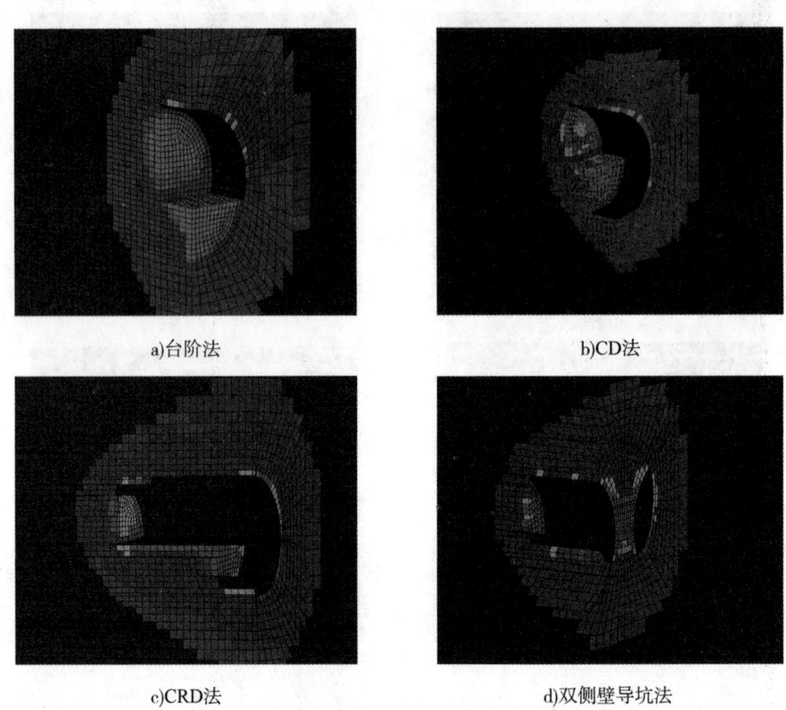

a)台阶法　b)CD法　c)CRD法　d)双侧壁导坑法

图4-46　不同开挖方法时塑性区分布

表4-13为采用各开挖方法后的位移值和塑性区，通过结合图4-44～图4-46可知，双侧壁导坑法能最为有效地控制开挖掌子面和掌子面附近围岩变形，对保持开挖后的掌子面及围岩稳定最为有利。台阶法、CD法和CRD法开挖的变形量较为接近，也能一定程度控制开挖面的变形、保持掌子面的稳定。选择开挖方法时可以参考开挖方法引起的围岩的力学行为，同时考虑施工方便和经济性以及工期等要求，结合工程具体实际情况选择最合理的方法。

隧洞各测点位移值及塑性区　表4-13

开挖方法	台阶法	CD法	CRD法	双侧壁导坑法
掌子面最大位移(cm)	45.9	36.2	35.0	27.1
洞顶沉降(cm)	25.6	23.3	23.0	14.9
拱腰收敛(cm)	26.6	25.3	24.3	19.8
塑性区半径(m)	8～9	6	6	5～6

结合锦屏引水隧洞实际情况，采用全断面法开挖显然不合适，首先是开挖高度和跨度均太大，对施工设备要求高；其次是开挖后难以及时支护，易发生大变形，施工安全不能得到保证。采用双侧壁导坑法(眼镜法)施工最能有效控制洞室稳定，但是其施工工序太多且造价高，不能保证正常的施工工期，且难以解决长锚杆施工的问题。台阶法、CD法和CRD法施工对洞室

的影响差别不大，但是CD法和CRD法同样工序较多，支护方式复杂，且将掌子面分成4部分开挖，作业面变小，同样无法解决长锚杆施工的问题，还要进行临时支护的拆除，影响了工期，同时造价也较台阶法高。

锦屏引水隧洞绿泥石片岩洞段地应力高，且围岩强度低，完整性差，无论采用何种方法开挖，其导致的围岩变形范围都相对较广，而以新奥法为施工理念，要求初期支护即可保证隧洞的稳定，这将对锚杆的施工有了更高的要求，尤其是长锚杆，但是除了采用全断面法，只有台阶法施工可以为长锚杆的布置提供足够的工作面。另一方面，锦屏引水隧洞施工工期较紧，而CD法、CRD法和双侧壁导坑法的施工工期均较长，因此，在工期上引水隧洞采用台阶法施工更占优势，同时省去了CD法、CRD法等所必须的临时支护，即一定程度上降低了工程成本。

通过上面的计算结果发现，采用台阶法开挖对控制掌子面及围岩的变形是最不利的。所以，锦屏引水隧洞在T_1地层采用台阶法掘进的同时，需要适当进行超前预支护，以保障掌子面的稳定，防止塌方事故的发生。

(2)台阶法方案优化分析

为研究台阶法不同开挖高度对围岩变形的影响，模拟分析了14.3m洞径下，上台阶高度分别为9.5m、8.5m、7.5m和6.5m时围岩的变形情况。计算结果如图4-47、图4-48和表4-14所示。

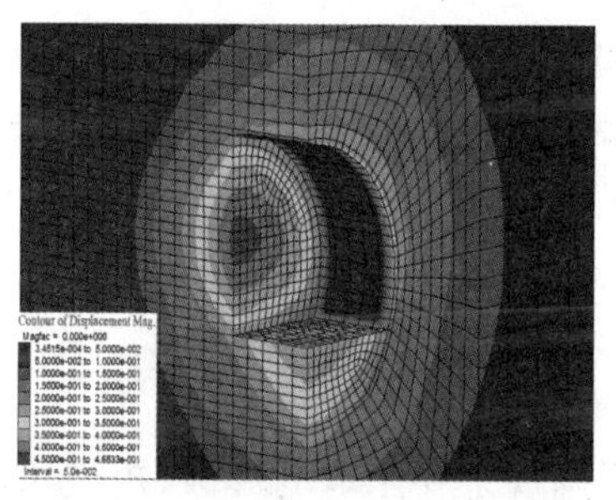

a)上台阶开挖高度9.5m

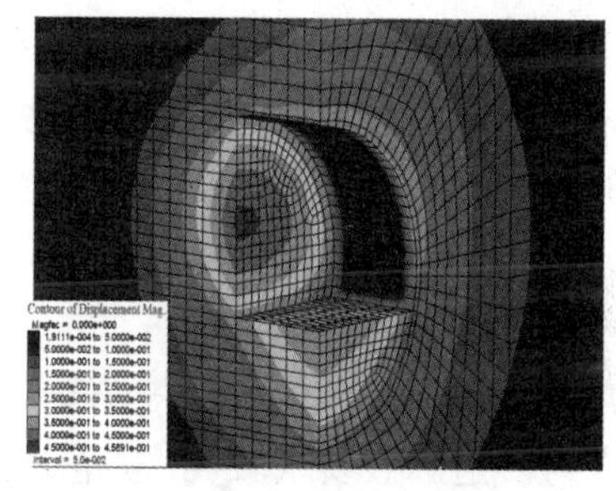

b)上台阶开挖高度8.5m

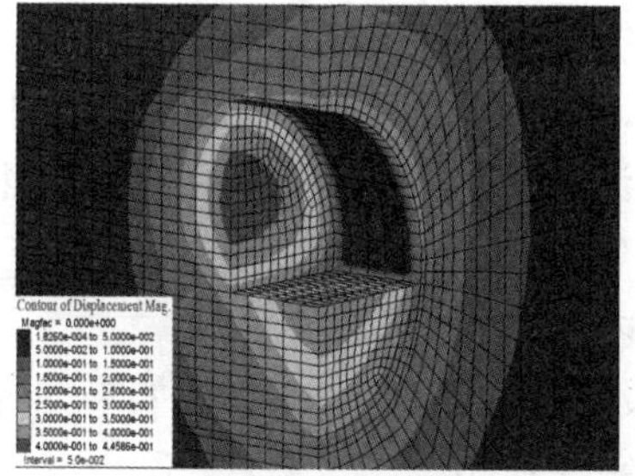

c)上台阶开挖高度7.5m

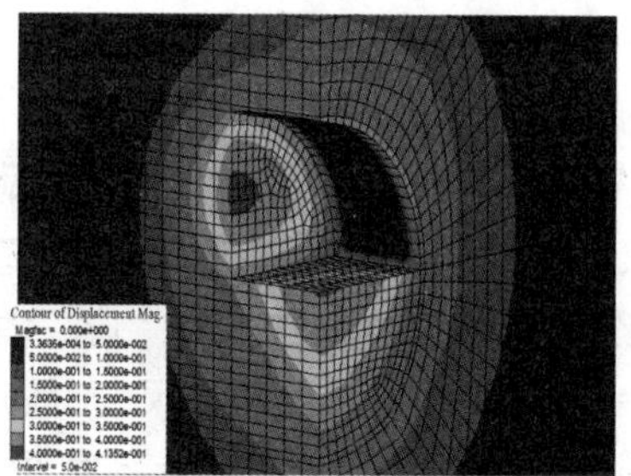

d)上台阶开挖高度6.5m

图4-47 不同上台阶开挖高度时位移分布云图

图4-47为不同上台阶开挖高度时的位移分布，可以看出随上台阶高度的减小，上台阶掌子面变形有减小的趋势，而下台阶与之相反，变形逐渐增大。图4-48为最大掌子面位移、拱顶沉降和拱腰收敛随开挖台阶高度的变化情况。随着台阶高度的增大各项围岩位移均有一定程度的减小，其中掌子面最大位移和拱腰收敛的变化较拱顶沉降相对明显一些。减小上台阶高

度对保持上层掌子面稳定较为有利,对控制下台阶围岩变形不利。

如果结合现场施工环境,在有合适设备的情况下,上台阶高度取为6.5~9.5m都是可行的。但是如果上台阶过高,则对掌子面的稳定不利,而下台阶过高则不方便钻炮孔、打玻璃纤维锚杆及初期支护施工。若以工期作为主要考虑因素,则优先选择较高的上台阶,此时下台阶变形更易得到控制,可使施工速度加快,但是需要重视对上台阶掌子面的预加固及洞周的支护。结合锦屏引水隧洞的实际情况,开挖洞径为14.3m时,上台阶高度取为8.5~9.5m较为合适,若洞径大于14.3m,则高度可适当增加。

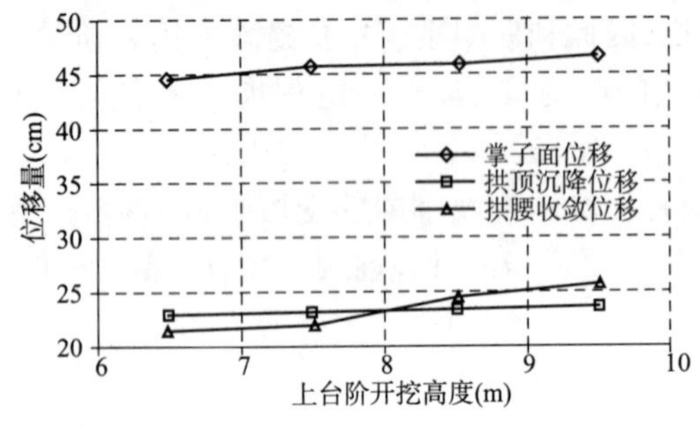

图4-48 不同上台阶开挖高度与位移量的关系曲线

不同上台阶开挖高度时的位移量　表4-14

台阶高度(m)	掌子面最大位移(cm)	拱顶沉降(cm)	拱腰收敛(cm)
9.5	46.83	23.82	25.88
8.5	45.89	23.61	24.71
7.5	45.59	23.27	22.22
6.5	44.65	23.11	21.59

4.4.5 弱爆破开挖技术

弱爆破法并不是与传统爆破方式迥异的全新爆破技术,而是在具体的隧洞掘进施工中为防止扰动围岩诱发塌方而采取的一种轻微爆破方式,即主要是以降低对围岩扰动和减小松动圈范围为目的的爆破方式。因此,弱爆破法只是在隧洞施工实践中摸索出的一种经验总结。弱爆破法在地质条件复杂的隧洞施工中应用广泛,在减少地质灾害发生、保证工程质量、节省工程投资等方面意义重大。

(1)弱爆破设计原则

软弱围岩对隧道爆破要求较高,规范上作了明确规定要采取弱爆破、短进尺,对短进尺好理解,但对如何控制才算达到弱爆破,未有详细说明。弱爆破控制需要结合松动圈检测,以尽量减少爆破对围岩的扰动为目的,降低爆破引起的振动速度,以减小松动圈的范围,使围岩收敛尽早趋于稳定。由于地质条件太复杂且多样化,规范上也难以做出具体量化的标准,因此本书通过现场爆破振动监测对比了多组常规爆破设计方案与“弱爆破”方案,在优化爆破设计方案的同时,总结归纳了一些弱爆破的施工经验。

弱爆破设计基本原则是:“浅眼、多孔、多段、少药、大时差”。

浅眼——就是规范要求的短进尺,一般炮孔设计控制在0.5~1.5m,如果围岩等级Ⅳ级可放宽到1.2~1.5m,当围岩等级为Ⅴ级时,孔深控制在0.5m。

多孔——原则上孔要多并比较均匀分布在断面上,如果总药量不变,孔多分到各孔装药就少,再结合分段以达到降低振动的目的。孔网参数上主炮孔间距控制在0.8~1.2m,周边孔按光面爆破参数设计;掏槽孔采取斜眼掏槽时,V型掏槽夹角控制在60°~70°,掏槽孔间距控制在80~100cm,掏槽对数控制4 ~6对即可。

多段——光炮孔多不行,振动与齐爆装药量有关,从有利于振动出发,原则上一个孔一个段最好,使之产生的振动不叠加。但由于火工产品属地管理,一般民爆公司难以就近采购到上百段雷管，故在起爆网路设计时，通常一个段要装多个孔。原则上要15个段及以上，采用普通非电雷管系列。

少药——各孔要装药合理，不能过量装药，对软弱围岩原则上是以机械方式开挖，必要时才爆破作业，因此除非必须爆破，也要遵守少药原则，以达到松动爆破为目的，严禁产生加强爆破或抛掷爆破效果。炸药单耗控制在0.35～0.6kg/m^3。

大时差——单多段还不行，要使得引起的振动不至于产生叠加，当然能够抵消更好，这种可能难以实现。在工程爆破中，需要做到振动波峰尽量不叠加或不能有多个波的最大值产生叠加，因此往往考虑段间时间拉大。通常要根据振动监测确定，时差要大于主振周期的2.5倍就能保证不叠加。如果没有监测资料，在爆破设计时掌握：Ms10段以下按1、3、5、7、9来安排，并同段起爆孔数原则不要多，尤其是Ms1、3段，这个段位的炮孔容易产生叠加，出现最大振动速度。Ms1段原则上孔数不超过4个孔，其余段不超过6孔为宜；在Ms10段以上时可以连段使用，同段起爆的炮孔也可以逐渐增多，因为高段雷管有同段干扰效应——制造误差Δt影响，即便是多个同段，通过大量监测时程曲线表明，振动几乎不叠加，各自独立。

根据上述原则，对软岩进行弱爆破设计，下卧一次爆破、中槽爆破设计方案如图4-50和图4-51所示。

(2)弱爆破工艺及注意事项

①在爆破施工时、要根据实际地质情况，严格按图布孔。

②在装药时要结合现场实际作好记录，对取消的未装药孔要记录清楚，使用的雷管段别、数量要一一对应，以便结合振动曲线进行分析，为爆破方案进一步优化提供依据。

③作好爆破监动监测。根据大量的独立数据统计回归分析爆破振动速度v、装药量Q、距爆破振源的距离R、与地质条件有关的K、α，建立经验公式，为弱爆破设计提供参考。

④严格按工艺流程作业(图4-49)，并控制质量。

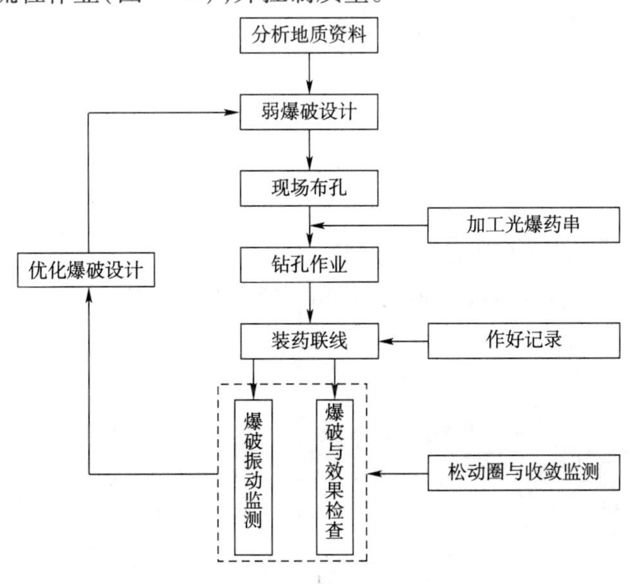

图4-49 弱爆破设计与施工流程图

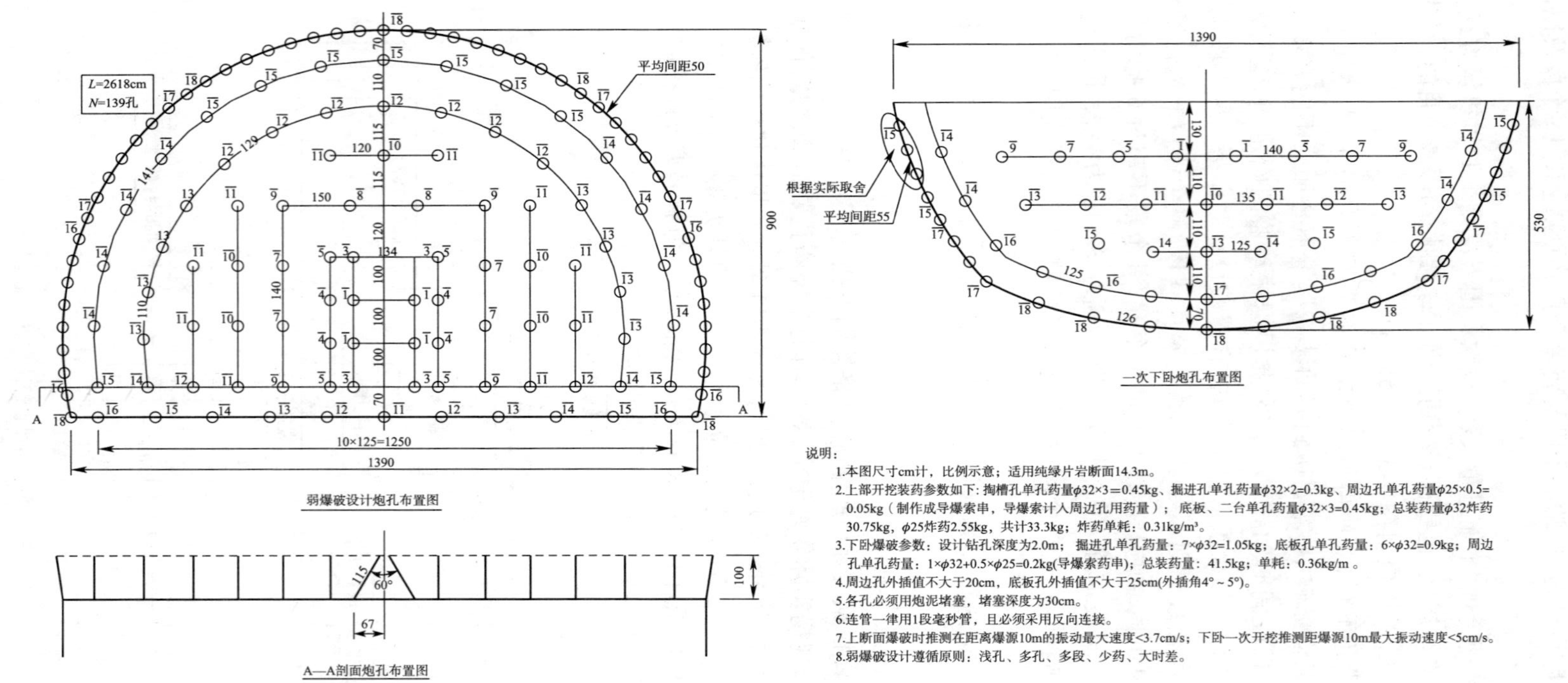

图4-50　弱爆破设计（下卧一次爆破方案）

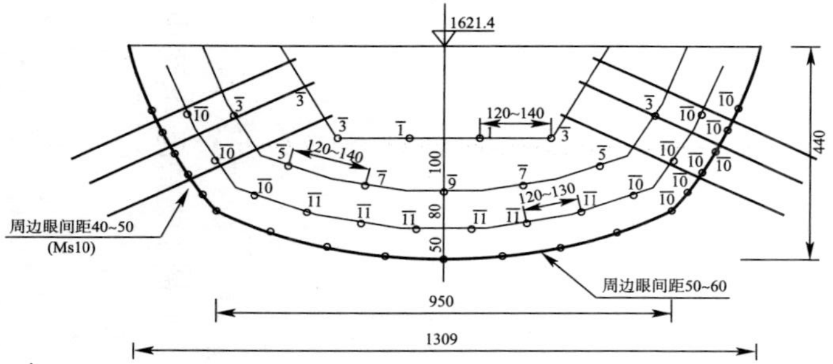

1621.4

周边眼间距40~50
(Ms10)

周边眼间距50~60

950

1309

440

绿片岩洞段底板开挖爆破炮孔布置图

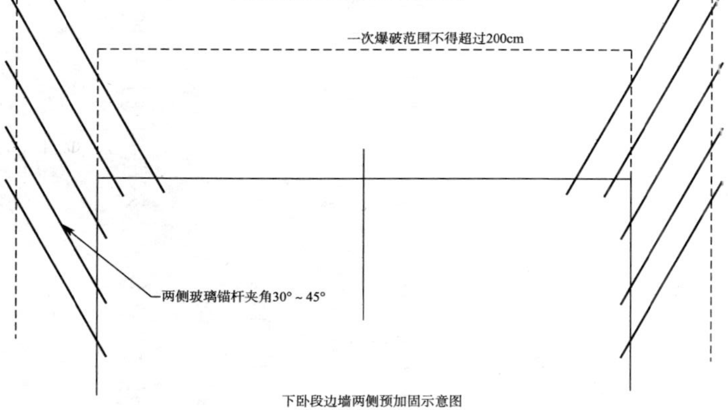

一次爆破范围不得超过200cm

两侧玻璃锚杆夹角30°~45°

下卧段边墙两侧预加固示意图

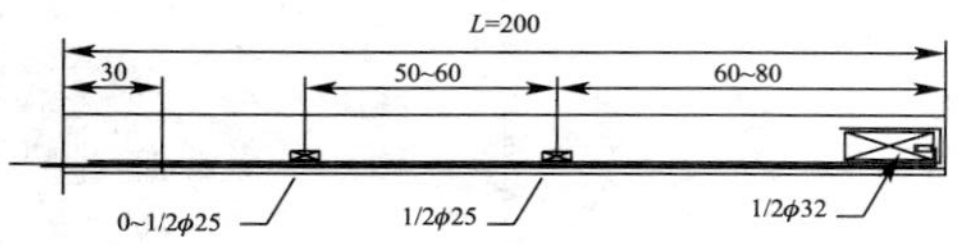

L=200

0~1/2ϕ25

1/2ϕ25

1/2ϕ32

下卧段周边光面爆破药串结构图
(单孔原则不超过200g)

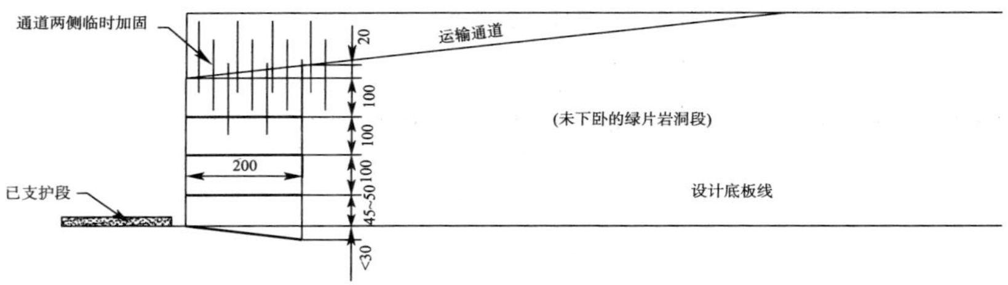

通道两侧临时加固

运输通道

(未下卧的绿片岩洞段)

已支护段

设计底板线

说明：

1.本图尺寸及轮廓示意，单位cm。

2.尽量机械清理下卧工作面的软岩，力求少钻孔进行爆破。

3.根据机械清理后的实际情况，参照本图由底向上布置炮孔，原则上周边采取光面爆破，其余炮孔排距（径向方向）在80~100cm、孔距120~140cm，每圈靠边部位离临空面的距离控制在80~100cm。

4.周边光面孔单孔装药量按孔深100g/m计算装药量，并制作成导爆索药串，装药结构如图；其余各孔包括底板孔的单孔装药量按体积公式进行计算：

$$Q=a\times b\times L\times q$$

式中：a——孔距(m)；

b——排距(m)；

L——孔深(m)；

q——炸药单耗(kg/m³)(可取0.25~0.35)。

5.选择试验段进行对比爆破，先按班组的方式进行爆破2~3个循环，并进行松动圈与爆破振动速度测试，注意爆破振动布置至少三个测点，距离爆破点工作面起5m、10m、15m三个点，注意只测垂直振速，并妥善保护好传感器。雷管段数参考图示布置，特别注意低段起爆的炮孔要少并跳段，10段以上的高段可同时起爆多个炮孔，但原则上不超过5个孔；周边分左右不同段布置，如图；底板用同段雷管。

6.必须把实际钻孔图记录准确,同时每个孔的装药量、雷管段数记录准确，并要求进行对比试验，对测试的数据与振动记录曲线、松动圈检测详细资料等均要求书面提供报告。

7.弱爆破的目的是减少爆破对围岩的扰动，可达到减少松动圈、降低振速对喷层、混凝土衬砌及围岩的破坏等危害。

8.同时观测常规爆破后对围岩的监测变化，分析对比下卧后弱爆破与常规爆破的围岩变形情况。

9.弱爆破的基本原则是：多打孔、浅孔，少装药，多用段，拉开时差，尽可能单孔起爆。可根据本原则结合参考图作对比试验。

10.绿片岩下卧之前，要对两侧加固（不但是通道两侧，对已准备开挖的洞段也应加固），目的是防止出渣与支护时间过长而导致变形过大，发生意外。也要求作对比试验分析变形情况。

11.钻孔要做到“准、平、直、齐”，即开孔要准确，误差不大于5cmm,炮孔要相互平行，误差不大于3cm/m、所有炮孔要垂直掌子面，误差不大于3cm/m、所有炮孔的底部必须全部落在同一铅垂面内，其参差不大于孔深的5%。

12.预计本设计在5m处的最大振动速度10cm/s，在15m处<3cm/s。

图4-51 弱爆破设计（下卧中槽爆破方案）

4.5 软岩隧道支护方案优化分析

由于水工隧洞混凝土结构设计(近圆形)与质量控制的特殊要求(原则上先施工底拱混凝土后施工边顶拱混凝土,且底拱混凝土未达到设计强度之前严禁行车)及施工作业采用大型机械设备,从而导致衬砌无法像短台阶法及其他地下工程那样,仅滞后掌子面较短的距离,即便是支护稳定后也难以达到及时施作混凝土衬砌,这也包括软岩洞段。大多数工程实例都是以掘进为龙头,其中有在隧洞贯通之后作混凝土衬砌,也有滞后掌子面相当长的距离再作混凝土衬砌,这些工程的施工安全与质量控制同样得到了有效保证,其根本原因就是完全坚持了新奥法的设计和施工理念,然而该理念是否适应超深埋极高地应力工程软岩的支护环境尚无工程实例。锦屏西端绿泥石片岩洞段围岩松弛深度经声波检测最深超过6m,而塑性区范围则更大,特殊部位采用9m长的锚杆仍然不能保证变形得到有效控制。因此,在适当调整传统支护参数的情况下,辅助增加一些特殊支护(如预应力锚索、预应力锚杆、锚筋桩等)对控制大变形将是非常有意义的,也是对新奥法理念的拓展。

4.5.1 设计支护措施优化分析

(1)围岩特征曲线

在洞室开挖的影响下,如果围岩中某些地方的应力超出了围岩材料的弹性范围,则围岩将进入塑性状态,围岩的二次应力分布及围岩位移需通过弹塑性力学理论分析。

①隧洞开挖后的弹性二次应力状态时洞周的位移可采用下式进行计算

$$u_{r_0}^{\mathrm{e}}=\frac{1+\mu}{E}(\sigma_Z-p_{\mathrm{a}})r_0 \tag{4-15}$$

式中:$u_{r_0}^{\mathrm{e}}$——弹性状态下洞周的位移;

μ——泊松比;

E——围岩的弹性模量;

σ_Z——初始地应力(MPa);

p_{a}——支护阻力(MPa);

r_0——隧洞半径(m)。

②隧洞进入塑性状态后洞周位移可采用下式计算

$$u_{r_0}^{\mathrm{p}}=\frac{1+\mu}{E}(\sigma_Z\sin\varphi+c\cos\varphi)\left[(1-\sin\varphi)\frac{c\cot\varphi+\sigma_Z}{c\cot\varphi+p_{\mathrm{a}}}\right]^{\frac{1-\sin\varphi}{2\sin\varphi}}\cdot r_0 \tag{4-16}$$

式中:$u_{r_0}^{\mathrm{p}}$——塑性状态下洞周的位移;

c——黏聚力;

φ——内摩擦角。

隧洞周边围岩弹塑性状态分衔接点为不出现塑性区所需提供的最小支护阻力,可由下式计算

$$p_{\mathrm{a}}=\frac{2\sigma_Z-R_{\mathrm{c}}}{\xi+1} \tag{4-17}$$

其中 R_c 可由下式进行计算

$$R_c = \frac{2\cos\varphi}{1-\sin\varphi} \cdot c \tag{4-18}$$

结合锦屏西段 T_1 地层围岩环境，采用表4-1中的参数计算围岩特征曲线如图4-52所示。可以看出，在Ⅳ类围岩条件下，无支护阻力或支护阻力较小时($p_a < 2\text{MPa}$)洞周围岩都将发生较大位移，即常规支护无法提供足够的阻力来控制围岩大变形的发生，这也说明了在不考虑二次衬砌作用时，采取预留变形量的手段是保证隧洞设计断面面积的最佳措施。

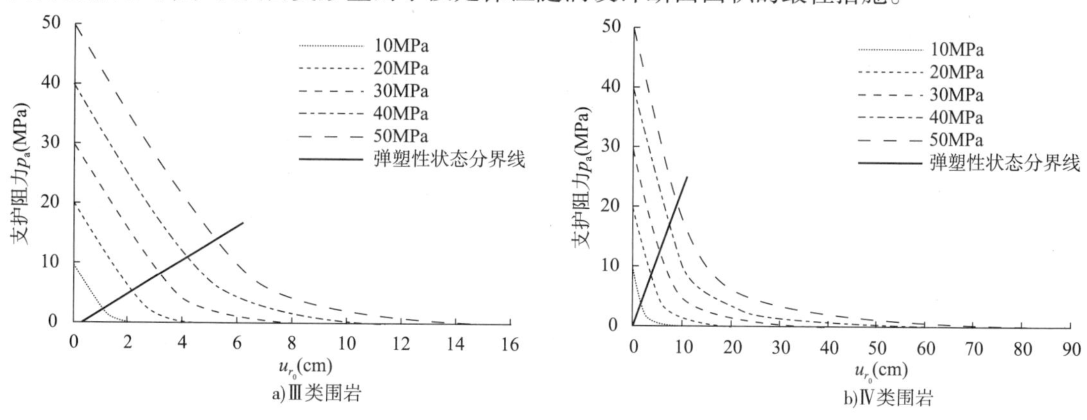

图4-52 不同地应力条件下围岩的特征曲线(r_0 = 6.7m)

(2)支护结构特征曲线

隧洞围岩与支护结构共同作用的另一个方面，即支护结构可以提供约束能力。任何一种支护结构，如喷射混凝土层、系统锚杆等，只要有一定的刚度，并和围岩紧密接触，总能对围岩变形提供一定的约束力，即支护阻力。但由于每一种支护形式都有自己的结构特点，因而可能提供的支护阻力大小与分布，以及它随支护变形而增加的情况都有很大不同。

厚度为 d_s 的喷射混凝土层，构筑在半径为 r_0 的隧洞内侧，当 $d_s/r_0 \leqslant 0.04$ 时，可以采用薄壁圆筒的公式来计算支护结构的受压刚度，即

$$K_c = \frac{E_c d_s}{r_0(1-\mu^2)} \tag{4-19}$$

式中：K_c——喷混凝土支护刚度；

E_c——喷混凝土弹性模量；

d_s——喷混凝土厚度。

喷混凝土可提供的最大支护阻力 p_{amax} 为：

$$p_{amax} = \frac{d_s f_c}{r_0} \tag{4-20}$$

式中：f_c——喷混凝土抗压刚度。

灌浆锚杆的受力变形情况是比较复杂的，它对围岩变形的约束力是通过锚杆杆体与胶结材料之间的剪应力来传递的，所以在围岩向隧洞内变形过程中锚杆始终是受拉。锚杆所能提供的约束力与灌浆的质量密切相关。因此，目前在评价锚杆的力学特性时，参考下列近似公式确定锚杆的受拉刚度，假定锚杆沿隧洞周边均匀分布，即

$$K_b = \frac{E_b \pi d_b^2}{2l} \cdot \frac{r_0}{S_a S_b} m_y \tag{4-21}$$

式中：K_b——灌浆锚杆的支护刚度；

d_b——锚杆直径；

E_b——锚杆的弹性模量；

l——锚杆长度；

S_a、S_b——锚杆的布置参数；

m_y——工作条件系数，取0.75～0.90。

灌浆锚杆可提供的最大支护阻力 p_{amax}（胶结材料与孔壁脱离时）为：

$$p_{amax} = \pi\, d_c \tau_3 l\, m_y \tag{4-22}$$

式中：d_c——锚杆孔直径；

τ_3——胶结材料与孔壁围岩的单位黏结力，其值与围岩强度、胶结材料的性质、施工质量等有关，一般情况与绿泥石片岩的胶结力约为1.0～1.2MPa。

当喷混凝土和灌浆锚杆各参数取值如下时，其支护特征曲线如图4-53所示。图4-54为围岩与支护结构的相互作用示意图。

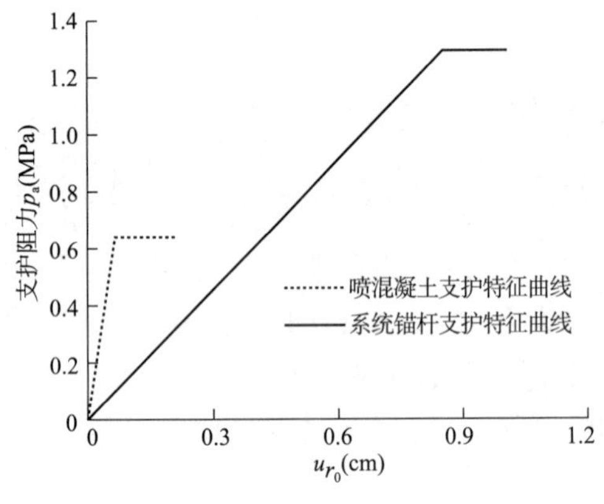

图4-53　支护特征曲线

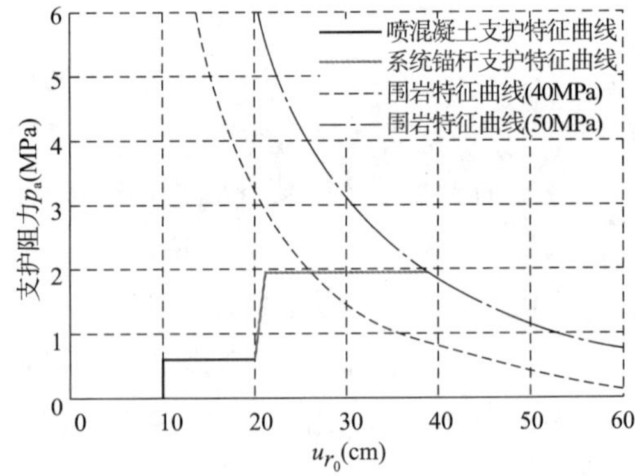

图4-54　围岩与支护结构的相互作用（Ⅳ类围岩）

隧洞半径 $r_0=6.7$m，泊松比 $\mu=0.32$；喷混凝土：$E_c=2\times10^4$MPa，$f_c=14.3$MPa，$d_s=0.3$m；灌浆锚杆：$E_b=2.1\times10^5$MPa，$d_b=0.028$m，$l=9$m，$m_y=0.8$，$S_a=S_b=1$m，$d_c=0.048$m，$\tau_3=1.2$MPa。

从图4-54中可知，地应力为40～50MPa时，在2MPa支护阻力下，隧洞（$r_0=6.7$m）最大变形可控制在27～40cm，在1MPa支护阻力下，隧洞（$r_0=6.7$m）最大变形可控制在37～52cm。根据4.2.2节的研究成果，隧洞在T_1地层Ⅳ类围岩中开挖时取预留变形量为30～60cm，此时，理论上采用1MPa的支护阻力即可保证隧洞不发生整体侵限，而现场揭露T_1地层隧洞侵限普遍为20～60cm，局部甚至超过100cm，且揭露段变形持续时间长，说明了一方面存在局部地应力较集中（>50MPa）的现象，另一方面是既有支护难以支撑围岩形成拱部效应，随之也就是无法保证支护效果的稳定性。因此，为偏于保守，应尽可能提高支护阻力来抵抗围岩的大变形。鉴于施工条件、工期及工程成本的要求，建议喷混凝土厚度取20～30cm（可提供的最大支护阻力约0.4～0.7MPa），灌浆锚杆取ϕ28，$l=6$～9m，$S_a=S_b=1$m（可提供的最大支护阻力约0.9～

1.3MPa)，加上拱架的作用，常规支护共计可提供的阻力超过1.3～2.0MPa。从图4-54中可知，理论上，仅考虑30cm喷混凝土和9m长锚杆，共计可提供2MPa的支护阻力，在这两者的联合支护作用下(支护未破坏)，围岩最大变形可控制在27～40cm，这样，预留变形量取30～60cm是可以防止围岩变形侵限的。而实际上，由于存在局部地应力过大的影响，以及支护时机不当而导致其变形至屈服后所能提供的阻力变小，因此，2MPa的阻力将远不能保证隧洞的长期稳定和控制下卧引发的二次变形，这时就需要针对局部变形较大区域进行一些特殊支护，如锚筋桩、预应力锚索等。

(3)拱架支护方案分析

一般在地质条件较差的洞段除了采用锚喷支护以外，大多还采用拱架对洞周表层围岩进行支护，防止掉石、坍塌，确保施工安全。软岩洞段采用的拱架主要有型钢拱架和格栅拱架，型钢拱架成本相对较低，方便组装和施工，且施工速度快，而格栅拱架则与之相反。从材料特性上考虑支护的安全性，格栅拱架具有相对柔性，刚度适中，容许围岩适度变形的能力优于型钢拱架，能及时提供支护阻力，适用于岩层比较破碎、不稳定的地层。型钢拱架采用工字钢材料，其抵抗围岩压力的能力大于以螺纹筋为材料的格栅拱架，适用于岩层十分破碎、非常不稳定的地层。但在实际工程中，采用了型钢拱架支护仍然发生拱架变形、围岩坍塌的事故也不少。分析其原因，一方面，由于地下工程的不可预测性，地应力的大小很难准确测定。如果地应力较大，而只是采用重型型钢拱架支护而不注重随后的喷锚和观测，则型钢拱架的支护效果会减弱，也可能造成围岩周边变形，甚至坍塌。所以在制定临时支护方案时，应该考虑到不管是型钢拱架还是格栅拱架，刚性支撑固然重要，但其仅起骨架作用，而更重要的，也是最容易被忽视的是随之跟进的喷混凝土和灌浆锚杆，以及施工期围岩观察和观测。另一方面，由拱架支护特性曲线(图4-55)可知，钢拱架的初始刚度较大，在A点就达到极限平衡状态，不仅不利于发挥围岩的自承能力，反而增加了支护结构的负担；相反，格栅拱架具有较强的适应变形的能力，使围岩应力得到了部分释放。引水隧洞T_1地层绿泥石片岩洞段宜采用格栅拱架，在围岩较差，如以绿泥石片岩为主的Ⅳ类围岩中可采用型钢拱架进行支护。

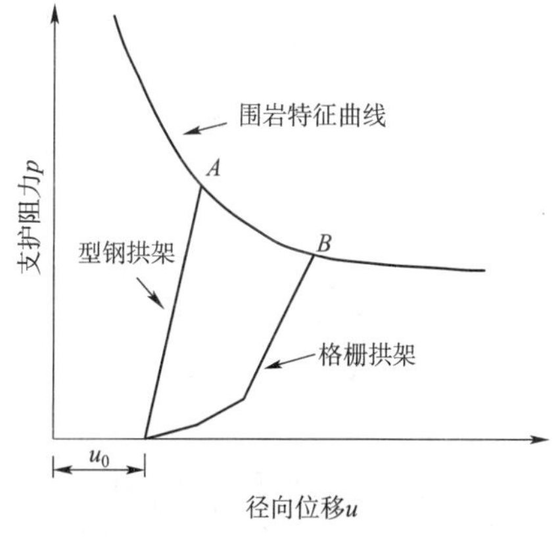

图4-55　拱架支护特性曲线示意图

(4)锚杆支护方案分析

锚喷支护工程中，全长锚固型砂浆锚杆用量最多，应用范围也广。尤其在松软岩层中，由于岩石较软，端点锚固型锚杆作用力比较集中，不如全长锚固锚杆的约束作用力分散，效果更好。但是松软岩层的强度低、变形量大，需要锚固圈的厚度也大，这时如果锚杆太长，两端围岩的相对变形过大时，产生约束变形的剪应力，可能超过黏结剂(砂浆)的抗剪强度，锚杆端部的岩石将滑脱片落，为使锚杆与岩石间的剪应力不超过黏结剂的抗剪强度，锚杆可以适当短些。因此，在大变形软岩中，采用长短组合锚杆，是一种有效的支护方法。短锚杆约束表面部分，不松动脱落，长锚杆将浅部的加固圈与深部连结在一起，形成一足够厚的整体，能够满足软岩围岩稳定的要求。

当短锚杆的长度等于或小于长锚杆的中性点到围岩表面的距离时，长锚杆的最大轴向力与无短锚杆时相同,等于其锚入后控制变形量产生的最大轴向力。但最大剪应力明显减小,其与长短锚杆的锚入顺序有关。

短锚杆长度大于长锚杆中性点到围岩表面的距离时,短锚杆在长锚杆中性点另一侧的部分长度也分担了长锚杆一部分最大轴向力,所以,长锚杆的最大轴力和最大剪力都有减小。

引水隧洞 T_1地层Ⅳ类围岩开挖后塑性区半径 8 ~ 10m,现场松动圈测试结果显示围岩松弛深度达 5 ~ 6m,即长锚杆宜超过塑性区范围,但由于现场施工作业面所限,长锚杆长度取为 9m,短锚杆长度宜大于长锚杆中性点到围岩表面的距离,即长度宜大于 4.5m。锚杆应严格按照工艺要求施工,并应做好锚杆质量无损检测,保证锚杆的施工质量,确保锚杆发挥作用。

4.5.2 特殊支护措施优化分析

1)预应力锚杆作用及原理分析

隧洞围岩的变形和破坏特征是围岩应力和围岩强度这一对矛盾体共同决定的,围岩变形实质上是围岩应力不断调整的过程。预应力锚杆在安装后施以预紧力,使不同岩层间摩擦作用增大,同时将锚固范围内的围岩夹紧,形成梁或拱的承载结构,提高隧洞围岩的稳定性;而普通锚杆只在围岩变形后才开始起加固作用。预应力锚杆在安装后,立即施加足够的预紧力,可以及时给予围岩一定的压应力,使围岩由双向应力转为三向应力状态,甚至可使围岩拉应力区转变为压应力区;对于岩体受剪面,预应力产生的摩擦力大大提高了加固体的抗剪性能;避免过早出现张开裂隙,减缓围岩的弱化过程,提高了围岩的稳定性。

预应力锚杆对隧洞围岩提供的支护荷载主要由两部分组成,即张拉荷载和变形荷载。其支护特征方程可以表示为:

$$p = p^{r} + k\Delta u^{r} \tag{4-23}$$

式中:p——预应力锚杆施加在隧洞表面上的平均径向压应力(MPa);

p^{r}——单根预应力锚杆的张拉荷载(kN);

k——预应力锚杆的刚度(kN/m);

Δu^{r}——隧洞围岩的径向位移(m)。

由上式可知,锚杆的初始锚固力主要来自于锚杆的初始张拉荷载,属于主动支护形式。围岩在此支护荷载的作用下,两端形成圆锥形分布的压应力场,此应力场的作用下使松动破碎或将要松动破碎岩石的黏聚力、内摩擦角、弹性模量等均有不同的提高而且加强了围岩的整体性。但最主要的是这个压应力使开挖过后隧洞围岩表面为两向受力状态变成三向受力状态,使得开挖边界由自由表面变为受到锚固约束力作用的非自由表面,根据摩尔—库仑理论[式(4-24)],围岩强度大大提高。

$$\sigma_1 = \sigma_3 \tan^2\left(45^\circ + \frac{\varphi}{2}\right) + 2c\tan\left(45^\circ + \frac{\varphi}{2}\right) \tag{4-24}$$

然而单根锚杆的影响范围是局部的,它只能引起局部应力集中,因而它除了悬吊个别危岩之外,不能作为一种支护手段来使用。若将单根预应力锚杆合理的分布在围岩中,那么受压区域相互叠加相互作用,可对一定范围的围岩进行加固。结合锦屏引水隧洞软岩段的实际情况,围岩塑性区半径达 8 ~ 10m,同时受施工条件所限,能施工的预应力锚杆长度为 6 ~ 9m,可采用 9m 长普通预应力锚杆(可现场自行加工)重点对变形较为突出的拱腰位置进行加固,并采用

型钢将预应力锚杆纵向相连接，形成加强带以整体约束拱腰附近的变形。

2）预应力锚索支护分析

锚索与锚杆相比，具有锚固深度大、可施加较大的预紧力等诸多优点。锚索的作用主要有两方面：其一是将锚杆支护形成的次生承载结构与深部围岩相连，提高次生承载结构的稳定性，同时充分调动深部围岩的承载能力，使更大范围内的岩体共同承载；其二是锚索施加较大的预紧力，可挤紧和压密岩层中的层理、节理裂隙等不连续面，增加不连续面之间的抗剪力，从而提高围岩的整体强度。

（1）锚杆锚索联合支护机理

地下工程中围岩开挖后应力重分布，会产生较大的塑性区及松动区，引发围岩随时间而增长的大变形，挤压破坏。在洞顶表现为塌落，在侧边产生挤压和溃曲破坏，在底板产生底臌等，严重妨碍工程施工。锚杆锚索是通过围岩内部发挥其支护作用的，就是变隧道被动支护为主动支护，提高隧道自身承载力。锚杆可以不同程度提高锚固区围岩强度、弹性模量、黏聚力和内摩擦角等力学参数。锚杆支护是利用锚杆、锚固剂及其护表构件给围岩一定的支护强度，与围岩组成支护体系，承受各种围岩应力，达到支护的目的。合理的锚杆支护可以有效地改变围岩的应力状态和应力应变特征，且不同弹性模量的带锚岩体所表现的锚固效果是不同的。锚杆的作用是控制锚固区围岩离层、滑动、裂隙张开、新裂纹产生等扩容变形与破坏，尽量使围岩处于受压状态，抑制围岩弯曲变形、拉伸与剪切破坏，最大限度地保持锚固区围岩完整性，减小锚固区围岩整体强度的降低。在锚固区形成刚度大的次生承载结构，阻止锚固区外岩层产生离层；与锚杆相比，锚索具有锚固深度大、锚固力大、可施加较大的预紧力等诸多优点，是困难巷道工程支护加固不可缺少的重要手段。锚索除具有普通锚杆的悬吊作用、组合梁作用、组合拱作用、楔固作用外，与普通锚杆不同的是对顶板进行深部锚固而产生强力悬吊作用，并且沿隧道纵轴线形成连续支撑点，以较大预紧力减缓顶部变形扩张。锚索主要是将锚杆支护形成的次生承载层与围岩的关键承载层相连，充分调动深部围岩的承载力，使更大范围内的岩体共同承载，提高支护系统的整体稳定性。锚杆、锚索的强度和刚度大于围岩（特别是松散或裂隙岩体）的变形，从而在锚杆、锚索对围岩施加作用力时，该力一方面可以改善围岩应力状态，另一方面通过对裂隙岩体（或松散岩体）施加挤压作用，从而大大提高了围岩的抗剪、抗压强度，以及围岩自身的承载力。对于围岩松动圈大、岩层节理发育、顶部破碎等复杂顶部条件的巷道，锚杆、锚索联合支护不仅将松动圈内的围岩悬吊在上部直接顶内，而且使相邻的锚杆锚索的作用力相互叠加，组合形成一个新岩梁。新的岩梁厚度、刚度、层间抗剪强度成倍增加，使顶板压力通过隧洞边墙向围岩深部转移，改善隧道受力条件，使顶部得到有效控制，同时也抑制了边墙的变形。

（2）锚杆、锚索联合加固作用

当围岩条件较好时，锚杆和预应力锚索同时安装，锚杆与锚索对围岩起到共同的加固作用。

①锚杆、锚索支护有悬吊作用、减跨作用、组合拱作用等。锚杆、锚索与岩体黏结在一起，可提高岩体抗变形能力，改善围岩周边应力状态，加强岩体的整体性。

②通过施加锚索较大的预紧力，挤紧和压实岩层中的层理、节理、裂隙等不连续面，增加不连续面之间的摩擦力，同时靠其和锚杆群的成拱作用控制围岩变形，提高围岩的承载能力。

(3)当锚杆、锚索穿越岩石深入到稳定岩层时,锚杆提供径向和切向约束,阻止破坏区岩层扩容、离层及滑动,提高岩层的水平承载能力,使稳定岩层内的应力分布均匀,锚索则在围岩上部形成一个能防止其上部围岩松动和变形的加固拱,从而保持隧洞支护的稳定性。

预应力锚索普遍运用于边坡支护及巷道支护中,较少运用于隧洞支护。锦屏引水隧洞由于受极高地应力和工程软岩低强度的影响,开挖后围岩的松动圈(3~6m)及塑性区(8~10m)均较大,为了保证工期,在现有条件下能施工的锚杆最大长度为9m,无法超出塑性区的范围,即使采用9m长的预应力锚杆,也无法保证隧洞的长期稳定。与锚杆相比,锚索施工长度不易受工作面的影响,其长度可远长于锚杆。所以结合上述锚索作用的分析,可将边坡及巷道采用的锚索引入工程软岩大断面隧洞的支护中,与系统锚杆组成联合支护。支护重点位置是侵空较大的边墙一带。根据常规锚杆支护长度的要求,建议锚索长度应为塑性区范围的1.5倍以上。

3)锚筋桩作用分析

在众多加固措施当中,锚筋桩是一种比较特殊的加固方法,主要用于对边坡的加固,在隧洞方面用的相对较少,主要用于洞口围岩厚度相对较薄,且采用一次喷锚及二次衬砌支护难以稳定的围岩,尚未发现在隧洞内部使用锚筋桩的工程实例。

锚筋桩一端与工程结构连接,另一端深入地层中,其功能是将锚固体与岩土体的黏结摩擦作用增大,增加锚固体的承压作用,将自由段的拉力传至岩土体深处。同时,还可起到抗滑桩的作用,抵挡侧向变形,这时锚筋桩将呈受弯状态。施工时在岩体上钻孔,将注浆管与锚筋桩绑扎后一起插入孔中,利用注浆管全孔一次性注浆。

锦屏引水隧洞采用长台阶法开挖,根据之前的分析可知,下台阶施工可能导致围岩进一步恶化,尤其是边墙部位(上下台阶分界部位)的位移明显增大。在上台阶隧洞已经稳定的情况下进行下卧施工时,必须保证上台阶拱脚稳定,一旦拱脚失稳,边墙的位移的增大将转移至底拱,导致边墙垮塌,甚至引起上台阶支护发生剪切破坏,危及整个断面的支护体系。所以设计引入锚筋桩对上台阶拱脚加固,隧洞下卧时,可形成对上部围岩的支撑,同时还能对边墙围岩预加固,即控制下断面开挖后桩间围岩向内的位移(图4-56),保证下卧施工的顺利进行。理论上锚筋桩宜深入围岩未受扰动的区域,必须超出松动圈才能发挥良好的支护效果,最佳方案是超出塑性区范围,模拟结果显示围岩塑性区达8~9m,由于锚筋桩一般是用螺纹钢筋组合而成,同锚杆一样施工时需要较大的作业空间,而锦屏引水隧洞上台阶高度为9~9.4m,如图4-57所示,以14.3m洞径为例,上台阶高度为9.4m时,为保证锚筋桩抵抗围岩变形的作用,其下插角度(与竖直向夹角)宜偏小取值,当锚筋桩取大于9m时,下插角度将大于21°,当锚筋桩取11.6m时,即锚筋桩端头位于隧洞对称轴与顶拱的交点,其下插角度为36°,为保证一次性安装锚筋桩的作业空间,锚筋桩长度可取为9m,下插角度在21°和36°之间,可取值为25°~30°。由于下卧后锚筋桩将受到侧向压力,为保证其良好的抗弯效果,组成锚筋桩的螺纹钢筋直径宜偏大,可稍大于预应力锚杆的直径。

4)灌浆加固措施

灌浆是利用压力将能固化的浆液通过钻孔注入岩土孔隙中,使其物理性能改善的一种方法。浆液在扩散过程中,以就地填充等不同方式填充地层空隙,阻断渗水通道,提高了围岩的强度,有利于围岩的稳定。

破碎岩石的预灌浆加固机理是以该类岩石的自身结构为骨架，通过高压渗入的浆液充填构造裂隙，在岩石中形成新扩散相，并在矿物颗粒表面形成大量的新相萌芽，随着浆液凝固发育，萌芽彼此交错联结，裂隙孔隙又为坚固的骨架所贯穿，形成由原生矿物颗粒与浆液凝结物的共混结构体，使自身的强度、完整性及抗渗性能得到大大提高。

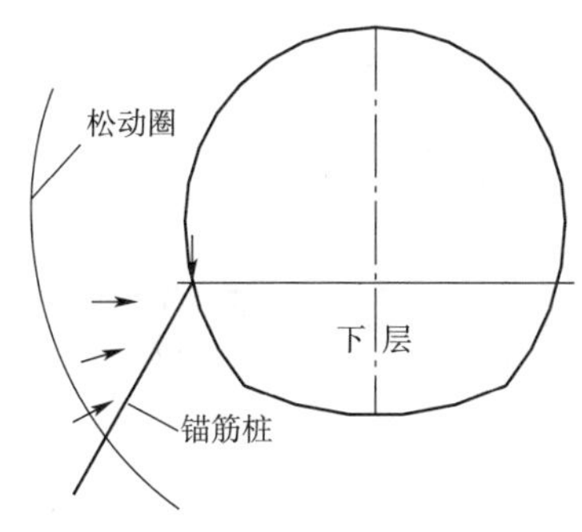

图4-56　锚筋桩受力示意图

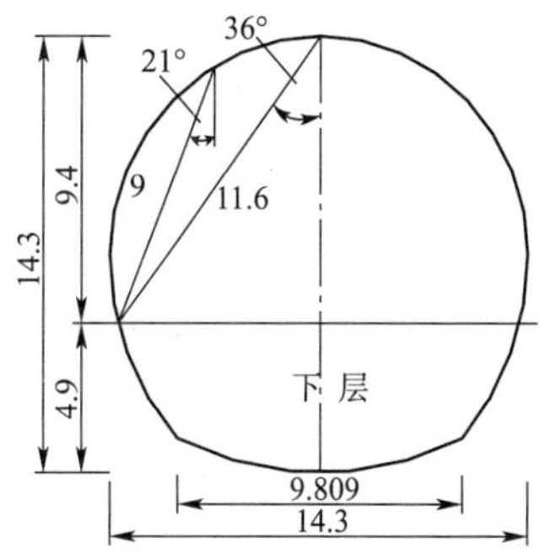

图4-57　锚筋桩下插角度示意图(单位:m)

T_1地层绿泥石片岩微结构特征显示其空隙明显，岩石颗粒易遇水悬浮导致强度降低，膨胀性实验显示绿泥石片岩具有微膨胀性，遇水后的膨胀压力较低，根据该地层绿泥石片岩多孔隙和弱膨胀性的特性，可在局部围岩破碎的洞段采用常规灌浆方法和参数(浆液水灰比为1∶1～0.6∶1)进行加固，提高围岩的整体稳定性。

5)特殊支护措施模拟分析

根据锦屏引水隧洞软岩洞段的实际情况，针对特殊支护的布置(加固部位和特殊支护组合形式)，设计提出了以下方案(图4-58)，为使支护达到较好的控制变形效果，保证隧洞的稳定及施工质量，这里采用数值模拟对各种方案进行了比选分析。数值计算结果如图4-59所示。

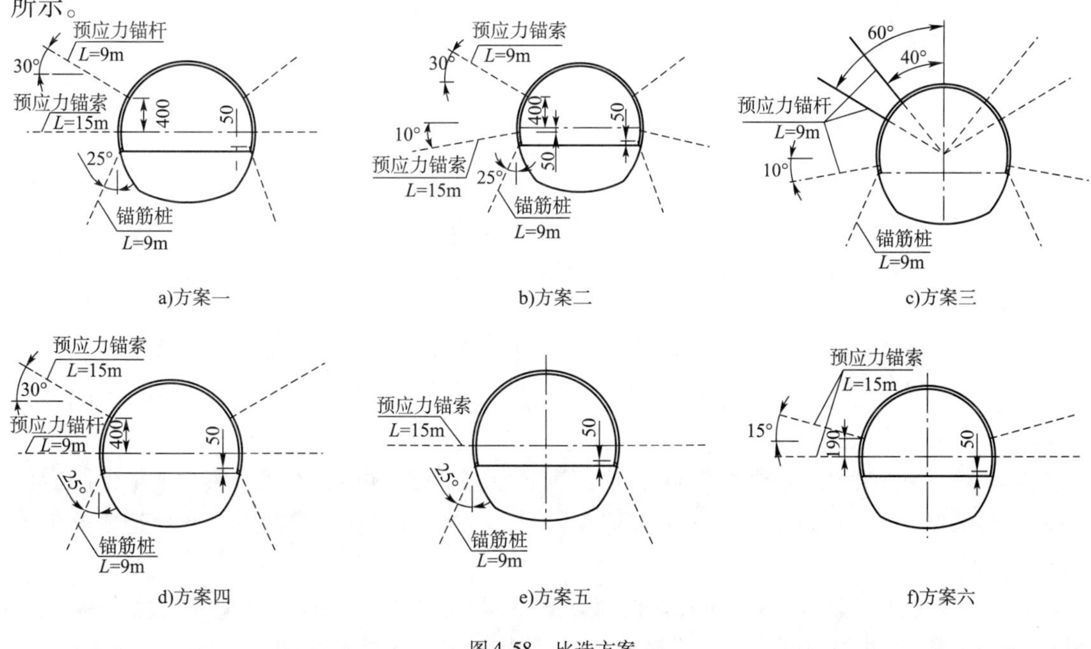

图4-58　比选方案

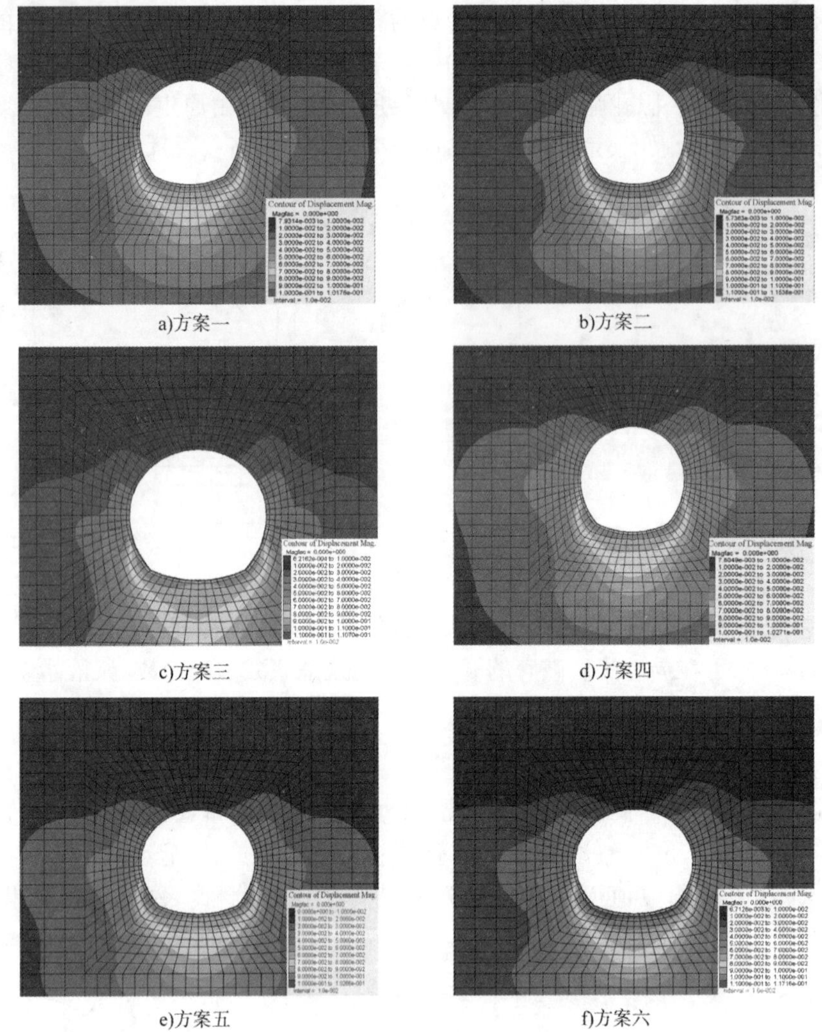

a)方案一　b)方案二

c)方案三　d)方案四

e)方案五　f)方案六

图 4-59　比选方案计算结果

方案一与方案四相比，方案四拱肩采用了 $L=15\mathrm{m}$ 的预应力锚索，方案一拱肩采用 $L=9\mathrm{m}$ 的预应力锚杆，图 4-59 计算得到的位移整体分布较方案一略小。

方案二与方案三的计算结果接近，如图 4-59 中方案二与方案三位移分布图所示，控制效果相对较弱。

方案五与方案四相比减少了拱肩锚索，通过比较图 4-59 方案四与方案五的位移分布发现，去掉拱肩锚索后拱腰以上围岩位移整体增大，这说明拱肩锚索对限制拱腰上部围岩位移有明显作用。

方案六与方案四相比去掉了锚筋桩，由其围岩位移分布图可知，不仅方案六的下部围岩位移较方案四的增大了 1.5cm，上层围岩位移有所增大，说明锚筋桩对控制下卧开挖造成的位移扩展非常重要。

综合比较可知方案四效果最好，其次为方案一，即拱肩采用 15m 长预应力锚索，拱腰采用 9m 长预应力锚杆，拱脚采用 9m 长锚筋桩，对位移控制能起到较好效果。实际施工过程中，在塌方洞段可考虑将拱腰的预应力锚杆替换为锚索。但施工过程中的施作时机和质量控制同样是控制变形的关键。

4.5.3 软岩隧洞支护时机

1)支护时机的确定方法

隧洞开挖后,围岩体产生多大的变形,或者说当围岩产生多大的塑性区和松动区才是采取手段,避免发生意外事故的时机,主要考虑两个方面:一方面是考虑在施工过程中的安全性;另一方面,主要是考虑长期运行的安全,而且,在施工中考虑要恰到好处的进行支护结构的施工。本节应用岩石弹塑性理论对最佳支护时机进行解析法分析。为便于进行求解,按轴对称条件情况下进行分析。计算模型如图4-60所示。

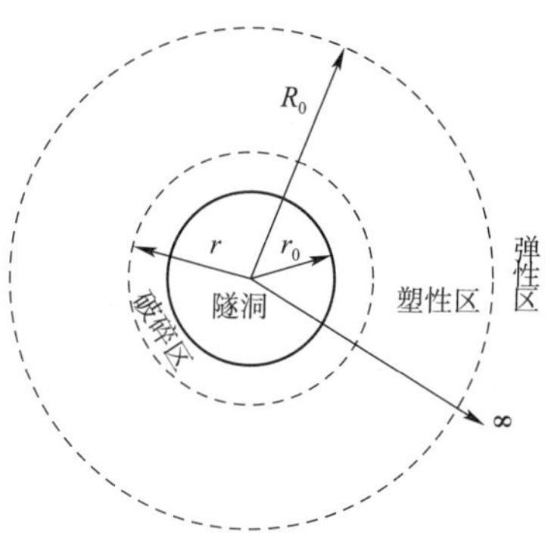

图4-60 弹塑性理论计算模型

(1)塑性区应力状态

在塑性区内应力除满足平衡方程外,尚需满足塑性条件。取摩尔—库伦准则作为塑性条件(c、φ 值为常数),同时考虑塑性边界条件,即:

$$\begin{cases}\sigma_r^{\mathrm{p}}=(p_1+c\cdot\cot\varphi)\left(\dfrac{r}{r_0}\right)^{\frac{2\sin\varphi}{1-\sin\varphi}}-c\cdot\cot\varphi\\[2ex]\sigma_\theta^{\mathrm{p}}=(p_1+c\cdot\cot\varphi)\dfrac{1+\sin\varphi}{1-\sin\varphi}\left(\dfrac{r}{r_0}\right)^{\frac{2\sin\varphi}{1-\sin\varphi}}-c\cdot\cot\varphi\end{cases}\tag{4-25}$$

根据上式可知,在岩体内,围岩塑性区的应力状态与初始应力状态无关,而仅与围岩的物理力学性质、开挖半径及支护阻力 p_1 有关。

(2)塑性区半径

若令塑性区半径为 R_0,则当 $r=R_0$ 时,有:

$$\sigma_r^{\mathrm{e}}=\sigma_r^{\mathrm{p}}=\sigma_{R_0},\text{且 }\sigma_\theta^{\mathrm{e}}=\sigma_\theta^{\mathrm{p}}\tag{4-26}$$

对于弹性区($r\geqslant R_0$)围岩的应力和变形为:

$$\begin{cases}\sigma_r^{\mathrm{e}}=p\left(1-\dfrac{R_0}{r}\right)+\sigma_{R_0}\dfrac{R_0}{r^2}=p\left(1-\gamma'\dfrac{R_0^2}{r^2}\right)\\[2ex]\sigma_\theta^{\mathrm{e}}=p\left(1+\dfrac{R_0}{r}\right)-\sigma_{R_0}\dfrac{R_0}{r^2}=p\left(1+\gamma'\dfrac{R_0^2}{r^2}\right)\\[2ex]u^{\mathrm{e}}=\dfrac{(p-\sigma_{R_0})R_0^2}{2Gr}=\gamma'\dfrac{pR_0}{2Gr^2}\end{cases}\tag{4-27}$$

式中:σ_{R_0}——弹塑性区交界面上的径向应力。

根据式(4-27)可得到:

$$\sigma_r^{\mathrm{e}}+\sigma_\theta^{\mathrm{e}}=2p\tag{4-28}$$

在弹塑性交界面上($r=R_0$),也存在:

$$\sigma_r^{\mathrm{p}}+\sigma_\theta^{\mathrm{p}}=2p\tag{4-29}$$

将式(4-29)代入塑性条件中(即强度准则方程式4-25),即可得到 $r=R_0$ 处的应力:

$$\begin{cases}\sigma_r=p(1-\sin\varphi)-c\cdot\cos\varphi=\sigma_{R_0}\\ \sigma_\theta=p(1+\sin\varphi)+c\cdot\cos\varphi=2p-\sigma_{R_0}\end{cases}\tag{4-30}$$

式(4-30)表明弹塑性交界面上应力是一个取决于初始应力状态 p、岩体强度参数 c、φ 的函数,而与支护抗力 p_1 和开挖半径 r_0 无关。将式(4-30)代入塑性区应力状态公式(4-27),并考虑在弹塑性交界面上应满足的塑性条件[式(4-28)],即可得到塑性区半径和支护抗力间的关系:

$$p_1=-c\cdot\cot\varphi+[p(1-\sin\varphi)-c\cdot\cos\varphi+c\cdot\cot\varphi]\left(\frac{r_0}{R_0}\right)^{\frac{2\sin\varphi}{1-\sin\varphi}}\tag{4-31}$$

或:

$$R_0=r_0\left[(1-\sin\varphi)\frac{c\cdot\cot\varphi+p}{c\cdot\cot\varphi+p_1}\right]^{\frac{1-\sin\varphi}{2\sin\varphi}}\tag{4-32}$$

式(4-31)和(4-32)表达了在围岩岩性特征参数已知时,径向支护阻力与塑性区大小之间的关系。随着支护阻力的增加,塑性区域相应减小,即径向支护阻力的存在限制了塑性区的发展,这是支护阻力的一个很重要的支护作用。在围岩稳定的前提下,扩大塑性区半径就可以降低维持极限平衡状态所需的支护抗力,也就是说,在这种情况下就可以充分的发挥围岩的自承能力。但是必须指出,围岩的这种作用是有限的,当支护阻力 p_1 降低到一定的值后,塑性区再扩大,围岩就要出现松动塌落。刚出现松动塌落时的围岩压力称为最小围岩压力 $p_{1\min}$,过此点后,就会出现围岩的松动塌落,从而围岩压力就会大大增加(压力主要来自一方面是围岩本身的位移释放能量,另一方面较大增加的那部分压力是由于围岩松动塌落部分造成的)。

(3)塑性区位移

令弹塑性交界面上的应力差为 M,为得到塑性区位移 u^{p},可假定在小变形情况下塑性区体积不变。根据弹塑性交界面($r=R_0$)上的变形协调条件,即 $u^{\mathrm{e}}_{R_0}=u^{\mathrm{p}}_{R_0}$,从而可得塑性区位移:

$$u^{\mathrm{p}}=\frac{(p\cdot\sin\varphi+c\cdot\cos\varphi)R_0^2}{2Gr}=\frac{MR_0^2}{4Gr}\qquad(r_0\leqslant r\leqslant R_0)\tag{4-33}$$

式中应力差 M($M=\sigma^{\mathrm{p}}_\theta-\sigma^{\mathrm{p}}_r=2p\cdot\sin\varphi+2c\cdot\cos\varphi$),它是一个关于初始应力场 P 和岩体强度参数 c、φ 的函数,随着岩体进入塑性区,其岩体强度参数值也会随着发生相应的改变。将含有支护阻力 p_1 的塑性区半径的表达式代入塑性区位移公式就可得到洞室周边位移与支护阻力的关系为:

$$\frac{u^{\mathrm{p}}_{r_0}}{r_0}=\frac{1+\mu}{E}(p\cdot\sin\varphi+c\cdot\cos\varphi)\left[(1-\sin\varphi)\frac{c\cdot\cot\varphi+p}{c\cdot\cot\varphi+p_1}\right]^{\frac{1-\sin\varphi}{2\sin\varphi}}\tag{4-34}$$

由式(4-34)可以看出,在形成塑性区后,隧洞周边位移不仅与岩体特性、坑道尺寸、初始应力场有关,还和支护阻力 p_1 有关。支护阻力随着隧洞围岩表面位移的增大而减小,也就是允许的位移较大,则需要的支护阻力变小。而隧洞围岩位移的增大和塑性区的增大是相联系的。

(4)松动区半径

根据松动区边界上的切向应力(或环向应力)为初始应力,则有:

$$\sigma_\theta^{\mathrm{p}} = p = \sigma_\theta^{\mathrm{f}} \qquad (r = R_{\mathrm{f}}) \tag{4-35}$$

由塑性区的环向应力公式整理可得松动区半径为：

$$R_{\mathrm{f}} = r_0 \left[(1-\sin\varphi)\frac{c\cdot\cot\varphi + p}{c\cdot\cot\varphi + p_1} \right]^{\frac{1-\sin\varphi}{2\sin\varphi}} \left(\frac{1}{1+\sin\varphi}\right)^{\frac{1-\sin\varphi}{2\sin\varphi}} = R_0 \left(\frac{1}{1+\sin\varphi}\right)^{\frac{1-\sin\varphi}{2\sin\varphi}} \tag{4-36}$$

(5)初期支护时机

根据对软弱围岩变形特性的研究,在对围岩采取支护措施前,围岩内塑性区的产生和适当发展会在一定程度上减小对支护结构的压力。适当的围岩应力释放对隧洞的整体稳定会有一定的好处,因而在对隧洞采取初期支护措施时,不是控制塑性区的产生,而是适当控制塑性区的发展,是在确保围岩稳定前提下的塑性区的发展,但要严格控制松动区的产生,这就是确定初期支护时机的关键。

依据上面的支护原理,并根据上面推导得到的松动区半径与塑性区间关系的公式,当松动区半径 $R_{\mathrm{f}} = r_0$ 时,也就是在围岩内将要产生松动区而还未产生松动区时,可以得到对应的塑性区半径,也即

$$R_0 \left(\frac{1}{1+\sin\varphi}\right)^{\frac{1-\sin\varphi}{2\sin\varphi}} = r_0 \tag{4-37}$$

采用 r_0 表示 R_0：

$$R_0 = r_0 (1+\sin\varphi)^{\frac{1-\sin\varphi}{2\sin\varphi}} \tag{4-38}$$

将式(4-38)代入隧洞围岩表面位移公式：

$$u_{r_0} = u_{r_0}^{\mathrm{f}} = r_0 \frac{(p\cdot\sin\varphi + c\cdot\cos\varphi)}{2G}(1+\sin\varphi)^{\frac{1-\sin\varphi}{2\sin\varphi}} \tag{4-39}$$

式(4-39)是在未进行支护情况下隧洞围岩的最大允许变形量,超过这个变形量,围岩产生的松动区将导致围岩自身的失稳破坏。因此,此时应进行支护。实际工程应用时,由于围岩条件的复杂多变,不能准确地用理论推导围岩变形量,一般根据现场监测得到的围岩位移量对支护时机进行判断,理论推导值作为比较值,当围岩收敛量接近理论推导位移值时,就作为初期支护的最佳时机。考虑到支护结构起作用的滞后性,应提前对其进行支护处理。

(6)特殊支护时机

对围岩进行初期支护后,考虑支护阻力 p_1 的作用,围岩内塑性区半径见式(4-32),锚网与围岩的共同作用,在围岩体内形成了相对比较稳固的自承载加固区(假定其加固范围的半径为 R_{D})。对于软弱围岩而言,由于岩石的流变特性,塑性区会在初期支护后继续发展,并开始出现松动区。当松动区半径接近并将等于由锚杆网与围岩组成的"小结构"加固范围 R_{D} 时,即认为初期支护体已经充分发挥了它的作用。当松动圈半径超过锚杆加固范围时,围岩将失稳,这时,就需要进行特殊支护,也即 $R_{\mathrm{f}} = R_{\mathrm{D}}$ 时,就是进行特殊支护的最佳时机,即

$$R_{\mathrm{f}} = R_0 (1+\sin\varphi)^{\frac{1-\sin\varphi}{2\sin\varphi}} = R_{\mathrm{D}} \tag{4-40}$$

此时塑性区半径为：

$$R_0 = R_{\mathrm{D}} (1+\sin\varphi)^{\frac{1-\sin\varphi}{2\sin\varphi}} \tag{4-41}$$

将式(4-41)代入隧洞围岩位移公式,得：

$$u_{r_0} = R_{\mathrm{D}}^2 \frac{(p\cdot\sin\varphi + c\cdot\cos\varphi)}{2G}(1+\sin\varphi)^{\frac{1-\sin\varphi}{2\sin\varphi}} \tag{4-42}$$

这就是完成初期支护后，随着塑性区和松动区的发展，当松动区发展到危及初期支护结构的整体稳定时，即宏观上表现为当隧洞围岩监测到的最大位移值接近式（4-33）的计算值时，隧洞需要进行特殊支护的最佳时机。

2）锦屏引水隧洞初期支护时机

根据锦屏引水隧洞西端绿泥石片岩地层参数，采用式（4-39）计算隧洞在不支护情况下围岩最大允许变形量（即将要出现松动区的时候）。计算参数见表4-15。

围岩最大允许变形量计算参数 表4-15

隧洞半径 r_0（m）	初始应力 p（MPa）	围岩黏结力 c（MPa）	围岩内摩擦角 φ（°）	围岩剪切模量 G（GPa）
6.7	45	0.6	35	1.14

计算结果如图4-61、图4-62及表4-16所示，从图中可看出，弹性模量越小，对允许位移的敏感度越高，印证了软岩易变形的特征；而随着地应力的增加，允许位移几乎成直线增大，同样印证了高地应力更易导致围岩变形的特点。

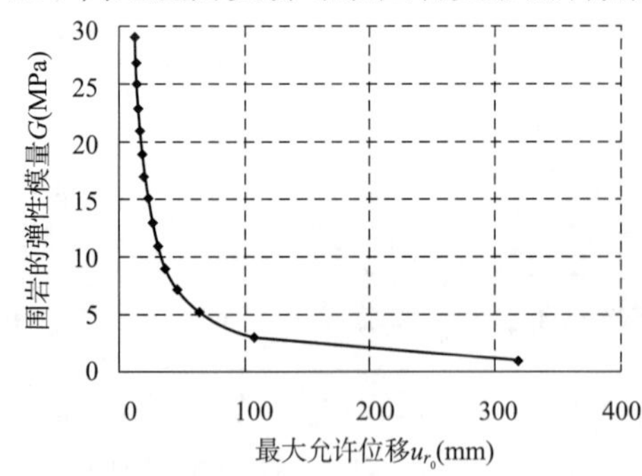

图4-61 最大允许位移与弹性模量的关系曲线（r_0 = 6.7m，p = 45MPa）

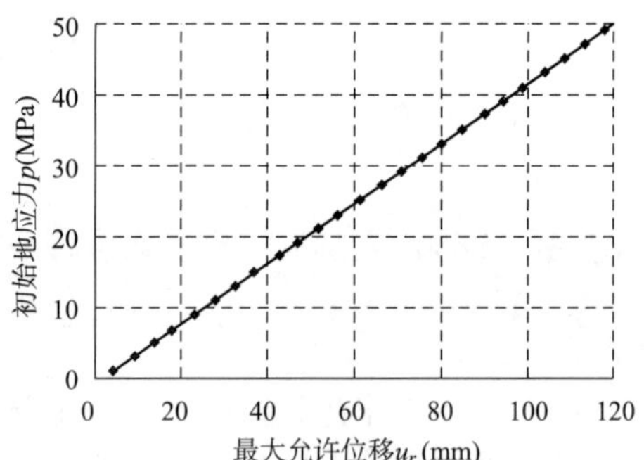

图4-62 最大允许位移与初始地应力的关系曲线（r_0 = 6.7m，G = 1.14GPa）

施作初期支护前的最大允许位移（不同洞径，p = 45MPa，G = 1.14GPa） 表4-16

隧洞半径 r_0（m）	6	6.5	7	7.5
最大允许位移 u_{r_0}（mm）	97	105	114	122

根据表4-15中参数值对不同洞径时最大允许位移的计算结果见表4-16，如开挖洞径为14.3m时，u_{r_0} = 116mm，即当隧洞边墙收敛232mm，或者拱顶下沉116mm时应尽快进行初期支护。但在实际过程中，收敛测量往往是在初期支护施作完成后进行，所以一般采用断面扫描仪进行量测，这样可以获取完整准确的断面变形数据以指导初期支护施工。同样，可以采用断面扫描仪对已施作完初期支护的断面进行量测，验证初期支护时机是否合理，若测量的位移在允许位移之内，说明初期支护是及时的。

由于隧道初期支护施工的特点是先施作拱架、随机锚杆及喷混凝土，然后才进行系统锚杆的支护，也就是说拱架、随机锚杆及喷混凝土在开挖后就进行施工，而系统锚杆则滞后掌子面一段距离施工，本节所讨论的初期支护时机实际上就是系统锚杆的支护时机。现场收敛监测通常在开挖后3天才进行安装测量，难以有效指导系统锚杆的安装时机，不方便现场操作，可通过位移释放率来确定最短滞后掌子面多少米来施作系统锚杆，根据隧洞施工过程中的空间

效应可知，无支护情况下掌子面后1倍洞径处的位移释放率为57%，而实际需考虑最先施作的拱架、随机锚杆及喷混凝土的支护作用，这部分支护可提供约1～1.5MPa的阻力，因此掌子面后1倍洞径处的位移释放率将减少至25%～35%，再根据4.4.1节解析法计算可知在地应力为45MPa的Ⅳ级围岩中提供1～1.5MPa支护阻力时，隧洞(洞径14.3m)的极限位移约340～460mm，因此，掌子面后1倍洞径处洞周的位移约85～161mm，结合前面的计算分析(当$u_{r_0}=116$mm时应施作初期支护)，可认为最短滞后掌子面约1倍洞径时施作系统锚杆是比较合理的。

3)锦屏引水隧洞特殊支护时机

当松动区的深度向纵深发展将达到锚杆加固深度时，则视为初期支护即将破坏，需要立即进行加强支护，形成与初期支护共同作用的结构承载体。加强支护时机的确定依据公式(4-42)。式中，锚杆加固半径R_D，取6m。围岩参数见表4-15，计算结果如图4-63、图4-64和表4-17所示。从图中可看出，施作特殊支护前的最大允许位移普遍较施作初期支护前的最大允许位移要大，两者的量值差别在1倍左右，不同弹性模量及地应力条件时的最大允许位移值变化趋势与图4-61和图4-62相同，同样反映了围岩岩性及地应力是导致围岩变形的重要因素。

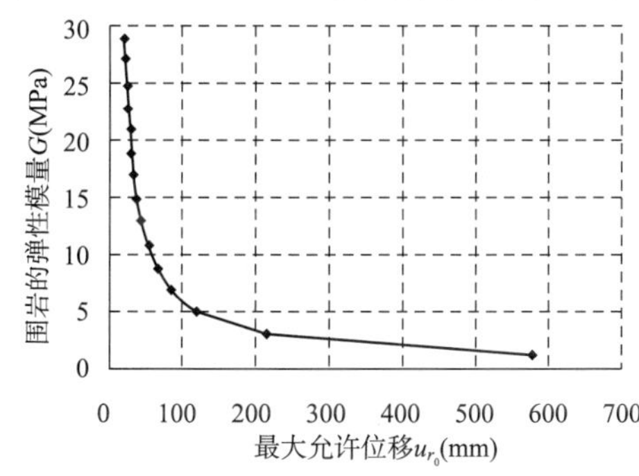

图4-63 最大允许位移与弹性模量的关系曲线
($r_0=6.7$m, $p=45$MPa)

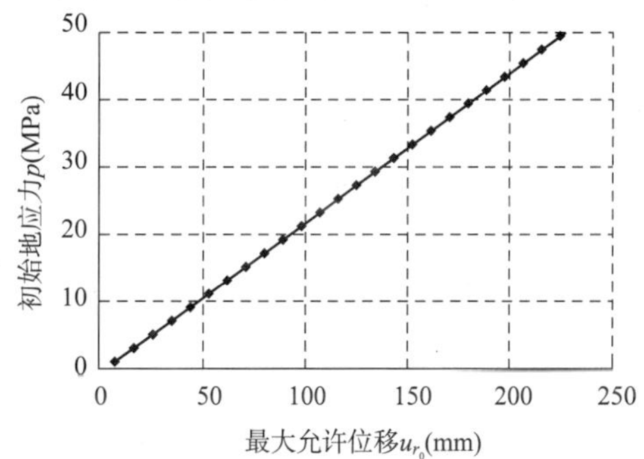

图4-64 最大允许位移与地应力的关系曲线
($r_0=6.7$m, $G=1.14$GPa)

施作特殊支护前的最大允许位移(不同洞径，$p=45$MPa, $G=1.14$GPa) 表4-17

隧洞半径r_0(m)	6	6.5	7	7.5
最大允许位移u_{r_0}(mm)	195	203	211	218

表4-17为施作特殊支护前，不同洞径时的最大允许位移。当洞径为14.3m时，$u_{r_0}=213$mm，即当隧洞边墙收敛426mm，或者拱顶下沉213mm时应尽快进行特殊支护。同初期支护类似，可以采用断面扫描仪进行测量以指导特殊支护的施工，也可以采用收敛仪进行测量指导。一般情况下，认为初期支护前位移已释放$u'=0.4u_{r_0}$(u_{r_0}为初期支护前最大允许位移)，当以收敛测量作为判断特殊支护时机的依据时，要用特殊支护前的最大允许位移减去$0.4u_{r_0}$，即当拱顶下沉$213-0.4\times116=166.7$mm(取167mm)，或者边墙收敛334mm时应尽快施作特殊支护。由于支护效果的“滞后性”，通常应该在支护时机之前开始施作支护结构。

4)锦屏引水隧洞二次衬砌施作时机

由于锦屏水电工程设计理念、水工施工质量与工艺的特殊要求，二次衬砌混凝土不能及时施作，而且设计也不作特别的强调，大多工程案例都是掘进完成后集中施作，这也决定了支护的重要性,包括设计与施工两个主要环节。如果综合采取了加强支护后仍不能维持围岩的稳定,必须考虑混凝土的施作;如果变形稳定,可以在掘进完成后集中施作。

锦屏引水隧洞西端绿泥石片岩洞段,围岩在经过初期支护和加强支护后,如果实测资料显示收敛变形趋于稳定,说明初期支护和加强支护已经充分发挥了承载作用,保证了洞室的稳定。二次衬砌作为支护储备,其支护时机可参考相关规范并根据现场施工设备及环境决定。现行《铁路隧道设计规范》(TB 10003—2005)规定,二次衬砌应在围岩和初期支护变形基本稳定并具备下列条件时施作:

①隧道周边的位移速率有明显的减缓趋势。

②水平收敛速率小于0.2mm/d或拱顶位移速率小于0.15mm/d。

③施作二次衬砌的收敛量达到总收敛量的80%。

④初期支护没有再发展裂隙。

第5章 软岩隧道施工监测技术

现场监测是设计和施工中的重要环节,也是新奥法理念的重要组成部分。归结起来,监测的目的与任务是掌握围岩动态和支护结构的工作状态信息,利用反馈的结果修改设计、指导施工;预见事故险情,以便及时采取措施,防患于未然;积累资料,为以后设计提供类比依据;为确保隧道安全提供可靠信息,并对工程质量和围岩稳定性等做出准确的评估;为进一步深化理论研究提供原始数据。对于软岩隧洞工程,围岩及支护结构的稳定是监测的重要内容,反馈结果对指导安全施工、确保工程质量及工期、优化成本等有着非常重要的影响。

5.1 监测设计原则

监测设计是整个工程中的一个重要组成部分。监测设计不仅是仪器的选择和布置,而且是一项综合的工程技术,应从监测目的、原则到监测资料的整理与应用等整个过程全面系统的考虑。监测从确定目标开始,到进行操作和根据资料进行分析提供评价为止。在本项目设计过程中遵循以下设计原则:

(1)在围岩条件和工程性状预测的基础上进行隧道监测设计,以施工期间围岩稳定性和支护结构的工作状态监测为重点。

(2)观测项目和测点的布置应满足施工过程的要求,监测断面应能全面监控隧道的工作性状,对各种内外因素所引起的相互作用都应统一考虑。

(3)观测仪器布置要合理,注意时空关系,控制工程的关键部位。随隧道工程开挖的进展或时间的推移,空间不断扩大,对按监测目的所选的物理量应测其空间分布和随时间变化的全过程。空间变化过程中,应有选择地做到所监测的物理量沿一定方向或一定边界分布;时间变化过程中,应做到尽量早的持续观测读数,做到空间和时间两个方面的监测都连续。

(4)为尽量求得监测围岩和支护结构性状变化的全过程,在条件许可时,可从附近钻孔预埋观测仪器,采取预埋监测的方式;不具备预埋条件的,应紧跟掌子面及时埋设。

(5)安全监测设计随工程开挖的推进,出现新问题时要及时补充或修改监测设计。

(6)仪器监测点的布设都是典型的断面和有代表性的位置,应该采取仪器监测为主,人工巡视调查与仪器监测相结合的方式,以弥补仪器覆盖面的不足。

5.2 监测项目内容

监控量测的目的在于掌握施工中围岩和支护的力学动态信息及稳定程度,并及时反馈,以指导施工作业,保证施工安全;通过对围岩和支护的变位、应力量测,预测和确认隧道围岩最终稳定时间,及时修改支护系统设计,指导施工顺序和确定施作二次衬砌时间;深入地了解围岩的松动范围和稳定状态及喷锚支护的效果,为未开挖区段的设计与施工积累现场资料。

进行现场监控量测的软岩隧道应按表 5-1 选择量测项目和相应的其他内容。根据我国《铁路隧道施工规范》及《公路隧道施工技术规范》,隧道的监控量测内容分为必测项目(A 类测量)和选测项目(B 类测量)。必测项目是必须进行的常规测量,是判断围岩稳定状态、支护结构工作状态、指导设计施工的经常性测量,是新奥法测量的重点项目。该项目主要包括洞内观察、拱顶沉降测量、周边收敛量测等项目,这类量测方法简单、可靠性高、费用少,但对修改设计、指导施工所起的作用却非常大。

软岩隧道监控量测项目选择表 表 5-1

项目 / 围岩条件	A 类测量			B 类测量					
	洞内观察	净空变化	拱顶沉降	围岩内部位移	围岩压力	钢架受力	锚杆应力	二次衬砌应力	爆破振动观测
软岩地层(塑性,地压小)	◎	◎	◎	△*	○	△*	△*	△	△
软岩地层(塑性,地压大)	◎	◎	◎	△*	○	○	◎	○	○

注:◎-必须进行的项目;○-应该进行的项目;△-必要时进行的项目;△*-其结果对判断支护是否保守有用。

根据以上监测目标,结合工程设计单位提供的隧道监测建议资料、施工单位的监测项目资料及实施监测时的施工进度,为比较准确地掌握施工过程中围岩的稳定状态,监测隧道开挖及各项支护手段的效果,指导安全施工设计变更,按各设计及施工规范要求对隧道施工进行现场监控测量。

同时,作为监测方应及时向业主提交隧道监测阶段成果简报,把观测所得的成果用文字、图表系统地展示出来,以便对工程的现状有比较清楚的了解,其内容如下:

①工程概况。包括工程位置、地形、地质条件、工程规模、复杂性和重要性等。

②监测仪器布置。

③监测仪器的安装埋设。包括各种监测仪器在各部的具体安装、埋设方法的图文说明。

④监测成果。提供的图件:各仪器观察资料图,如随时间、空间变化的过程线,相关图,分布图,综合比较图等;各仪器观测成果汇总表,如最大值、最小值统计表,仪器完好情况统计表;其他有关观测成果图表。

⑤资料分析内容。根据各物理量的变化过程线,说明该监测结果的变化规律、变化趋势是否会向不利方向发展等。

⑥根据资料对工作状态及性质进行评价,分析今后的发展趋势,提出观测意见和对处理工程异常或险情的建议。

作为最终监控量测结果,向业主方提交最终监测报告,包括下列量测资料:

(a)现场监控量测计划。

(b)实际测点布置图。

(c)围岩和支护的位移、应力与时间、空间关系曲线图及量测记录等汇总表。

隧道掌子面地质情况描述表

表 5-2

桩号	RK75+033	断面尺寸(m)	宽:15.1 高:10.5	拱顶高程(m)		埋深(m)		中线方向	

岩性(颜色、成分、结构、构造、年代)	微~未风化白云岩,粉细晶结构,层状构造,岩体较完整	围岩级别	设计		饱和极限抗压强度	极硬岩 $R_b>60MPa$	硬质岩 $R_b=30\sim60MPa$	软质岩 $R_b=5\sim30MPa$	极软岩 $R_b\leq5MPa$	距离洞口里程(m)
			施工鉴定				✓			

围岩岩体结构特征								与隧道的关系(平面示意图)	主要岩石	次要岩石
层理产状			单层厚度(m)		层面特征					
节理发育程度	组次	产状	间距(m)	长度(m)	缝宽(mm)	充填物	性质		白云岩	方解石
	1	128<65	1~3	1~2	<0.1	泥质	微张性			
	2	106<67	2~5	1~3	<0.5	泥质	微张性		工作面稳定性	较稳定
	3									
	4									
断层			破碎带宽度(m)		破碎带特征				瓦斯情况	
纵波速度(m/s)			松弛带、软弱带厚度(m)			充填物类型产状	充填物主要以泥质填充物为主		与隧道的关系	

地下水涌水情况	涌水位置		涌水量(L/s·m)	无水	滴水(<0.04)	线状(0.04~0.21)	股状(>0.21)	含泥砂情况	侵蚀类型	取水样编号	试验编号
					✓						

左侧壁素描:	右侧壁素描:	掌子面素描:	工程(支护)措施及有关参数
左侧有较大的岩石层状分布,节理较为发育,围岩比较稳定	右侧有泥质填充物,层状分布	净高 10.5m 宽 15.1m	

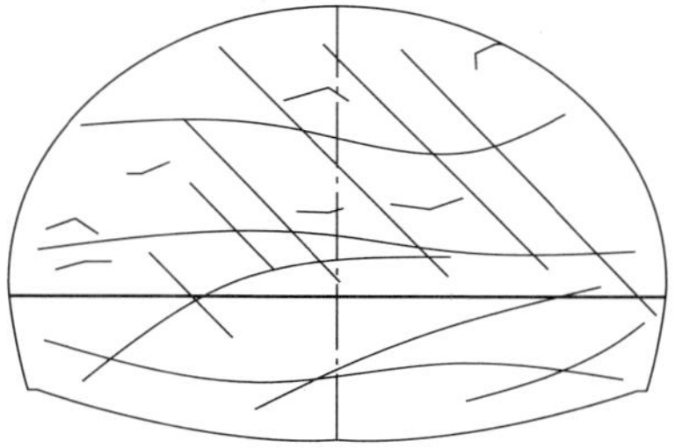

5.3 监测技术实施

根据隧道设计和施工规范的要求、工程地质条件、围岩级别、隧道跨度、埋设、开挖方法和支护类型等选取的监测项目及实施技术路线如下。

5.3.1 地质和支护状况观察

地质和支护状况观察的主要目的是预测开挖面前方的地质条件，为判断围岩、隧道的稳定性提供地质依据，根据喷层表面状态及锚杆的工作状态，分析支护结构的可靠程度。对于监测围岩稳定性，地质和支护状况观察是既省力而又有效的监测方法，它可以获得与围岩稳定状态有关的直观信息，施工过程中应予以足够的重视。

观察内容包括工作面状态、围岩变形、围岩风化变质情况、节理裂隙、断层分布和形态、地下水情况及喷射混凝土的效果。每次隧道开挖工作面爆破后立即观察情况及有关现象，观察后绘制开挖工作面略图（地质素描图，见表5-2），填写工作面状态记录表及围岩级别判定卡。对已施工区段的观察也应每天至少进行一次，观察内容包括喷射混凝土、锚杆等的状况。观察中发现异常情况，要详细记录发现时间、地点和内容。及时绘制隧道开挖工作面围岩素描剖面图，每个监测断面绘制剖面图1张。围岩剖面素描图的间距见表5-3。

不同级别围岩剖面素描图间距 表5-3

围　岩　级　别	围岩剖面素描间距（m）	围　岩　级　别	围岩剖面素描间距（m）
Ⅴ	10	Ⅲ	50
Ⅳ	30		

5.3.2 拱顶下沉和周边位移量测

拱顶下沉测量是确认围岩稳定性、判断支护效果、指导施工顺序、预防拱顶崩塌、保证施工质量和安全的最基本资料，周边位移是隧道围岩应力状态变化最直观的反映。不同围岩级别量测断面间距按表5-4确定，表5-5为拱顶下沉和周边位移的量测频率，拱顶下沉量测断面间距、量测频率与周边位移量测相同，且二者选同一断面。

不同级别围岩量测断面间距 表5-4

围　岩　级　别	断面间距（m）	围　岩　级　别	断面间距（m）
Ⅴ	10	Ⅲ	50
Ⅳ	30		

拱顶下沉与周边位移量测频率 表5-5

量测频率	位移速度（mm/d）	量测断面到开挖面距离	量测频率	位移速度（mm/d）	量测断面到开挖面距离
2次/d	>10	<0.5B	1次/2d	1～5	2B～5B
1次/d	5～10	0.5B～2B	1次/7d	<1.0	>5B

注：B-隧道开挖宽度。

收敛测线布置及数量与地质条件、开挖方法、位移速度有关。一般可按表5-6和图5-1所示布置。项目开展后再依情况调整。一般地段应采用2~3条测线，拱脚处必须有一条水平测线。若位移值较大或偏压显著，可同时进行绝对位移量测。

测线数量参考　　表5-6

施工方法	一般地段	特殊地段
全断面法	一条水平测线	一条水平测线，两条斜测线
台阶法	每台阶一条水平测线	每台阶一条水平测线，两条斜测线
分部开挖法	每部分一条水平测线	每部分一条水平测线，两条斜测线，其余部分一条水平测线

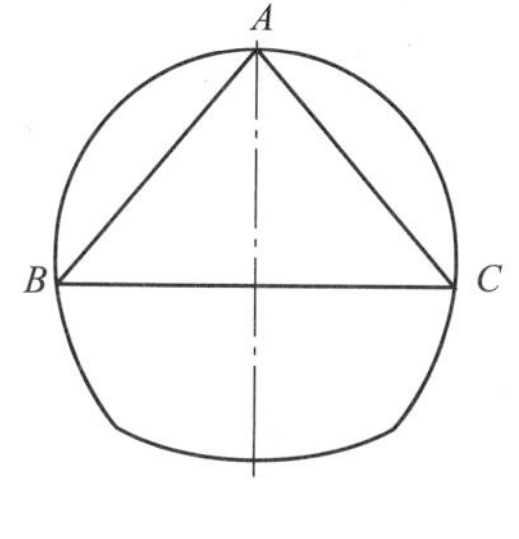

a) 全断面法测点布置

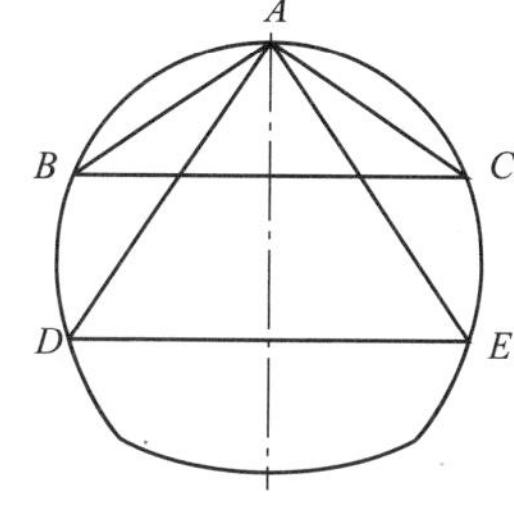

b) 台阶法测点布置

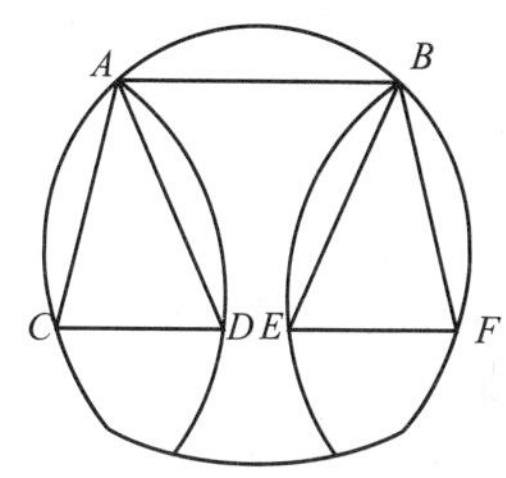

c) 双侧壁法测点布置

图5-1　测点布置参考

拱顶下沉和周边位移控制基准应考虑结构物重要性、地质条件、施工安全等因素的影响，可根据现场实测数据资料，通过回归分析与数值分析综合法和监测断面位移统计分析法进行确立，建立适合于本工程的位移基准值。当缺乏资料时，允许洞周相对位移（收敛）控制基准值可参考表5-7。

允许周边位移相对收敛值(%)　　表5-7

围岩级别 \ 埋深(m)	<50	50~300	>300
Ⅴ	0.20~0.80	0.60~1.60	1.00~3.00
Ⅳ	0.15~0.50	0.40~1.20	0.80~2.00
Ⅲ	0.10~0.30	0.20~0.50	0.40~1.20

注：1. 水平相对收敛值系指收敛位移累计值与两测点间距离之比。
2. 硬质围岩隧道取表中较小值，软质围岩隧道取表中较大值。
3. 拱顶下沉允许值一般可按本表数值的0.5~1.0倍采用。
4. 本表所列数值在施工过程中可通过实测和资料积累作适当修正。

根据位移控制基准，位移管理基准按表5-8分为四个危险等级和三个管理等级，以便判定围岩稳定性并指导施工。

位移管理基准　　表5-8

危险等级	管理位移	管理等级	危险等级	管理位移	管理等级
不稳定	$U > U_0$	Ⅰ	异常	$U_0/3 \leq U \leq 2U_0/3$	Ⅱ
险情	$2U_0/3 < U \leq U_0$		正常	$U \leq U_0/3$	Ⅲ

注：U-实测位移值；U_0-极限位移值。

为消除人为因素对量测精度的影响，拱顶下沉和周边位移应尽可能采用非接触量测技术进行测量。一般采用全站仪自由设站法和隧道断面扫描仪测量(图 5-2),后者多用于绘制洞室轮廓以检测超欠挖情况及围岩是否发生侵限。

隧道拱顶及边墙测点相对位移量测时,可无需建立三维坐标系,全站仪自由设站后直接读取测点坐标即可。隧道拱顶及边墙测点三维绝对位移量测时,应建立独立局部三维坐标系,一般 Z 轴为竖直方向,X、Y 轴平行于隧道轴线和垂直于隧道轴线,局部三维坐标系可参照图 5-3。

a)全站仪

b)断面扫描仪

图 5-2　位移量测仪器

图 5-3　局部三维坐标系建立示意图

5.3.3　围岩内部位移量测

为了探明支护系统上承受的荷载,进一步研究围岩变形和支护与围岩的相互作用,需要对围岩内部位移进行监测,监测断面选在有代表性的地质地段,如Ⅲ级、Ⅳ级、Ⅴ级围岩。围岩内部位移量测的目的是:研究围岩的位移变化规律;研究围岩的位移变化范围和松弛范围;研究构造部位特殊位移变化规律性;根据位移量测结果,反分析岩体应力场及力学参数;预测预报围岩稳定性,为施工安全服务;根据监测结果,优化设计,修改喷锚支护参数。

一般采用多点位移计对围岩深部位移进行量测,通过钻孔多点位移计量测孔壁岩土体不同深度处的位移。它不同于隧道围岩收敛观测,后者仅能测到隧道净空收敛变形,前者则能测到洞室围岩内不同深度上的轴向变形。因此,根据这些观测资料,可分析判断隧道等地下构筑物围岩位移的变化范围和松弛范围,预测预报围岩稳定性,为修改支护参数提供重要依据。

多点位移计布置可参考图 5-4,多点位移计安装埋设如图 5-5 所示。多点位移计锚固需要进行灌浆锚固和液压锚固。全部锚头和传递杆安装完毕后,经检验确定无误后进行灌浆锚固,用水泥砂浆进行封孔灌浆,注浆材料弹性模量接近或小于其周围介质。接好灌浆泵,选择适当的灌浆材料,以 0.1 ~ 0.2MPa 的灌浆压力进行灌浆,一般情况下,砂浆的灰砂比为 1:2,水灰比为(0.38 ~ 0.5):1,加入水泥质量 5% 的膨胀剂,1% 的减水剂,适当掺入早强剂。在灌浆前,首先要将管路用泵打入水以降低摩擦,灌浆速度不可过快,直到排气孔回浆为止。待静止数分钟后观察浆液面是否有回落，如有回落则应补灌。如灌浆量超过额定量20%（含），灌浆时要防止杆体和锚头移动。待孔内注满浆（排气管回浆），封孔待砂浆固化。待全部锚头和传递杆安装完毕后，经检验确定无误后，油泵退压，对锚头进行锚固。钻孔中不允许进入砂砾，在此期间严防锚头部位岩体受振动或人为扰动。

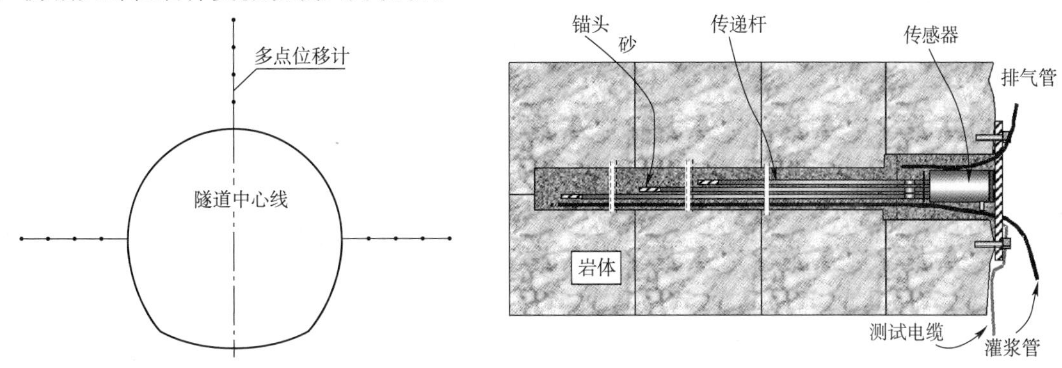

图5-4 多点位移计布置参考图

图5-5 多点位移计安装埋设示意图

多点位移计观测以水泥砂浆终凝后或水化热稳定后的稳定测值作为基准值。在研究监测成果及其规律性时还应考虑以下几个方面：

①地质条件，尤其是岩体的不均匀性对围岩内部位移变化的影响。

②地应力及地应力变化（二次应力调整）对围岩内部位移变化的影响。

③地形条件对围岩内部位移变形不均匀性的影响。

④开挖进尺（或叫空间效应）对围岩内部位移的影响。

⑤“时间效应”（或叫蠕变）对围岩内部位移的影响。

通过以上几个方面的综合分析，可进一步从以下五个方面对围岩的稳定性和围岩位移变化趋势做出判断和分析：

①用预估位移（或允许位移）与实测位移比较，分析围岩稳定性。

②位移速率分析。

③位移范围分析。

④位移量分析。

⑤位移稳定时间及位移最终值分析。

5.3.4 围岩松动圈测试

隧洞开挖后，原始的应力平衡遭到了破坏，围岩是新的应力的作用体，若作用于岩体上的应力小于围岩体抗剪、抗扭等强度，围岩只产生弹性变形和塑性变形，围岩体不会产生破坏。如果作用于围岩体上的应力大于围岩体抗剪、抗扭等强度时，围岩体的原始结构就会遭到破坏，产生位移，这种被破坏的范围称为松动圈。

松动圈的范围取决于爆破开挖的影响、地应力的分布形态、重分布应力与围岩岩体强度的比值及支护等因素。岩体的声波特性综合反映了岩体结构面切割状况及岩石物理力学性质，声波检测方法已成为了解岩体质量和岩质定量评价的重要手段，通过测量围岩爆后或同一位置爆前爆后弹性纵波波速，分析纵波波速的变化趋势和变化率及其特点，可确定地下洞室受爆破开挖的影响而形成的爆破松动区的深度和塑性区，以对围岩稳定及开挖质量进行评价，验证支护参数的合理性。

松动圈测试方法如下：

(1)根据隧洞地质剖面图或现场已揭露的实际情况，选取有代表性的地层和断面，每一地层中应布设两个测面，每个测面5~12个测孔，以提高测试的可靠性(图5-6)。

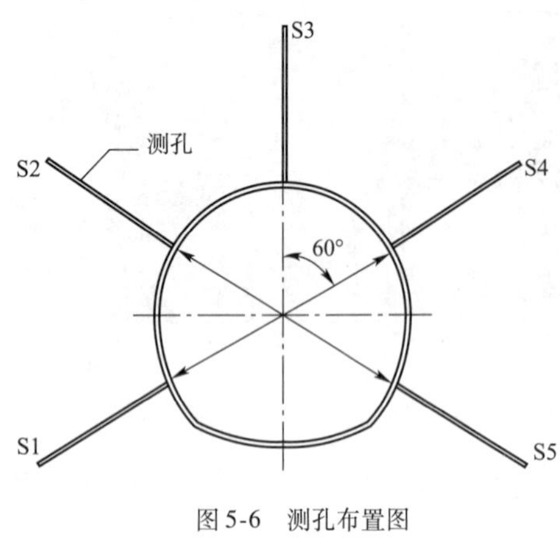

图5-6 测孔布置图

(2)测站设置应避开交岔点、隧洞密集区、躲避洞、断层破碎带附近，以便采集到具有代表性的围岩松动圈基准值。测孔深度应大于松动圈0.5m以上，确保能测出松动圈边界。

(3)测试应在松动圈发展稳定之后进行。一般中小松动圈在隧洞开挖1个月后，大松动圈围岩在开挖3个月后测试较为可靠。

(4)测站设置不必考虑隧洞支护和跨度因素，可在压气及供水方便地段设测站。

(5)在隧洞密集区、断层及向斜与背斜构造的轴部等应力异常区域应补充测点。

(6)对于重要工程如大断面隧洞等，应根据具体情况补充测定。在工程施工期间，对关键部位围岩的松动圈进行监测，若发现与预测不符，则应及时修正其类别与支护参数。

(7)围岩松动圈厚度自巷道围岩表面起算，实测围岩松动圈数值如包含支护厚度(喷层、衬砌)时则应扣除。

(8)测试时要注意测孔位置超挖与欠挖情况，该因素影响可达±(0.1~0.25)m。

(9)对测得的松动圈数值进行分析，排除异常数据之后，以较大的数值作为分类依据，填入分类表中。

5.3.5 围岩压力及支护间压力监测

了解作用于喷射混凝土层与围岩之间的径向压力或作用于初期支护与二次衬砌之间的接触压力，把测点布设在具有代表性的隧道断面关键部位上，并对各测点逐一进行编号。根据每次所测得的压力值绘制压力—时间曲线图，在隧道横断面图上按不同的施工阶段，以一定的比例把压力值点画在各压力盒分布位置，并以连线的形式将各点连接起来，成为隧道围岩压力分布形态图。

一般采用压力盒对围岩压力及支护间压力进行监测，压力盒安装完成后，重复测读三次，待读数稳定后取基准值。观测时间和次数需考虑工程或试验研究的需要，制订观测方案或大纲。观测期间也要根据现场具体情况进行适当调整，但需说明调整原因。在观测仪表安装埋设后的1~7d，每天观测1次；以后每月观测4次。设计有特殊要求或遇特殊情况，则按设计要求进行加密观测。

5.3.6 初期支护及二次衬砌混凝土应力监测

了解施工过程中初期支护及二次衬砌混凝土应力情况。二次衬砌的施作受时间因素影响较大，直接关系到衬砌结构的安全，过早施作会使二次衬砌承受较大的围岩压力，过晚施作又不利于初期支护的稳定。隧道二次衬砌质量的好坏对隧道的长期稳定、使用功能的正常发挥及外观均有一定影响，为了监测隧道的长期稳定性，需要对初期支护及二次衬砌混凝土应力进行监测。

一般采用应变计对支护混凝土进行应力监测，仪器布置可参考图5-7，沿隧道周边拱顶、拱腰及边墙在喷射混凝土内埋设应力计，围岩初喷以后，在初喷面上固定应力计，然后复喷，将应力计全部覆盖，复喷混凝土达到初凝强度时开始测取读数。

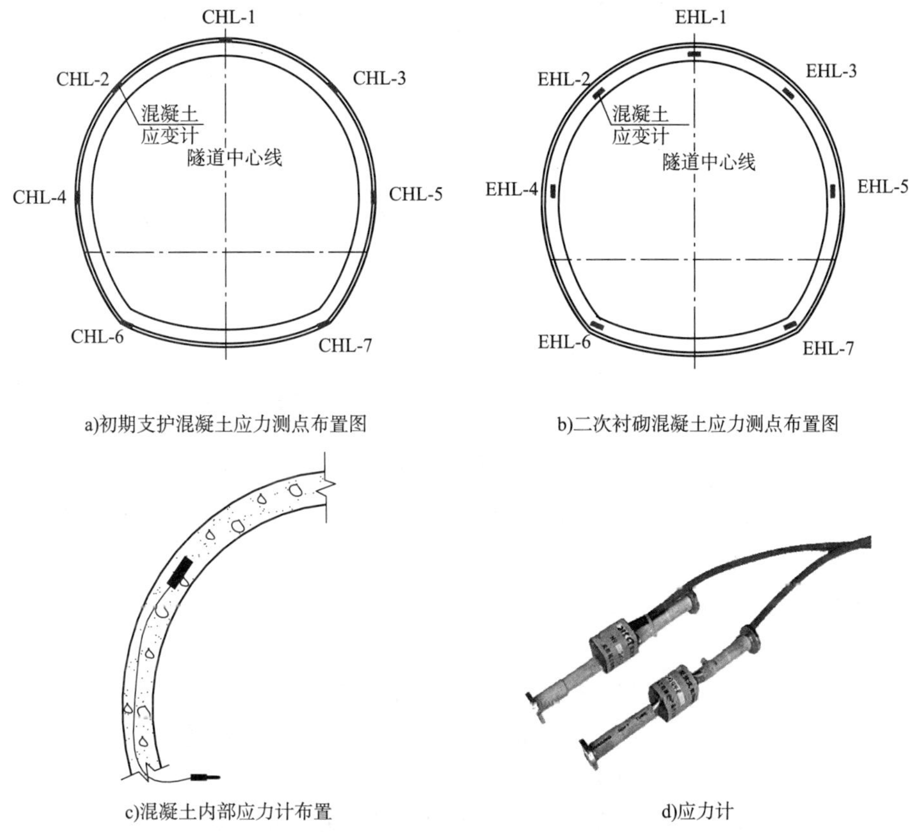

a)初期支护混凝土应力测点布置图　　b)二次衬砌混凝土应力测点布置图

c)混凝土内部应力计布置　　d)应力计

图5-7　应力计布置示意图

5.3.7　锚杆应力监测

锚杆应力监测旨在了解锚杆应力分布及变化规律，研究围岩的稳定性和及时进行施工安全预报，检验喷锚支护设计的合理性，为修改支护参数和优化设计提供判据。

采用锚杆应力计进行量测，仪器安装埋设如图5-8所示。安装步骤包括：测点放点，钻孔，仪器组装，仪器安装，灌浆，孔口保护设施施工，等待砂浆固化，按要求进行观测。在已焊接锚杆应力计的观测锚杆上安装排气管，将组装好的锚杆缓慢地送入钻孔内。安装时，确保锚杆应力计不产生弯曲，电缆和排气管不受损坏，锚杆根部与孔口平齐。锚杆应力计进入孔后，将连接仪器的锚杆安装固定在孔内，引出电缆和排气管，装好灌浆管，用水泥砂浆封闭孔口。灌浆锚固：水泥砂浆的灰砂比为1:1～1:2，水灰比为(0.38～0.5):1。灌浆时，在设计规定的压力

下进行,灌至孔内停止吸浆时,持续10min即可结束。砂浆固化后,测其初始值。安装孔口保护装置,对电缆引出线及集线箱加以保护。

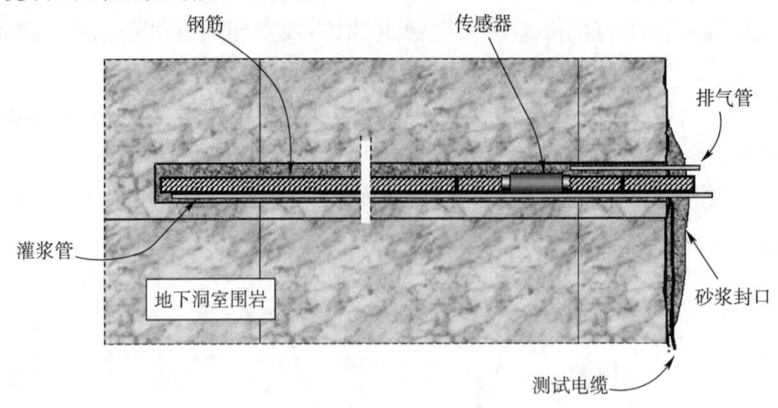

图5-8　锚杆应力计安装埋设示意图

5.3.8　爆破振动监测

岩土工程爆破作为矿山法施工的主要措施,在加快工程建设速度、节省工程费用等方面发挥了非常重要的作用。炸药在岩体内爆炸,必然对岩体或隧洞结构造成损伤和破坏,特别是在高地应力的作用下,会使损伤进一步演化,从而使岩层的承载力及稳定性降低。爆破控制措施的不合理将会引发严重的爆破灾害问题,如结构失稳、围岩冒落、支护开裂和变形等。所以采用适当的措施对爆破振动进行监测,可为研究围岩破坏特征及优化弱爆破参数等提供可靠的依据,为预防爆破事故的发生有着重要意义。通过大量监测,结合具体的地质条件,建立回归振动速度 v 与装药量 Q、距离 R 及与地质条件有关的系数 K、α 的方程,可以指导修改爆破设计。

爆破振动对隧洞工程稳定性的影响,可用地下结构质点的振动参量(振速、位移、加速度、应力、应变和能量比等)来表示。现行的爆破安全规程以质点振动速度和主振频率作为爆破振动安全判据的两个指标,大量观察结果也表明,爆破地震(炸药在介质中爆炸,部分能量转化为弹性波,在介质中传播而引起振动称为爆破地震)破坏程度与振动速度大小的相关性比较密切。

炸药爆炸引起岩石内部质点振动有垂直、径向和切向三个速度分量,一般切向振速较小,垂直和径向振速较大,并且切向和径向速度的方位不好掌握。所以通常采用垂直和径向振速作为拟测定的主要对象。

(1)爆破振动监测系统

整个爆破振动监测系统由传感器、监测设备主机、便携计算机三部分组成。其具体组成如图5-9所示。监测设备主机对地震波、机械振动或各种冲击信号进行记录与数据分析、结果输出、显示打印、数据存储,仪器直接与压力、速度、加速度等各种传感器相连,并将其模拟电压量转换成数字量进行存储,可三通道并行采集数据。数据经接口和便携计算机通信,由计算机进行波形显示、谱图显示、波形的各种特征参数及测试结果的表格显示打印等。

在选择爆破振动监测仪器时需注意:仪器在现场是否能直接任意设置采集参数;仪器是否具备智能模式,全自动监测爆破数据;仪器是否操作简便,快捷;设备是否具备大屏显示,且阳光下清晰可见;仪器是否能在现场直接显示波形与主要数据结果;仪器应有足够的数据存储空间;仪器能否支持三维空间测试;仪器是否具有自适应量程设置;仪器是否有较强的环境适应能力;仪器应具有对空气自由场冲击波以及噪声的测试能力;仪器应具备网络接口支持远程传输与遥测能力。

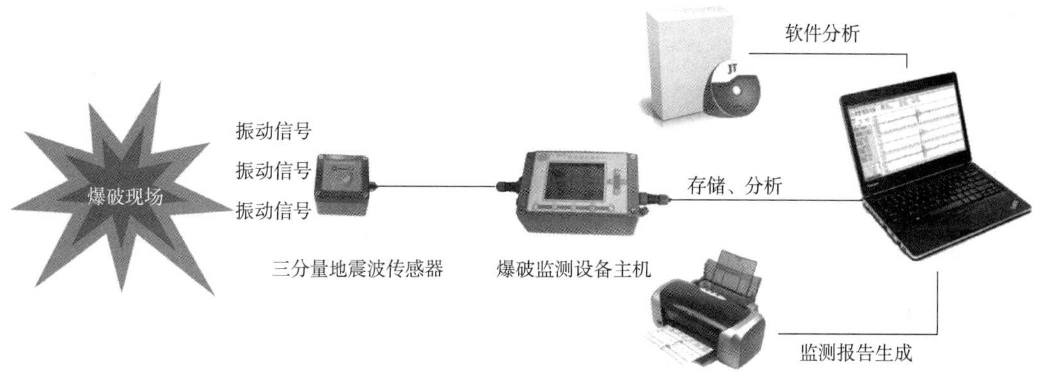

图 5-9 爆破振动监测系统组成图

(2)现场布置测点

测点布置的原则:最大振动断面发生的位置和方向监测;爆破地震效应跟踪监测;爆破地震波衰减规律监测。

具体监测过程中,在条件允许情况下同一测点同时布置竖直向和水平轴向传感器,传感器用石膏固定在所需监测的部位,在安装过程中,垂直速度传感器应该尽量保持与水平方向垂直;水平速度传感器的安装应该与水平面平行。为了研究爆破对于掘进隧洞本身和相邻隧洞的影响,测点分别布置在掘进隧洞掌子面后方和相邻隧洞对应桩号的断面及前后位置。爆破振动测点分布如图 5-10 所示。

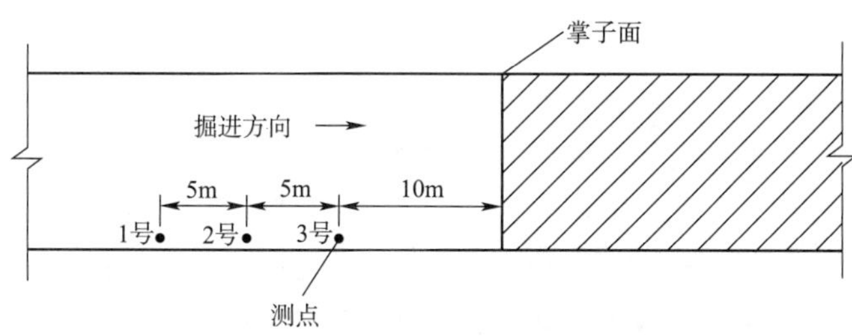

图 5-10 爆破振动测点分布示意图

(3)监测要求

整个测振试验结合控制爆破参数优化进行,为保证能够测得较为完整的单段爆破振动波形和振动分析的准确,对试验过程有如下要求[30]:

①各次爆破首段药量尽量不相同。

②测振时,保证测点之间有一定的间距。

③测点处传感器与基岩要牢固黏结。

④传感器位置要准确,传感器感振方向要与所测量的振动方向一致。

⑤测点数不宜太少,最好要保证5个以上测点,为保证监测系统的正常使用和精度要求,在同一测点布置两台传感器,通过对比自查测值,以便及时发现已损坏仪器。

⑥定时检查记录仪电池电量,电量不足时及时更换电池,保证仪器正常工作。

(4)安全控制标准

根据《爆破安全规程》(GB 6722—2003)规定,评价各种爆破对不同类型建(构)筑物和其他保护对象的震动影响,应采用不同的安全判据和允许标准;地面建筑物的爆破震动判据,采用保护对象所在地质点峰值振动速度和主振频率。安全允许标准见表5-9。

爆破振动安全允许标准 表5-9

序 号	保护对象类别		安全允许振速(cm/s)		
			<10Hz	10~50Hz	50~100Hz
1	土窑洞、土坯房、毛坯房		0.5~1.0	0.7~1.2	1.1~1.5
2	一般砖房、非抗震的大型砌块建筑		2.0~2.5	2.3~2.8	2.7~3.0
3	钢筋混凝土结构房屋		3.0~4.0	3.5~4.5	4.2~5.0
4	一般古建筑与古迹		0.1~0.3	0.2~0.4	0.3~0.5
5	水工隧道		7~15		
6	交通隧道		10~20		
7	矿山隧道		15~30		
8	水电站及发电厂中心控制室设备		0.5		
9	新浇大体积混凝土	龄期:初凝~3d	2.0~3.0		
		龄期:3~7d	3.0~7.0		
		龄期:7~28d	7.0~12.0		

注:1. 表列频率为主振频率,系指最大振幅所对应波的频率。

2. 频率范围可根据类似工程或现场实测波形选取。选取频率时亦可参考下列数据:洞室爆破<20Hz;深孔爆破10~60Hz;浅孔爆破40~100Hz。

针对软岩隧洞的爆破开挖,原则上距离测点10m以内振速不大于3.0cm/s。具体可划分为:理想值$v<1.0$cm/s,即一般严格控制在该值范围内,为可接受范围;安全值1.0cm/s$<v<$2.0cm/s;预警值2.0cm/s$<v<$3.0cm/s,也就是达到此范围值后,立即查找原因,优化爆破参数,减小地震波至可接受范围;报警值$v>3.0$cm/s,也就是超过此控制值后,必须停工整改,通常需改变施工方法,如由长进尺改为短进尺爆破开挖。

5.4 监测仪器

5.4.1 监测仪器基本要求

用于隧道与地下工程的量测仪器所处的环境条件十分恶劣(高粉尘、高湿度、低照度),有的要长期在潮湿的环境或水下工作,有的要在-30℃~50℃的交变温度场中工作。从施工时埋设,直到工程运营期长达10年以上。一般来说,仪器一旦埋设就无法修理和更换,甚至观测人员都难以到达仪器布设的地方。因此,对仪器除了技术性能和功能符合使用的要求外,通常设计制造要满足以下要求:

①高可靠性。设计要周密,要采用高品质的元器件和材料制造,并要严格地进行质量控制,保证仪器埋设后完好率在95%以上。

②长期稳定性好。零漂、时漂和温漂满足设计和使用所规定的要求,一般有效使用寿命在10年以上。

③精度较高。必须满足测量实际需要的精度,有较高的分辨率和灵敏度,有较好的直观性和复杂性,观测数据不受长距离测量和环境温度变化的影响,如果有影响,所产生的测值误差应易于消除。仪器的综合误差一般应控制在2%F・S以内。

④恶劣环境耐受性好。可在温度-25℃~60℃,湿度95%的条件下长期连续工作。设计有防撞和过载冲击的保护装置,耐酸、耐碱、防腐蚀。

⑤密封耐压性良好。防潮密封性良好,绝缘度满足要求,在水下工作要能承受设计规定的耐水压力。

⑥操作简单。埋设、安装、操作方便,容易测读,最好是直接数显。

⑦结构牢固。能够耐受运输时的振动及在工地现场埋设安装可能遭受的碰撞、倾倒,在混凝土振捣或碾压时不会损坏。

⑧维修要求不高。选用通用易购的元器件,便于检修和定时更换,局部故障容易排除。

⑨适于施工。埋设安装时与工程施工干扰要小,能够顺利安装的可能性要大,不需要交流电源和特殊的影响施工的手段。

⑩价格合理。包括仪器购价、维修费用和施工费用、配套的仪表、传输信号的电缆等直接和间接费用应尽可能低。

应尽量购买同一厂家仪器,尽量选购能够数显和自动存储、性能稳定、便于携带和维修的频率接收仪与之配套。

5.4.2 监测仪器原理

常用传感器包括差动电阻式传感器、钢(振)弦式传感器、电感式传感器、电阻应变片式传感器、电容式传感器、压阻式传感器、伺服加速度计传感器等几种类型。差动电阻式传感器利用张紧在仪器内部的弹性钢丝作为传感器元件,将仪器受到的物理量转变为模拟量;钢弦式传感器利用钢弦的自振频率与钢弦所受到的外加张力关系式测得各种物理量;电感式传感器利用线圈电感的变化来实现非电量电测;电阻应变片是一种将机械构件上应变的变化转为电阻变化的传感元件。目前常用于隧道的量测传感器主要是钢弦式传感器,常见的混凝土应变计、压力盒等均采用此类传感器。

钢弦式传感器具有结构简单、坚固耐用、抗干扰能率强、测值可靠、精度与分辨率高和稳定性好等优点;其输出为频率信号,便于远距离传输,可以直接与计算机接口。钢弦式传感器的一般工作原理是:钢弦放置在磁场中,用一定方式对钢弦加以激振后,钢弦将会发生共振,共振的弦线在磁场中作切割磁力线运动,因此,可在拾振线圈中感应出电势u,感应电势的频率就是振弦的共振频率。由力学原理可知,钢弦的共振频率与弦线所承受的张力或拉力与传感器

所承受的压力或位移成线性关系,因此测得钢弦的共振频率即可求出待测物理量(压力或位移)。这类传感器有两种形式:一种是双线圈,一只是激振线圈,激振振弦让弦振动起来,另一只是拾振线圈,它是能把振弦的机械振动转换为同频率的感应电动势的装置;另一种是单线圈,这种传感器激振线圈和拾振线圈为同一个线圈,激振和拾振分时进行,先激振,后拾振。单线圈振弦式传感器使用中主要解决两个问题:第一,激振方法,即用什么方法使振弦振起来;第二,拾振方法,包括拾振线圈中的微弱电动势的拾取,得到电动势的频率和频率量测量两部分;如果要使单线圈振弦式传感器被激励(振动)起来,测量电路需要间断地馈送电流给传感器的激振线圈。

在现场测试中,常利用钢弦式应变计或压力盒作为量测元件,其基本原理是由钢弦内应力的变化转变为钢弦振动频率的变化。根据数学物理方程中有关弦的振动微分方程可推导出钢弦应力与振动频率有如下关系:

$$f=\frac{1}{2L}\sqrt{\left(\frac{\sigma}{\rho}\right)} \tag{5-1}$$

式中:f——钢弦振动频率;

L——钢弦长度;

ρ——钢弦的密度;

σ——钢弦所受的张拉应力。

以压力盒为例,当压力盒已做成后,L、ρ 已为定值,所以,钢弦频率只取决于钢弦上的张拉应力,而钢弦上产生的张拉应力又取决于外来压力 P。从而钢弦频率与薄膜所受压力 P 有如下关系:

$$f^2-f_0^2=K\cdot P \tag{5-2}$$

式中:f——压力盒受压后钢弦的频率;

f_0——压力盒未受压时钢弦的频率;

K——标定系数,与压力盒构造等有关,各压力盒各不相同;

P——压力盒底部薄膜所受的压力。

第6章　软岩隧道施工对策

6.1　变形控制理念

软岩隧道变形控制的理念主要可归纳为两个截然相反的思路，一个是为了减轻作用在支护上的荷载，容许一定位移的变形；一个是为了控制围岩松弛而尽可能早的采用强支护以控制位移，即所谓的“柔性支护”和“刚性支护”控制变形的理念。

6.1.1　柔性支护控制理念

柔性支护控制理念是允许围岩变形，但控制围岩产生有害变形。如采用多重支护、可缩式支护和分阶段综合控制变形等方法，它们的基本理念相同，都是容许围岩变形，释放地应力，减小支护压力，同时又能约束围岩松弛和过度变形，保持隧道稳定。

(1)多重支护

预留足够允许变形量和二次支护空间，在超前支护或初期支护下，开挖后先设置第一层支护，约束围岩的初期变形；而后在距掌子面后方一定距离设置第二层支护，使隧道稳定，从而控制围岩大变形。本方法的概念是允许一次支护发生屈服，设置二次支护后，地压和支护反力应得到平衡。此法二次支护需要预留的支护空间较大，需要二次支护作业平台等。

(2)可缩式支护

预设足够预留变形量和二次支护空间，在超前支护或初期支护下，隧道开挖后及时架设可缩式钢架等支护体系，允许产生较大变形，释放围岩压力，但是要保持支护变形与围岩压力的平衡，防止围岩过度松弛，导致隧道围岩压力增大。可缩式支护结构工艺复杂，技术要求高，施工工期较长。

(3)分阶段控制变形

分阶段控制变形的方法，是根据位移的发生，用增打锚杆、增喷混凝土、缩小钢架间距或者采用喷早强混凝土、高承载力锚杆和钢架等，分阶段地通过支护刚性控制位移的方法，这是通常采用的工法。例如，开挖后先设置中短系统锚杆、钢架、喷混凝土支护，约束围岩的初期变形；而后在距掌子面后方3*D*左右的位置，设置系统长锚杆补强加固围岩，必要时采用网喷混凝土或钢架喷混凝土支护补强。该方法先期支护因刚性不足，仅能约束围岩的初期变形，难以控制变形；利用长锚杆补强方式分阶段地提高支护刚性来控制位移，使隧道趋于稳定。该方法需要预留的支护补强空间较小，在工作面后方施作补强锚杆有利于长锚杆施工，有利于锚杆数量与质量检查,也有利于施工平行作业。

6.1.2 刚性支护控制理念

刚性支护控制变形通常指采取加强支护和衬砌刚度以及提高围岩的自支护能力两种措施。

(1)加强支护和衬砌的刚度

这种措施是在浅埋地层、地层自重或围岩压力小、地层松软条件下,为了控制地面沉降变形或隧道变形,而采用系统长锚杆、重型钢架和大厚度喷射混凝土支护等,加大模筑混凝土结构刚度,并实现尽早闭合的方法。

(2)提高围岩的自支护能力

在浅埋地层、地层自重或围岩压力小、地层松软条件下,为了减小地面沉降变形或隧道变形,着力改善并加固地层,采用深孔大范围超前注浆或刚性较大的水平旋喷或大管棚超前支护、掌子面超前长大锚管加固,提高围岩强度和刚度。

上述第(1)种方法适用于地表有结构物,对沉降控制有一定的要求,不具备在地面采取工程措施的条件下,只有在洞内采取加强的工程措施。第(2)种方法适用于洞口段或浅埋隧道段,附近有结构物,对隧道沉降或变形有较高的要求,地表作业场地开阔,工期比较紧张的情况,可大面积同时进行地层的加固改良,这种方法工艺简单,质量可靠,施工速度快,但投资较高。

6.2 变形控制的基本原则

"预支护、快开挖、快支护、快闭合"是软岩隧道控制变形的基本原则。

预支护——在开挖前,针对开挖后预计的变形实态,事前采取的控制变形对策,即掌子面前方先行位移和挤出位移的控制。

快开挖——采取全断面法或台阶法进行快速掘进的对策,即进尺及分布距离的控制。

快支护——采取初期支护控制变形的对策,即初期位移速度及最终位移值的控制。

快闭合——使变形早期收敛的对策,即收敛距离的控制或位移收敛时间的控制。

在复杂地形、地质条件下,一个原则就是要"预支护、快开挖、快支护,快闭合",重点是"预支护"和"快闭合",尽可能地在短时间内使开挖后的断面(横断面及纵断面)闭合,是非常重要的,如上台阶的临时闭合、各种导洞的临时闭合以及整个断面的闭合等。施工中虽然都能认识到及时闭合的重要性,但常常由于技术上的、管理上的原因却做不到这一点。因此改善技术现状和提高管理水平显得异常重要。

在断面闭合上,时间概念非常重要,因为开挖后的围岩动态的发展与时间密切相关。

众所周知,隧道开挖后,随着时间的推移,变形也在发展。一般刚开挖过后,变形发展很快,掌子面前方先行位移、掌子面挤出位移以及掌子面后方位移都在发展,即初期变形速度很快,而且变形值也比较大。因此,如果能够控制住这些变形的初期发展,也就控制了变形的后期发展,就可以控制隧道围岩的松弛。因此,在控制掌子面前方先行位移和挤出位移的基础上,应及早控制开挖后的位移发展。

另一个时间概念就是从开挖到初期支护全断面闭合的时间。在复杂地形、地质条件下，从开挖到全断面初期支护的闭合时间越短越好，闭合距离也是越短越好，因为初期支护全断面闭合的过程，就意味着隧道变形逐渐趋于稳定（收敛）的过程，而闭合距离，基本上要求在距掌子面2～3倍的隧道开挖跨度之内，甚至更短一些。例如在法兰克福地铁隧道中，这一时间减少到9个小时，使地表下沉进一步减少；在日本的新干线和公路隧道中，之所以多采用微台阶法的全断面开挖方法，其目的就是缩短全断面的闭合时间。

这里强调的断面闭合是指初期支护的断面闭合，而不是二次衬砌的紧跟。不管是采用喷混凝土，还是格栅钢架、型钢钢架，或喷混凝土仰拱，都一定要使之闭合，这样做虽然对后续作业有一定影响，但仍应尽量做。支护结构闭合与不闭合对控制周边围岩的位移和松弛具有不可忽视的影响，其承载力可能有数量级之差。

应该说在复杂地形、地质条件下，所谓的快速施工，实质上就是体现在“大幅度的缩短断面闭合时间”上。

总结近几十年新奥法的实践经验，在复杂地形、地质条件下，山岭隧道施工最基本的经验就是，“断面的初期支护早期闭合”，这已为众多实例所证实。

全断面早期闭合工法的优点可归纳为：施工简便；能够采用大型机械施工，开挖速度快；断面形状良好，周边围岩应力状态良好；支护效率高；能够把隧道开挖影响控制在最小限度。

因此，对围岩状态差、需要极力控制变形影响的隧道，采用使最终断面早期闭合的全断面法和带辅助台阶的全断面法，是最佳选择。

6.3　施工对策及注意事项

①加强超前预报工作。开挖前预先探明要预报的掌子面前方的岩体状况，如有无地下水、有无破碎带等，做到开挖前心中有数，并做好相应的准备工作。

②加强监控量测工作。施工过程中必须加强监控量测，特别是拱顶下沉和净空收敛监测，通过收集到的围岩变形信息，判定隧道围岩—支护体系的稳定状态、支护结构参数和施工方法的合理性，并据此确定预留变形量的大小、初期支护设计和二次衬砌施作时间。

③隧道开挖应预留变形量，一次成洞，避免二次开挖引起的工期耽误和成本增加。预留变形量的确定应基于理论计算和监控量测结果。

④掌子面开挖后，应立即向包括掌子面的裸露围岩喷混凝土，以减少围岩的裸露时间，避免围岩的风化和松动。

⑤避免洞内积水，有水应及时排出或抽走，防止围岩被水浸泡，避免围岩遇水软化。

⑥围岩松散破碎情况下，保证掌子面稳定至关重要。为此，应控制开挖进尺（每循环以一榀拱架为宜），加强超前支护工作，保证超前支护施工质量，并预留核心土对掌子面起支撑作用，防止掌子面垮塌。

⑦开挖后尽快施加钢拱架、锚杆、钢筋网和喷混凝土联合初期支护，应尽量提高初期支护的刚度和强度，特别是初期支护间的紧密连接，使其形成整体性初期支护。

⑧钢拱架是初期支护的主要部分，但围岩变形很大时，除了增大钢拱架型号以主要提高钢支撑的横向刚度外，必要时增加纵向工字钢将多榀钢拱架连接在一起。研究发现，隧洞底部钢

拱架曲线封闭能有效控制围岩变形,建议施工中采用,封闭后用石渣回填覆盖。设置锁脚锚杆,保证钢拱架下部支撑。

⑨实践证明,长短锚杆结合对控制软岩大变形非常有效,在隧洞断面较大的情况下,应尽量采用长短锚杆结合的方式。洞径大于 10m 时可采用 6m 和 9m 长的锚杆进行长短布置,同时,遇到围岩较为破碎的情况应适当缩小锚杆间距。锚杆端部要设置刚性垫块以保证正常受力。

⑩喷混凝土不仅对防止围岩风化有效,与钢筋网和钢拱架联合支护时能提供围岩较大的支护阻力,可为围岩提供较大的围压,从而防止围岩强度和弹性模量的降低。当围岩变形大到混凝土开裂失效时,应及时补喷混凝土。

⑪二次衬砌能提供强大的支护阻力,为围岩提供很大的围压(>2.5MPa),且 2 倍洞径内施加二次衬砌更为有效。因此,在条件允许的情况下,应尽早施作二次衬砌。

⑫在保证隧洞施工安全的前提下,应尽量加快施工进度。

第 7 章 软岩隧道工程实例

7.1 工程概况

7.1.1 工程简介

锦屏水电枢纽工程的总装机容量为 840 万 kW，是目前仅次于三峡（2240 万 kW）、溪洛渡（1260 万 kW）和白鹤滩（1200 万 kW）的第四大水电枢纽工程。其中锦屏二级装机容量为 480 万 kW，是雅砻江干流规划建设的 21 座梯级水电站中装机规模最大的水电站。锦屏二级水电站是利用 150km 长的锦屏大河湾，裁弯取直，开挖隧洞集中水头引水发电（图 7-1）。电站

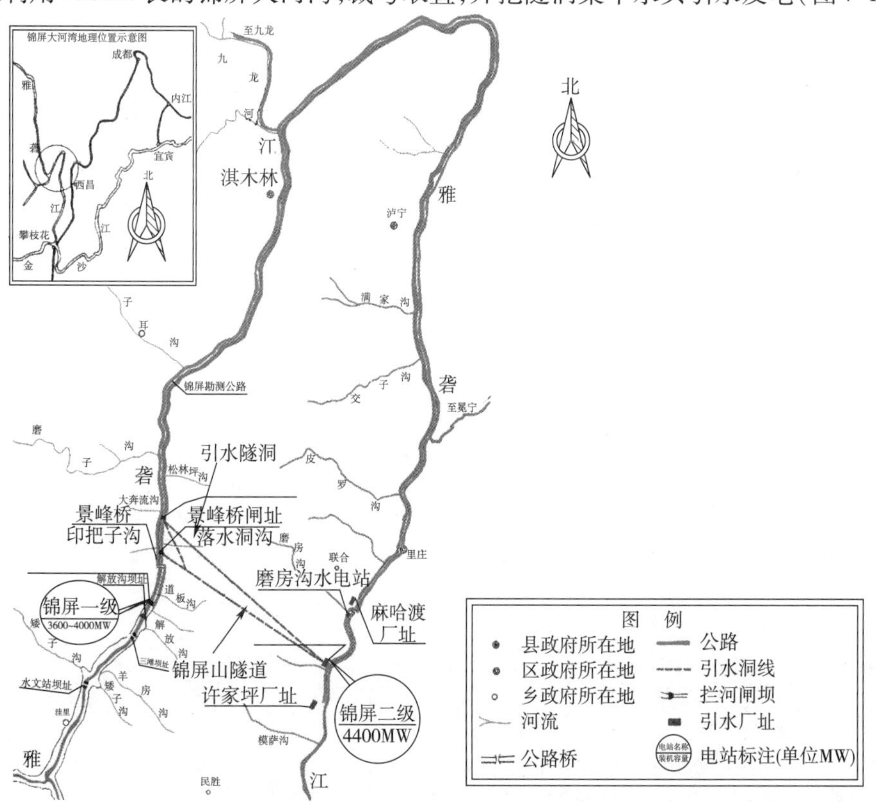

图 7-1 锦屏引水隧洞地理位置

最大水头321m,额定水头288m,共安装8台混流式水轮发电机组,单机容量600MW。工程枢纽(图7-2)主要由首部拦河闸、引水系统、地下厂房三大部分组成,为低闸、长隧洞、高水头、大容量引水式电站。

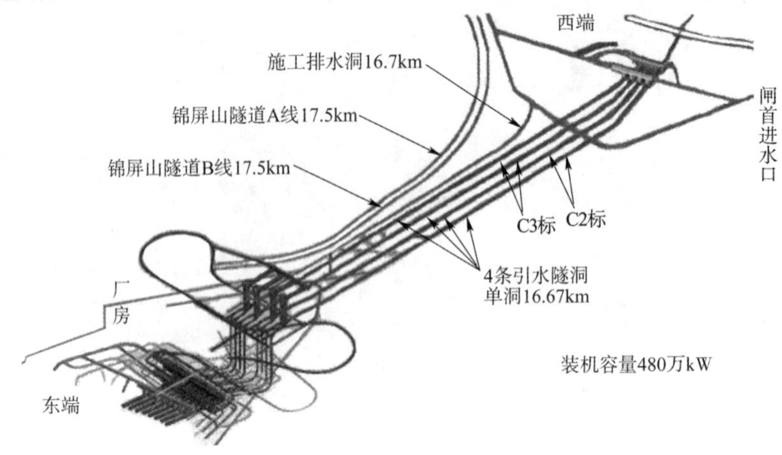

图7-2 锦屏二级水电站工程枢纽

锦屏水电站引水系统采用4洞8机布置,四条平行布置的引水隧洞自景峰桥至大水沟,穿越锦屏山,进水口至上游调压室的平均洞线长度约16.7km,隧洞中心距60m,洞主轴线方位角为N58°W,引水隧洞立面为缓坡布置,底坡0.365%(图7-3),由进口底板高程1618.00m降至高程1564.70m,与上游调压室相接,引水隧洞沿线上覆岩体一般埋深1500~2000m,最大埋深约为2525m,其中埋深大于1500m的连续洞段长度占全洞长的75%,隧洞开挖洞径13~14.6m,断面面积137~172.3m^2,具有埋深大、洞线长、洞径大、水头高等特点。引水隧洞西端采用钻爆法施工,东端采用TBM和钻爆法施工,中铁二局承建西端合同C2标(1号、2号隧洞),无条件开设辅助通道做到长隧短打,原合同任务6944m(1号洞2372m、2号洞4572m),后因施工进度和总工期的要求,延长到10240m,较原合同新增3296m洞长。各条隧洞相对位置断面、西段施工支洞分别如图7-4、图7-5所示。

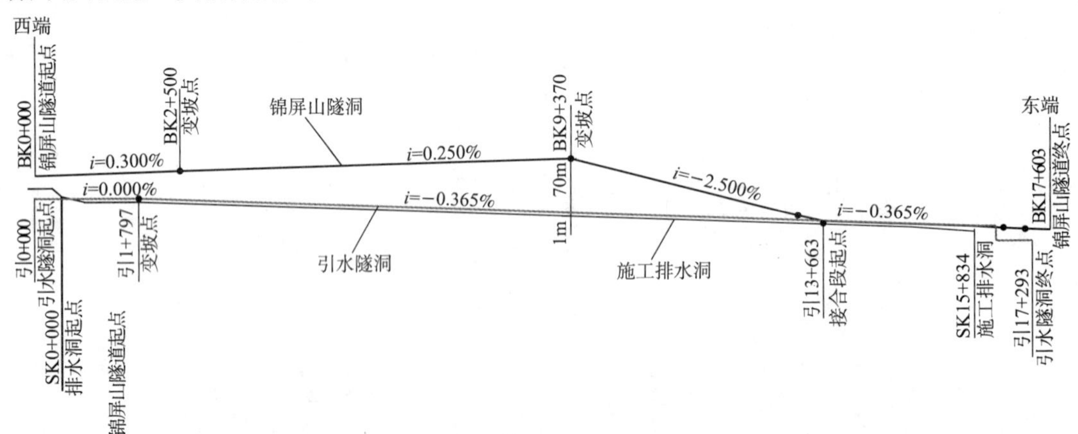

图7-3 引水隧洞、锦屏山隧道、施工排水洞纵向布置图

锦屏水电站引水隧洞均长16.67km,沿线地质条件复杂,最大埋深达2525m,超过了世界著名的哥达基线铁路隧道(最大埋深2300m),与目前世界上埋深最大的法国谢拉水电站引水

隧洞(最大埋深2619m)接近,最大埋深位居世界第二,而其埋深大于1500m的连续洞段(12.8km)占隧道全长的75%,居世界之首,隧洞开挖断面面积达137~172.3m^2,超过哥达基线铁路隧道(开挖断面81~134m^2),其超深埋大断面特性居世界之首。施工过程中Ⅳ类围岩段累计超过1000m,且埋深达1500~1850m,为国内外罕见;与此同时,引水隧洞西端钻爆法施工、无轨运输、大断面(114m^2)掘进为我国隧道之最。

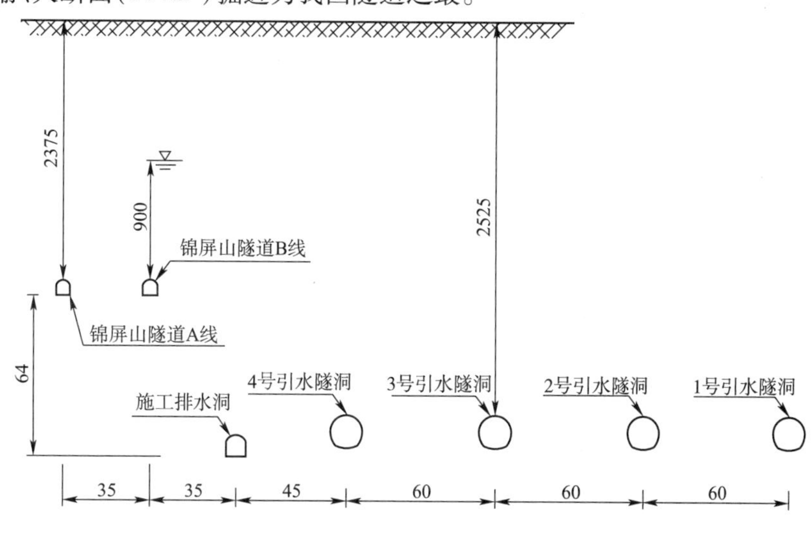

图7-4 各条隧洞相对位置横断面图[引(1)4+500m](尺寸单位:m)

7.1.2 工程地质

(1)地形地貌

雅砻江河谷呈典型的V形断面,两岸山坡陡峭。除东、西雅砻江两岸及局部沟谷外,整个隧洞沿线地形起伏,高程均在3000m以上,最高山峰达4125m,由白山组大理岩组成地形主分水岭。该主分水岭两侧地形不对称,东侧宽而西侧窄;山麓和冲沟内多见崩坍堆积物及倒石堆,在沟口形成冲积锥。山高、谷深、坡陡,是工程区地形地貌的基本特点,图7-6为引水隧洞西端支洞地形地貌图。

(2)地层岩性

锦屏工程区内出露的地层为前泥盆系~侏罗系的一套浅海~滨海相、海陆交替相地层。区内三迭系广布,分布面积约占90%以上,其中碳酸盐岩出露面积占70%~80%。

三迭系地层构成了引水隧洞、锦屏山隧道、排水洞的主要围岩,主要为西部三迭系下统(T_1)、盐塘组(T_{2y})、杂谷脑组(T_{2z})、白山组(T_{2b})、三迭系上统(T_3)及第四系角砾岩。根据引水隧洞已揭露及锦屏山隧道开挖揭露洞段的资料,引水隧洞线地层岩性分布如图7-7所示。其中工程软岩主要集中在三迭系下统(T_1)。

该地层由绿砂岩、绿泥石片岩、绿砂岩与灰白色或浅肉红色大理岩组成,呈互层状。单层厚度在20~60cm不等,其中绿泥石片岩的各向异性明显,产状变化较大,以SN~N20°EW/NW∠75°~85°为主,该地层构成落水洞背斜的核部。该套地层岩性复杂,岩相变化较大,根据其岩性变化特征,大致可分为四个亚层(T_1^1、T_1^2、T_1^3、T_1^4)。

T_1':为绿泥石片岩,顺层常有灰白色大理岩条带及透镜体,具片状构造。层厚大于104m。

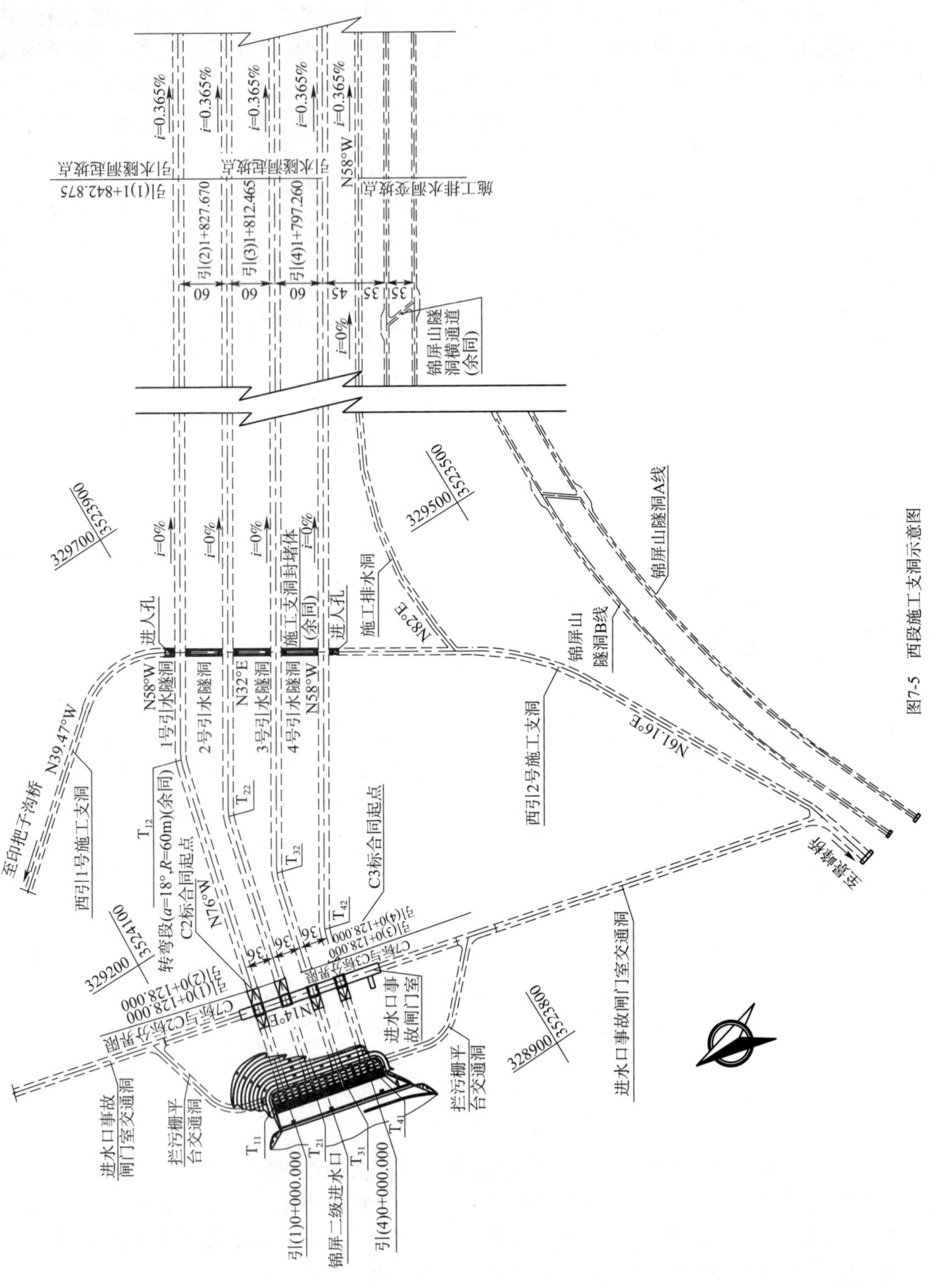

图7-5 西段施工支洞示意图

T_1^2:为灰白色厚层状大理岩及大理片岩夹具片理构造的绿泥石片岩。据钻孔及测绘表明,该层岩溶不发育,仅见少量沿裂隙面的溶蚀现象,未发现有岩溶管道,层厚35.9m。

T_1^3:下部为灰绿色绢云母片岩夹灰白色层状大理岩;中部为灰绿～灰白色中厚层状黑云母片岩夹灰白色薄层片状大理岩,含石英透镜体;上部为灰绿～白色中厚层角砾状、条带状大理岩夹绿泥石片岩,层厚124.3m。

T_1^4:灰绿色变质粉细砂岩,夹白色条带状大理岩,具片状构造。层厚96.7～119.6m,主要分布在进水口布置范围内。

图7-6　引水隧洞西端支洞口地形地貌

(3)围岩分类与强度

隧洞西部围岩由三迭系(T)地层组成,岩性主要为碳酸盐岩及少量砂岩、板岩、绿泥石片岩。围岩以Ⅱ、Ⅲ、Ⅳ类为主,Ⅳ类围岩约占T_1地层的23%～30%,Ⅱ、Ⅲ类围岩稳定性较好,以绿泥石片岩为主的Ⅳ类围岩相当于铁路围岩分级的Ⅳ～Ⅴ级。

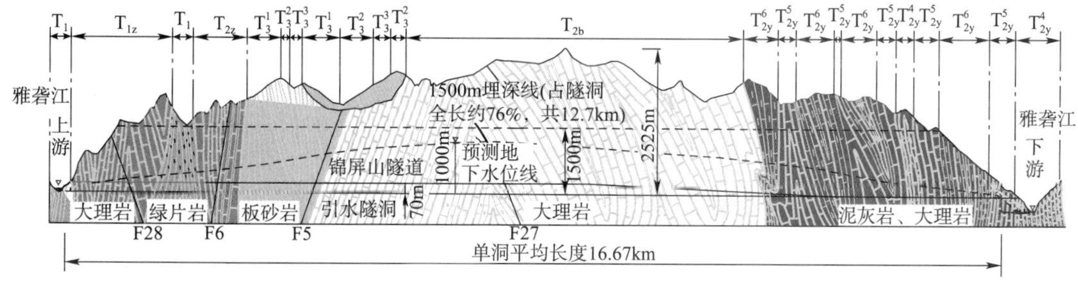

图7-7　引水隧洞地质纵剖面图

根据锦屏山隧道西端情况,岩石的饱和单轴抗压强度:砂板岩22～114MPa,T_{2z}大理岩55～80MPa,T_{2b}大理岩60～210MPa(抗拉强度达到8MPa),绿砂岩10～40MPa,绿泥石片岩3～40MPa。

(4)T_1地层及绿泥石片岩洞段分布

根据前期锦屏山隧洞开挖揭露的地质情况,锦屏山隧道A线、B线分别于桩号AK2+141～2+567m(长426m)和桩号BK2+129～2+588m(长459m)揭露下三迭统下统T_1绿泥石片岩地层。该地层地质条件复杂,岩性变化频繁,揭露的岩石主要有绿砂岩、绿砂岩大理岩互层、绿泥石片岩大理岩互层、绿泥石片岩等,其中绿泥石片岩岩体质量相对较差,以Ⅳ类围岩为主,但纯绿泥石片岩洞段较短,约40m,其余大部分洞段岩体以Ⅱ、Ⅲ类围岩为主。根据T_1地层走向及产状推测4条引水隧洞应于桩号引2+080～2+110m左右进入T_1地层。

但西端1号、2号引水隧洞实际自2008年5月和6月先后进入T_1地层。1号引水隧洞T_1地层揭露桩号为引(1)1+535m～1+759m,2号引水隧洞揭露桩号为引(2)1+613m～1+643m,这比推测结果大大提前,详见图7-8及表7-1。

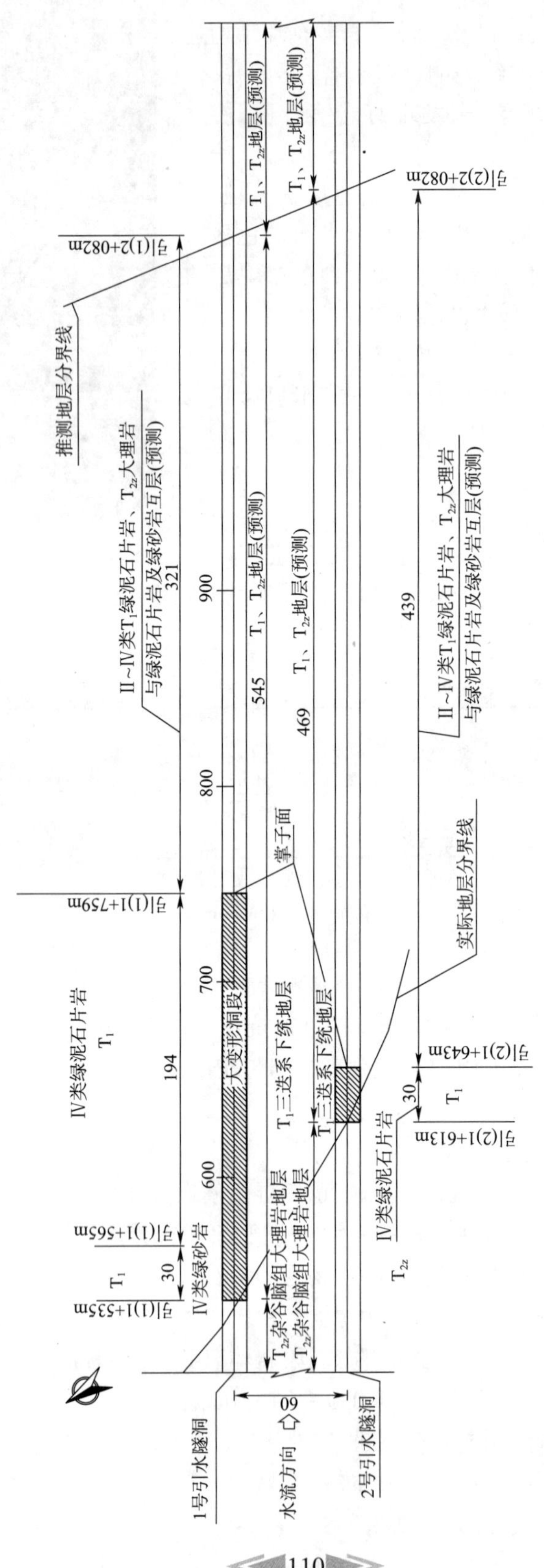

图7-8 西端引水隧洞T_1地层及其岩性分布图（尺寸单位：m）

T_1地层揭露情况　　表 7-1

隧洞编号	预测 T_1 地层		已揭露 T_1 地层	
	起止里程	长度(m)	起止里程	长度(m)
1 号引水隧洞	2 +080 ~2 +606	526	1 +535 ~1 +759	224
2 号引水隧洞	2 +082 ~2 +579	497	1 +613 ~1 +643	30
总长(m)		1023	254	

注:由于 T_1 地层较预测提前揭露,缺乏相关的设计和施工经验,导致大变形的发生,长度 254m。

也就是说引(1)1 +535m ~1 +759m 和引(2)1 +613 ~1 +643m 段揭露的 T_1 地层未在锦屏山隧道中出现,判断为 T_1 地层受 NW 向复式褶皱影响而“提前”出露(图 7-9),该段揭露了性质较纯的绿泥石片岩,以Ⅳ类围岩为主,岩体强度较低,具有遇水软化的特性。

图 7-9　揭露的绿泥石片岩

T_1 地层岩性主要为绿砂岩、绿泥石片岩,局部夹杂少量白灰 ~ 肉红色大理岩,其中引(1)1 +535m ~1 +759m 和引(2)1 +613 ~1 +643m 段,即提前揭露的部分 T_1 地层,其岩性为绿泥石片岩,围岩为Ⅳ类,埋深介于 1500 ~1850m(图 7-9),引水隧洞施工至该地层时普遍存在围岩变形较大的现象,在已有的支护条件下,隧洞围岩变形侵占设计衬砌净空普遍都在 20cm 以上,大部分为 20 ~60cm,局部超过 1m。

7.1.3　岩溶及水文地质

(1)岩溶情况

引水隧洞岩溶主要沿 NWW 向 ~NEE 向张性构造带、裂隙带发育,且受岩层产状、褶皱、断层和裂隙的控制,构造是岩溶发育的主控因素。引水隧洞西端近岸坡地带岩溶发育程度一般较弱,前期进水口勘察中仅在各平洞及钻孔内偶见沿溶蚀裂隙发育的小溶孔,西引 1 号、2 号施工支洞及闸门井交通洞内也很少看到岩溶发育迹象,岩溶发育主要集中于引水隧洞近岸坡的局部洞段,深部岩溶局部较发育。

从岩溶发育情况来看,引水隧洞西端局部岩溶发育相当集中,大多出露于引水隧洞 0 +250 ~0 +450m 洞段及 1 号、2 号引水隧洞 1 +460 ~520 段,其余洞段偶见发育小型溶洞或溶蚀裂隙。所揭露的岩溶形态一般均以近垂直的为主(图 7-10)。

在洞室施工过程中揭露出规模不一的溶洞,最大可达 10m 以上。据统计,在 T_{2z} 大理岩中共揭露出大小不等的岩溶形态 211 个;形态以不规则的亚圆形为主,充填情况不一,其中直径大于 10m 的大型溶洞有 3 个,占总数的 1.42%;中型溶洞(直径 5 ~10m)有 3 个,占总数的

1.42%；小型溶洞（直径0.5～5m）有33个，占总数的15.46%；溶蚀宽缝（宽0.5～2.5m）6条，占总数的2.84%；溶穴（直径10～50cm）128条，占总数的60.66%；溶孔（<0.1m）38条，占总数的18.02%。

图7-10　1号引水隧洞揭露的岩溶

（2）水文地质情况

受NNE向主构造线与横向（NWW、NEE）扭～张扭性断裂交叉网络的影响，构成了河间地块地下水的集水和导水网络。因此整条洞线的地下水主要受层面及NEE～NWW向构造结构面所控制，当隧洞穿越不同地段的含水层将会遇到不同程度的涌水。

根据工程地质资料的介绍，区域最高地下水位约为2623m，最大压力水头约为1000m，锦屏山隧道西端多次涌水压力在3～4MPa，局部达5～7MPa。施工期涌突水按5～7m^3/s考虑。

7.1.4　不良工程地质

（1）突（涌）水

工程区内地表岩溶虽不发育，但赋存有丰富的地下水（图7-11），由NNE、NEE、NWW向三组结构面构成主要导水网络。预测引水隧洞开挖过程中将遇突水现象，且具有水压力大、突发性、随机性的特点，这一点在锦屏山隧道的开挖过程中和引水隧洞引（1）1+490已得到证实。锦屏山隧道内曾发生瞬时涌水量≥0.1m^3/s的突水点16处，最大突水点是锦屏山隧道BK2+633m处的集中涌水，最大瞬时涌水量达7.3m^3/s（实际瞬间流量为15.6m^3/s），其次是BK1+138为5～7m^3/s；同时2008年4月25日在引（1）1+490揭露的突涌水瞬间达到3m^3/s，并在当天下降至200L/s，随后稳定在70L/s。但这些涌水点除具有突发性的特点外，其涌水初期还携带有大量砂黏土，造成洞内淤积。但其出水带的共同特点是补给源弱，而引（1）1+490和BK1+138水量有限，在BK2+633净储水量较大。

a）锦屏山隧道岩溶涌水

b）引水隧洞特大涌水（3.7m^3/s）

图7-11　现场突涌水

(2)围岩破坏

①高地应力和岩爆是本工程的主要地质问题。隧洞线高程最大和最小主应力分别为80MPa和30.1MPa,以自重应力为主。岩爆等级以轻微~中等为主,其形式为剥落、松脱、弹射;其类形为零星、成片、连续。局部将发生强烈岩爆,其形式为剥落、松脱、弹射。在同一部位,有些甚至滞后几天仍有同级岩爆发生,因此岩爆将是引水隧洞掘进过程中会遇见的主要岩体破坏现象之一,也是最大的威胁。

②高地应力条件下软岩大变形是引水洞的主要地质灾害,揭露的T_1地层已经表现为较大的变形和支护扭曲等现象,据不完全统计,其变形率已达到7%左右,并结合锦屏山隧道的变形分析认为,绿片岩(T_1地层)和砂板岩地层(T_3)及千枚岩地层中,因受不利结构面和X节理影响及受地应力影响,容易发生大变形与坍塌等现象,并给施工安全带来隐患。图7-12a)为引(3)8+950拱肩发生的中等~强烈岩爆,图7-12b)为引(1)+759塌方。

a)引(3)8+950拱肩岩爆

b)引(1)1+759掌子面塌方

图7-12 围岩破坏

7.1.5 引水隧洞设计参数

根据引水隧洞地质分类以及支护设计统计经验,拟定西端引水隧洞不同围岩类别的支护形式。考虑引水隧洞各岩层洞段的围岩力学性质、地应力水平和开挖洞径,采用国际上常用的根据围岩变形大小判断围岩稳定状态的方法确定隧洞围岩的变形控制标准。各支护设计参数见表7-2,典型支护断面如图7-13所示。

支护设计参数　　表7-2

支护形式	支护的主要参数说明
S1	边拱顶280°范围初喷CF30(硅粉)钢纤维混凝土,厚10cm,局部挂网并系统布置带垫板砂浆锚杆ϕ25,L=4.5m,@1.5m×1.5m
S2	边拱顶280°范围初喷CF30(硅粉)钢纤维混凝土,厚10cm,局部挂网并系统布置带垫板砂浆锚杆ϕ28,L=4.5m/6m,@1.5m×1.5m
S3	边拱顶280°范围初喷CF30(硅粉)钢纤维混凝土,厚10cm,局部挂网并系统布置带垫板砂浆锚杆ϕ28,L=6m,@1.5m×1.5m。拱顶180°范围布置随机涨壳预应力锚杆ϕ28(120kN),L=3m或水胀式锚杆,ϕ33~36,L=3m。边拱顶280°范围随机布置钢筋拱肋
S4	拱顶120°范围布置超前自钻式中空注浆锚杆/小导管ϕ42×4,L=4.5m,@=0.8m,外插角10°~30°。边拱顶280°范围喷CF30(硅粉)钢纤维混凝土,厚10cm+10cm,全断面系统布置带垫板砂浆锚杆ϕ32,L=6m/8m,@1.0m×1.0m。边拱顶280°范围布置格栅钢架,间距1m

续上表

支护形式	支护的主要参数说明
S5	边拱顶280°范围初喷CF30(硅粉)钢纤维混凝土,厚10cm,局部挂网并系统布置带垫板砂浆锚杆$\phi28$,L=6m,@1.5m×1.5m
S6	拱顶120°范围布置超前自钻式中空注浆锚杆$\phi28$/小导管$\phi42\times4$,L=4.5m,@ =0.6m,外插角10°~30°。边拱顶280°范围喷CF30(硅粉)钢纤维混凝土,厚10cm+10cm,全断面系统布置带垫板砂浆锚杆$\phi32$,L=8m/10m,@1.0m×1.0m。边拱顶280°范围布置格栅钢架,间距1m
S7	边拱顶280°范围初喷CF30(硅粉)钢纤维混凝土,厚10cm,局部挂网并系统布置带垫板砂浆锚杆$\phi32$,L=6m/8m,@1.0m×1.0m
S8	边拱顶120°范围布置超前自钻式锚杆$\phi28$/小导管$\phi42\times4$,L=4.5m,@ =0.6m,外插角10°~30°。全断面喷CF30(硅粉)钢纤维混凝土,厚10cm+10cm,全断面系统布置带垫板砂浆锚杆$\phi32$,L=8m/10m,@1.0m×1.0m。全断面布置格栅钢架,间距1m
S9	边拱顶280°范围初喷CF30(硅粉)钢纤维混凝土,厚10cm,边拱顶280°范围挂网$\phi8$@15×15+喷C25混凝土10cm厚且系统布置带垫板砂浆锚杆$\phi28$,L=6m,@1.5m×1.5m。边拱顶280°范围系统布置涨壳式预应力锚杆$\phi32$(120kN),L=4m或水胀式锚杆$\phi33$~$\phi36$,L=4m,@1.5m×1.5m。边拱顶280°布置钢筋拱肋,间距1.5m
S10	边拱顶280°范围初喷CF30(硅粉)钢纤维混凝土,厚8cm,并挂网$\phi8$@15×15+喷C25混凝土12cm厚且系统布置带垫板砂浆锚杆$\phi28$,L=6m,@1.5m×1.5m
S11	边拱顶280°范围初喷CF30(硅粉)钢纤维混凝土,厚8cm,并挂网$\phi8$@15×15+喷C25混凝土12cm厚且系统布置带垫板砂浆锚杆$\phi32$,L=6m/8m,@1.5m×1.5m
S12	边拱顶280°范围初喷CF30(硅粉)钢纤维混凝土,厚10cm,并挂网$\phi8$@15×15+喷C25混凝土10cm厚且系统布置带垫板砂浆锚杆$\phi32$,L=8m,@1.5m×1.5m。拱顶180°范围随机布置涨壳式预应力锚杆$\phi28$(120kN),L=3m或水胀式锚杆$\phi33$~$\phi36$,L=3m。边拱顶280°范围随机布置钢筋拱肋
S13	边拱顶280°范围初喷CF30(硅粉)钢纤维混凝土,厚10cm,并挂网$\phi8$@15×15+喷C25混凝土10cm厚且系统布置带垫板砂浆锚杆$\phi32$,L=8m,@1.5m×1.5m。拱顶180°范围系统布置涨壳式预应力锚杆$\phi32$(120kN),L=4m或水胀式锚杆$\phi33$~$\phi36$,L=4m,@1.5m×1.5m。边拱顶280°范围随机布置钢筋拱肋,间距1.5m
S14	边拱顶280°范围初喷CF30(硅粉)钢纤维混凝土,厚10cm,并挂网$\phi8$@15×15+喷C25混凝土10cm厚且系统布置带垫板砂浆锚杆$\phi32$,L=10m,@1.0m×1.0m。拱顶280°范围系统布置涨壳式预应力锚杆$\phi32$(120kN),L=5m或水胀式锚杆$\phi33$~$\phi36$,L=5m,@1.0m×1.0m。边拱顶280°范围随机布置钢筋拱肋,间距1.0m
S15	边拱顶180°范围布置自钻式中空注浆锚杆$\phi32$/小导管$\phi45\times5$,L=6m,@ =0.5m,外插角10°~30°。全断面喷CF30(硅粉)钢纤维混凝土,厚10cm+10cm。全断面布置带垫板砂浆锚杆$\phi32$,L=8m/10m,@1.0m×1.0m

注:1. 超前小导管插入岩体后应注入M20水泥砂浆或水泥浆至密实,并需要与格栅(型钢)拱架焊接。

2. 拱肋钢筋搭接采用单面焊,焊接长度不小于$10d$。

3. 格栅拱架连续使用数量不得少于3榀,每榀拱架锁脚锁腰锚杆不得少于3根,纵向拉杆参数为$\phi25$@60cm,当仅边拱顶采用格栅拱架时,两边拱脚各增加一块尺寸为42.7cm×22.5cm×2cm的Q235B钢板作为架立钢板,与边拱底部角钢用螺栓连接。

4. 型钢拱架连续使用数量不得少于3榀,每榀拱架锁脚锁腰锚杆不得少于3根,纵向拉杆参数为$\phi25$@60cm。

5. 拱架锁脚锁腰锚杆(系统锚杆可兼做)弯折焊接,单面焊焊接长度$10d$,双面焊焊接长度$5d$,焊缝宽度6mm。

6. 钢筋网片型号为$\phi8$@15cm×15cm,型钢拱架"H20"型钢型号为HW200mm×200mm×8mm×12mm,槽钢型号为200mm×73mm×7mm,系统锚杆垫板型号为200mm×200mm×8mm。

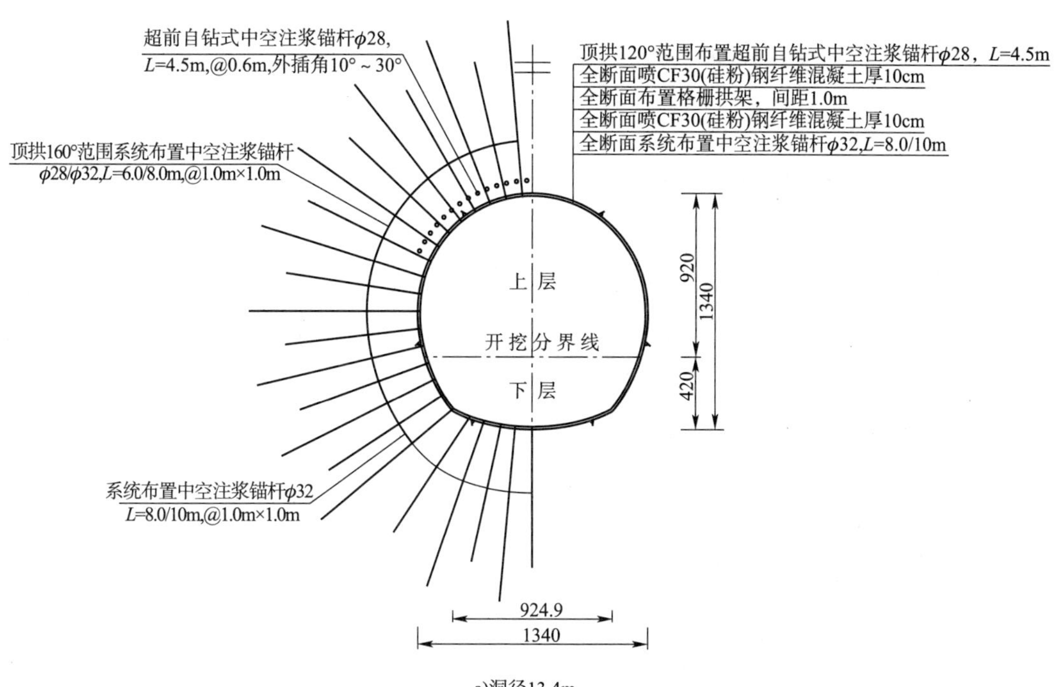

a)洞径13.4m

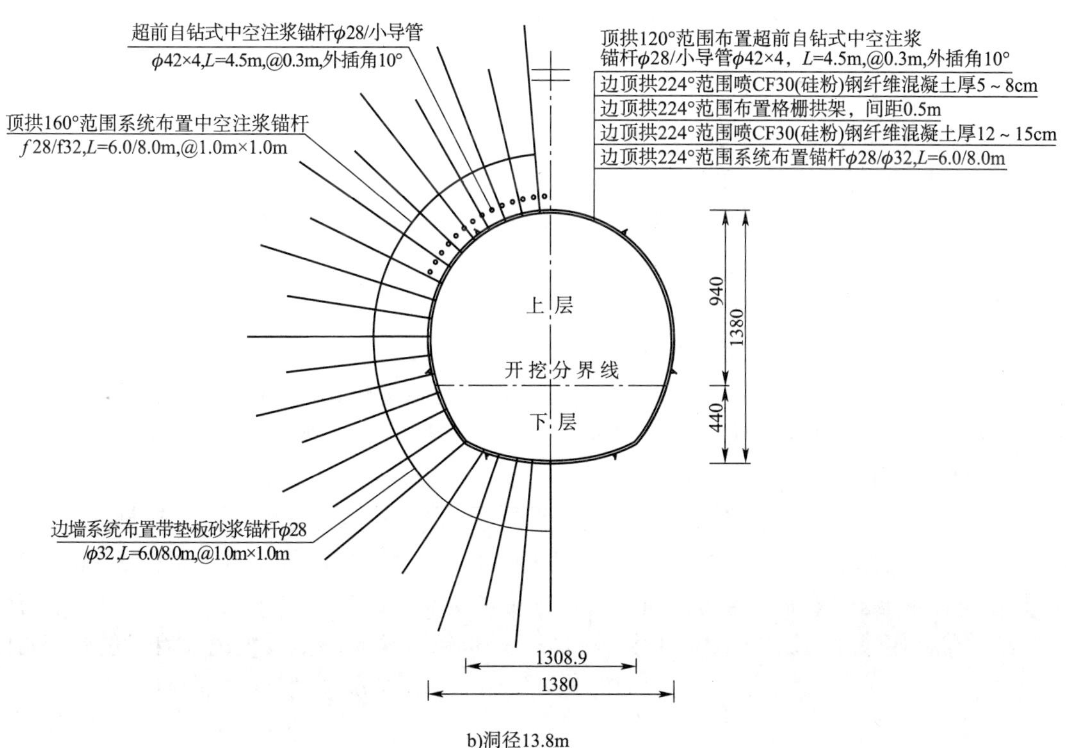

b)洞径13.8m

图7-13　引水隧洞典型支护断面图(钻爆法开挖)(尺寸单位:mm)

7.2 工程施工方法

西端各标段分别由西引1号、2号支洞进入正洞工作面组织施工，总体安排贯彻先探（预报）后掘，以掘进与支护为龙头，同步推进地下水处理、各类灌浆、衬砌等工序施工。

隧洞采用钻爆法开挖、无轨运输施工、洞内多工序平行作业的总体方案。

（1）掘进与支护

分部上下台阶开挖，非电起爆，光面爆破；强富水区、突涌水和中等及以上程度的岩爆洞段使用三臂台车钻孔，其余洞段使用台架手持风钻钻孔作业。双台装载机同时装渣，红岩豪沃载重自卸车运输。初期支护紧跟，Ⅱ～Ⅲ类围岩的系统支护滞后掌子面30～50m与掘进同步跟进，Ⅳ类围岩滞后掌子面15m同步跟进；喷射混凝土采取Nomet和Meyco机械台车喷护作业、Alats锚杆钻机和353E三臂液压台车钻孔施工锚杆，低水灰砂浆泵灌注锚杆。在高地应力洞段初期支护全洞使用水胀锚杆或机械低预应力涨壳锚杆并局部结合挂网，同时喷护至少5cm的CF30掺硅粉或纳米材料的混凝土。

（2）施工供风

采用25m^3寿力移动电动空压机供风，单个工作面配4台机组构成供风系统，总供风量达到100m^3/min、压力8kg/cm^2。

（3）施工通风

前期C_2、C_3标形成独立压入通风引流，但支洞布置射流通风，即采用2×135km轴流风机配ϕ2.0m风管压入与支洞射流形成混合通风；联合通风阶段以射流巷道式通风为主，在掌子面后方设置轴流风机作压入通风。

（4）混凝土施工

先底拱后边拱的顺序浇筑。边拱顶采用定制15m液压衬砌台车浇筑，底拱混凝土使用15m针梁式台车浇筑。混凝土使用9m^3罐车从闸坝混凝土系统进料、泵送入仓，以插入式捣固器为主，辅以附着式相结合予以捣固。

（5）地下水抽排

设置固定和移动泵站直接抽排地下水。正常施工排水采取抽水机分级直接抽排出洞外并经沉淀后排入江中；突（涌）水使用多台大功率抽水机直接抽排；但当排水洞具备使用条件时，洞内所有排水经抽水机抽至集水池或通过集水池、横向通道排入排水洞流至东端。

（6）地下水处理原则与各类灌浆施工

地下水采取“引、排、截、堵”措施，严格按照“边预报边施工、堵排结合、可控排放、择机封堵”的总原则进行处理。根据地下水条件与工程结构设计目的，分别采用超前预注浆、径向封堵灌浆、固结灌浆、回填灌浆与防渗固结灌浆。灌浆与掘进、衬砌基本同步。超前预注浆与防渗固结灌浆使用快速钻机与MD-50钻孔，高压泵压浆，灌浆自动记录仪记录灌浆过程。洞内其余灌浆孔使用电钻、地质钻钻孔，普通灌浆泵压浆。特殊情况下，实施化灌封堵。

（7）超前预报

掘进过程中贯彻边预报边施工的原则，始终坚持长期、中期与短期预报相结合开展预报工作。超前预报物探以TSP203、雷达（表面雷达、钻孔雷达）、CT为主，并使用超前钻探、地质分析法相结合进行综合预报。

(8)安全监测

及时按设计位置并根据施工需要安装原形观测与施工安全监测仪器,按技术条款要求的频次采集数据并及时提供信息,用以指导施工和为引水隧洞服务。观测设施安装与掘进同步跟进,多点位移计钻孔使用快速钻机,孔内普通灌浆。

7.3 软岩段变形特征

以锦屏水电站西端引水隧洞已开挖揭露的绿泥石片岩段为例,隧洞开挖洞径13.4m/13.8m,地层主要是以绿泥石片岩为主的Ⅳ级围岩,承载能力低、变形能力强,短时间内难以在高地应力环境下自稳,隧洞上断面开挖过程中出现围岩大变形、大规模塌方、支护结构损坏等软岩洞段施工所常见的现象。

7.3.1 围岩总体变形特征

揭露的绿泥石片岩所在洞段[引(1)1+535m~1+759m,引(2)1+613m~1+643m]围岩总体变形特征可以通过对现场施工情况的观察分析得到反映,如隧洞上断面开挖过程中围岩严重变形所引起的喷层破裂(图7-14)、围岩鼓凸、拱架变形(图7-15)等表现方式即反映出围岩总体变形的一些特征。

图7-14　喷层破裂

图7-15　拱架变形

根据肉眼观测及断面扫描仪的测量结果,围岩均出现了侵限30cm以上的变形,较大的变形主要发生在北侧半拱和南侧拱脚部位,变形的分布显示出极不均匀性。较大变形所在部位与前期工作中获得的隧洞断面地应力状态的认识相符,即尽管背斜核部的T_1地层中可能有明显的受到局部地应力场的影响,但断面最大主应力仍然可以认为是缓倾NE方向。1号引水隧洞在引(1)1+759m桩号处发生的坍腔口就位于断面北侧拱肩位置[图7-12b],虽然存在着超前支护不足等原因,但也很好地佐证了对断面最大主应力方向的判断。

两侧拱脚(上下台阶交界处偏上部位)同样是断面变形比较集中的部位,1号引水隧洞引(1)1+660m断面北侧拱脚出现严重的混凝土喷层脱空现象,脱空产生的最大裂缝超过20cm,引(1)1+670m断面北侧边墙下部出现竖向裂纹,裂纹具有剪切特征(图7-16)。根据现场观察的支护情况,推测可能是因为拱架底部缺乏有效约束发生滑移变形所致。

除两侧拱脚外,其余较大变形部位均未出现大面积的混凝土喷层破坏现象,也没有锚杆垫板缩入围岩的变形迹象,主要以洞壁隆起现象比较普遍,局部呈“刺尖”状。收敛变形监测结果显示,断面中上部围岩变形处于稳定状态,目前仍未收敛的变形位于边墙下部。以上现象说明在经过支护加固后,这些严重变形部位的围岩变形得到有效控制,局部"鼓包"、"刺尖"等情况的发生可能跟局部地应力过大且支护阻力不够有密切关系。

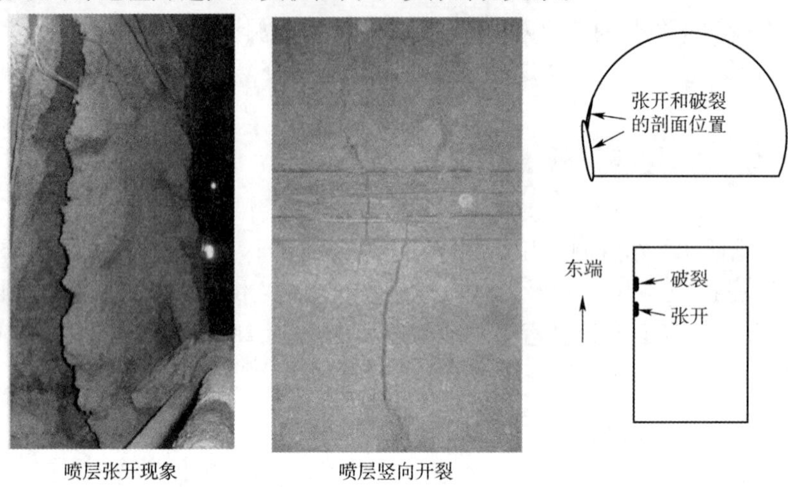

图 7-16 1 号隧洞出现的喷层张开脱空和开裂现象

7.3.2 围岩变形特征

西端引水隧洞揭露 T_1 绿泥石片岩地层洞段收敛变形基本稳定后,采用断面扫描仪对变形洞段进行了断面测量,结果发现该段隧洞"缩径"现象较为明显。断面测量数据见表 7-3 和表 7-4,典型断面测量结果如图 7-17 所示。

T_1 地层绿泥石片岩洞段断面复测成果分析表(1 号洞) 表 7-3

编号	里程桩号	设计开挖断面(m)	设计支护断面(m)	设计衬砌厚度(m)	实际最大侵入衬砌断面(m)	最大收敛监测变形(m)	开挖时间	最大侵空范围统计(cm)			
								<20	20 ~ 40	40 ~ 60	>60
1	引(1)1+536	13.4	13	0.6	0.14		2008-5-9	✓			
2	引(1)1+538	13.4	13	0.6	0.23		2008-5-10		✓		
3	引(1)1+540	13.4	13	0.6	0.15	0.065	2008-5-11		✓		
4	引(1)1+542	13.4	13	0.6	0.23		2008-5-22		✓		
5	引(1)1+544	13.4	13	0.6	0.1		2008-5-23	✓			
6	引(1)1+546	13.4	13	0.6	0		2008-5-23	✓			
7	引(1)1+548	13.4	13	0.6	0		2008-5-24	✓			
8	引(1)1+550	13.4	13	0.6	0		2008-5-25	✓			
9	引(1)1+552	13.4	13	0.6	0.1		2008-5-26	✓			
10	引(1)1+554	13.4	13	0.6	0.24		2008-5-27		✓		
11	引(1)1+556	13.4	13	0.6	0.34		2008-5-27		✓		

续上表

编号	里程桩号	设计开挖断面（m）	设计支护断面（m）	设计衬砌厚度（m）	实际最大侵入衬砌断面（m）	最大收敛监测变形（m）	开挖时间	最大侵空范围统计（cm）			
								<20	20～40	40～60	>60
12	引(1)1+558	13.4	13	0.6	0.31		2008-5-27		✓		
13	引(1)1+560	13.4	13	0.6	0.14		2008-5-27	✓			
14	引(1)1+562	13.4	13	0.6	0.24		2008-5-28		✓		
15	引(1)1+564	13.4	13	0.6	0.44		2008-5-29			✓	
16	引(1)1+566	13.4	13	0.6	0.3		2008-6-1		✓		
17	引(1)1+568	13.4	13	0.6	0.26		2008-6-2		✓		
18	引(1)1+570	13.4	13	0.6	0.21		2008-6-2		✓		
19	引(1)1+572	13.4	13	0.6	0.23		2008-6-3		✓		
20	引(1)1+574	13.4	13	0.6	0.14	0.116	2008-6-3	✓			
21	引(1)1+576	13.4	13	0.6	0.29		2008-6-5		✓		
22	引(1)1+578	13.4	13	0.6	0.29		2008-6-6		✓		
23	引(1)1+580	13.4	13	0.6	0.42		2008-6-7			✓	
24	引(1)1+582	13.4	13	0.6	0.28		2008-6-8		✓		
25	引(1)1+582	13.4	13	0.6	0.12		2008-6-9	✓			
26	引(1)1+586	13.4	13	0.6	0.16		2008-6-10	✓			
27	引(1)1+600	13.4	13	0.6	0.28	0.034	2008-6-17		✓		
28	引(1)1+602	13.4	13	0.6	0.15		2008-6-18	✓			
29	引(1)1+604	13.4	13	0.6	0		2008-6-19	✓			
30	引(1)1+606	13.4	13	0.6	0.46		2008-6-19			✓	
31	引(1)1+608	13.4	13	0.6	0.24		2008-6-20		✓		
32	引(1)1+610	13.4	13	0.6	0.28		2008-6-21		✓		
33	引(1)1+612	13.4	13	0.6	0.28		2008-6-22		✓		
34	引(1)1+614	13.4	13	0.6	0.52	0.03	2008-6-23			✓	
35	引(1)1+616	13.4	13	0.6	0.34		2008-6-24		✓		
36	引(1)1+618	13.4	13	0.6	0.12		2008-6-25	✓			
37	引(1)1+620	13.4	13	0.6	0		2008-6-27	✓			
38	引(1)1+622	13.4	13	0.6	0.08		2008-6-28	✓			
39	引(1)1+624	13.4	13	0.6	0.28		2008-6-29		✓		
40	引(1)1+626	13.4	13	0.6	0.24		2008-7-1		✓		
41	引(1)1+628	13.4	13	0.6	0.29		2008-7-3		✓		

续上表

编号	里程桩号	设计开挖断面（m）	设计支护断面（m）	设计衬砌厚度（m）	实际最大侵入衬砌断面（m）	最大收敛监测变形（m）	开挖时间	最大侵空范围统计（cm）			
								<20	20～40	40～60	>60
42	引(1)1+630	13.4	13	0.6	0.41		2008-7-4			✓	
43	引(1)1+632	13.4	13	0.6	0.3		2008-7-5		✓		
44	引(1)1+634	13.4	13	0.6	0.23	0.045	2008-7-6		✓		
45	引(1)1+636	13.4	13	0.6	0.27		2008-7-7		✓		
46	引(1)1+638	13.4	13	0.6	0.24		2008-7-7		✓		
47	引(1)1+640	13.4	13	0.6	0.31		2008-7-9		✓		
48	引(1)1+642	13.4	13	0.6	0.39		2008-7-11		✓		
49	引(1)1+644	13.4	13	0.6	0.13		2008-7-11	✓			
50	引(1)1+646	13.4	13	0.6	0.22		2008-7-11		✓		
51	引(1)1+648	13.4	13	0.6	0.39		2008-7-12		✓		
52	引(1)1+650	13.4	13	0.6	0.29		2008-7-13		✓		
53	引(1)1+652	13.4	13	0.6	0.39		2008-7-14		✓		
54	引(1)1+654	13.4	13	0.6	0.22	0.151	2008-7-15		✓		
55	引(1)1+656	13.4	13	0.6	0.44		2008-7-15			✓	
56	引(1)1+658	13.4	13	0.6	0.33		2008-7-16		✓		
57	引(1)1+660	13.4	13	0.6	0.41		2008-7-16			✓	
58	引(1)1+662	13.4	13	0.6	0.76		2008-7-17				✓
59	引(1)1+663	13.8	13.4	0.8	0.98		2008-7-19				✓
60	引(1)1+665	13.8	13.4	0.8	0.84		2008-7-19				✓
61	引(1)1+667	13.8	13.4	0.8	0.87		2008-7-20				✓
62	引(1)1+669	13.8	13.4	0.8	0.66		2008-7-20				✓
63	引(1)1+671	13.8	13.4	0.8	0.59		2008-7-22			✓	
64	引(1)1+673	13.8	13.4	0.8	0.72		2008-7-23				✓
65	引(1)1+675	13.8	13.4	0.8	0.7	0.215	2008-7-24				✓
66	引(1)1+677	13.8	13.4	0.8	0.51		2008-7-25			✓	
67	引(1)1+679	13.8	13.4	0.8	0.46		2008-7-26			✓	
68	引(1)1+681	13.8	13.4	0.8	0.55		2008-7-26			✓	
69	引(1)1+683	13.8	13.4	0.8	0.5		2008-7-27			✓	
70	引(1)1+685	13.8	13.4	0.8	0.73		2008-7-27				✓
71	引(1)1+690	13.8	13.4	0.8	0.67		2008-7-30				✓
72	引(1)1+692	13.8	13.4	0.8	0.65		2008-7-31				✓
73	引(1)1+694	13.8	13.4	0.8	0.96	0.054	2008-8-1				✓

续上表

编号	里程桩号	设计开挖断面（m）	设计支护断面（m）	设计衬砌厚度（m）	实际最大侵入衬砌断面（m）	最大收敛监测变形（m）	开挖时间	最大侵空范围统计（cm）			
								<20	20～40	40～60	>60
74	引(1)1+696	13.8	13.4	0.8	0.56		2008-8-2			✓	
75	引(1)1+698	13.8	13.4	0.8	1.06		2008-8-3				✓
76	引(1)1+700	13.8	13.4	0.8	0.63		2008-8-4				✓
77	引(1)1+702	13.8	13.4	0.8	0.54		2008-8-5			✓	
78	引(1)1+704	13.8	13.4	0.8	0.55		2008-8-6			✓	
79	引(1)1+706	13.8	13.4	0.8	0.54		2008-8-7			✓	
80	引(1)1+708	13.8	13.4	0.8	0.74		2008-8-7				✓
81	引(1)1+710	13.8	13.4	0.8	0.93		2008-8-8				✓
82	引(1)1+712	13.8	13.4	0.8	0.94		2008-8-9				✓
83	引(1)1+714	13.8	13.4	0.8	1.04	0.078	2008-8-10				✓
84	引(1)1+716	13.8	13.4	0.8	0.83		2008-8-11				✓
85	引(1)1+718	13.8	13.4	0.8	0.88		2008-8-12				✓
86	引(1)1+720	13.8	13.4	0.8	0.95		2008-8-13				✓
87	引(1)1+722	13.8	13.4	0.8	0.88		2008-8-14				✓
88	引(1)1+724	13.8	13.4	0.8	0.81	0.189	2008-8-15				✓
89	引(1)1+726	13.8	13.4	0.8	0.58		2008-8-16			✓	
90	引(1)1+728	13.8	13.4	0.8	0.44		2008-8-17			✓	
91	引(1)1+730	13.8	13.4	0.8	0.4		2008-8-18			✓	
92	引(1)1+732	13.8	13.4	0.8	0.38		2008-8-19		✓		
93	引(1)1+734	13.8	13.4	0.8	0.26	0.03	2008-8-20		✓		
94	引(1)1+736	13.8	13.4	0.8	0.35		2008-8-21		✓		
95	引(1)1+738	13.8	13.4	0.8	0.36		2008-8-21		✓		
96	引(1)1+740	13.8	13.4	0.8	0.59		2008-8-21			✓	
97	引(1)1+742	13.8	13.4	0.8	0.36		2008-8-22		✓		
98	引(1)1+744	13.8	13.4	0.8	0.38		2008-8-22		✓		
99	引(1)1+746	13.8	13.4	0.8	0.31		2008-8-22		✓		
100	引(1)1+748	13.8	13.4	0.8	0.21		2008-8-23		✓		
101	引(1)1+750	13.8	13.4	0.8	0.21		2008-8-24		✓		
102	引(1)1+752	13.8	13.4	0.8	0.2		2008-8-25		✓		
103	引(1)1+754	13.8	13.4	0.8	0.17	0.006	2008-8-25	✓			
104	引(1)1+756	13.8	13.4	0.8	0.31		2008-8-26		✓		
105	引(1)1+758	13.8	13.4	0.8	0.67		2008-8-27				✓

T_1 地层绿泥石片岩洞段断面复测成果分析表(2 号洞)　　表 7-4

编号	里程桩号	设计开挖断面(m)	设计支护断面(m)	设计衬砌厚度(m)	实际最大侵入衬砌断面(m)	最大收敛监测变形(m)	开挖时间	最大侵空范围统计(cm)			
								<20	20~40	40~60	>60
1	引(2)1+614	13.4	13	0.6	0.3		2008-6-12		✓		
2	引(2)1+616	13.4	13	0.6	0		2008-6-13	✓			
3	引(2)1+618	13.4	13	0.6	0.15		2008-6-15	✓			
4	引(2)1+619	13.4	13	0.6	0.25		2008-6-16		✓		
5	引(2)1+620	13.4	13	0.6	0.1		2008-6-17	✓			
6	引(2)1+622	13.4	13	0.6	0		2008-6-17	✓			
7	引(2)1+624	13.4	13	0.6	0.18		2008-6-18	✓			
8	引(2)1+626	13.4	13	0.6	0		2008-6-19	✓			
9	引(2)1+628	13.4	13	0.6	0.22		2008-6-20		✓		
10	引(2)1+630	13.4	13	0.6	0.21		2008-6-21		✓		
11	引(2)1+632	13.4	13	0.6	0.28		2008-6-21		✓		
12	引(2)1+634	13.4	13	0.6	0.28		2008-6-22		✓		
13	引(2)1+636	13.4	13	0.6	0.26		2008-6-23		✓		
14	引(2)1+638	13.4	13	0.6	0.12	0.065	2008-6-24	✓			
15	引(2)1+640	13.4	13	0.6	0.13		2008-6-25	✓			
16	引(2)1+642	13.4	13	0.6	0.19	0.053	2008-6-26	✓			

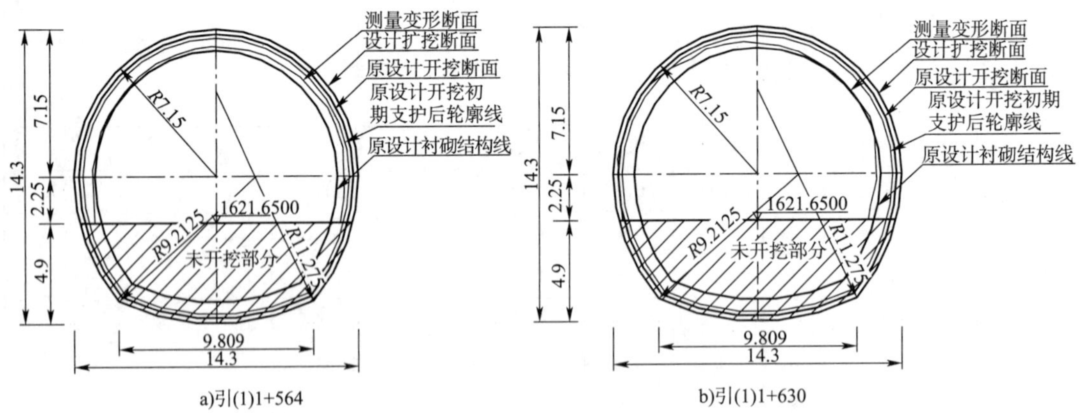

图 7-17　典型断面侵空测量结果(尺寸单位:m)

从测量断面图和表 7-3、表 7-4 中断面测量数据可见 1 号引水隧洞引(1)1+624~1+759m、2 号引水隧洞引(2)1+628~1+636m 段变形问题比较突出。经过统计,1 号引水隧洞引(1)1+535~1+759m 段共有 105 个扫描断面,2 号引水隧洞引(2)1+613~1+643m 共有 16 个扫描断面,给出的每个断面上最大变形侵占衬砌净空断面情况柱状图,如图 7-18 和图 7-19 所示。

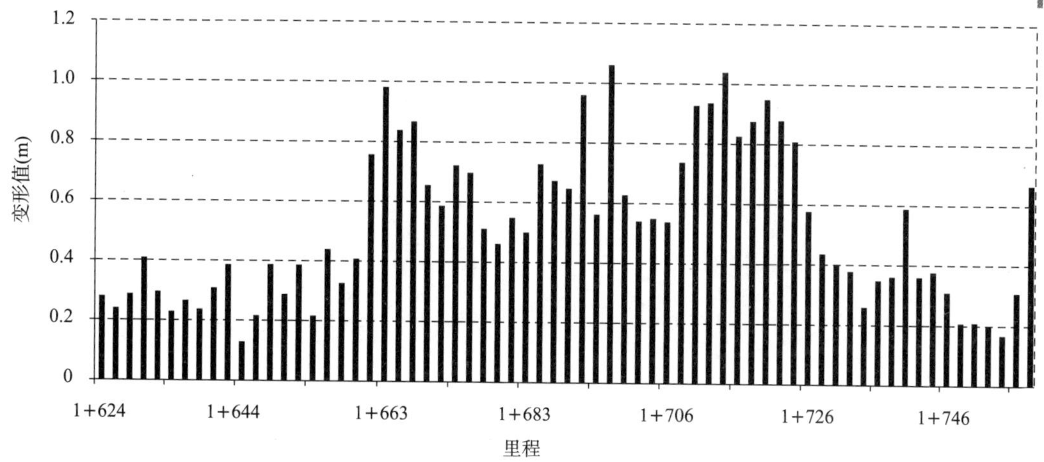

图7-18　1号引水隧洞引(1)1+624~759m段变形情况

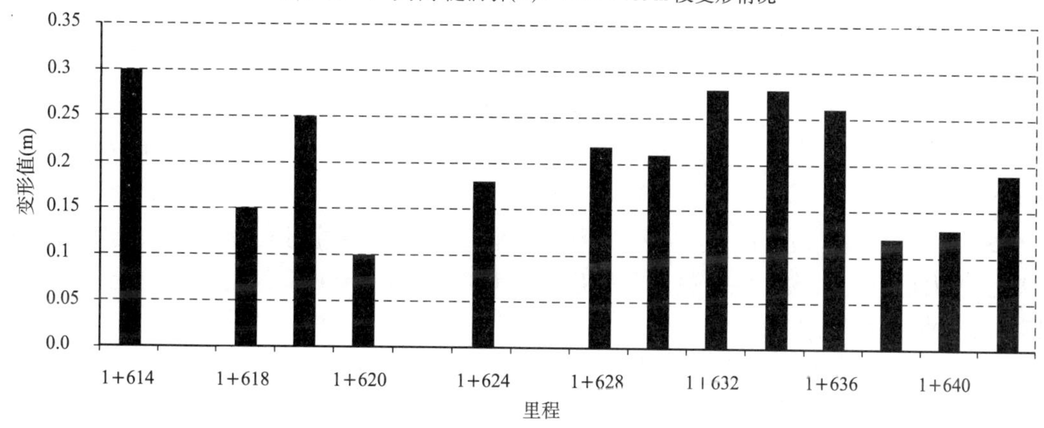

图7-19　2号引水隧洞引(2)1+613~1+643m段变形情况

各个断面扫描结果的极坐标图如图7-20和图7-21所示,每个数据点的极径为变形大小,与水平或垂直坐标轴的夹角即表示该最大位移点在断面上发生的位置。

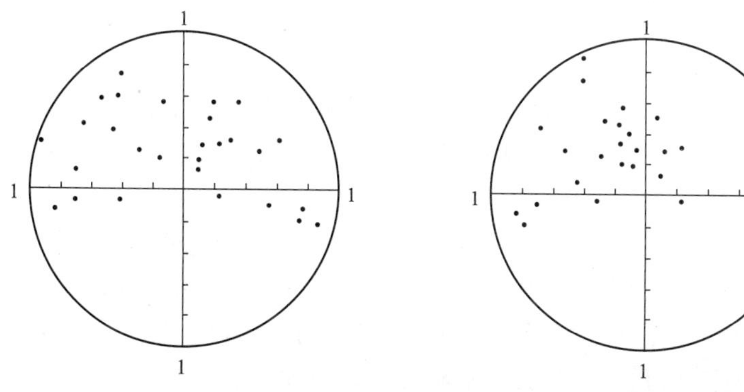

图7-20　1号隧洞扫描断面的变形极坐标图

图7-21　2号隧洞扫描断面的变形极坐标图

图7-22和图7-23为隧洞最大变形位置的极坐标统计图,每个数据点所在的角度表示最大变形发生在其前后15°范围内的断面,极径表示该范围内断面个数占总个数的百分比。

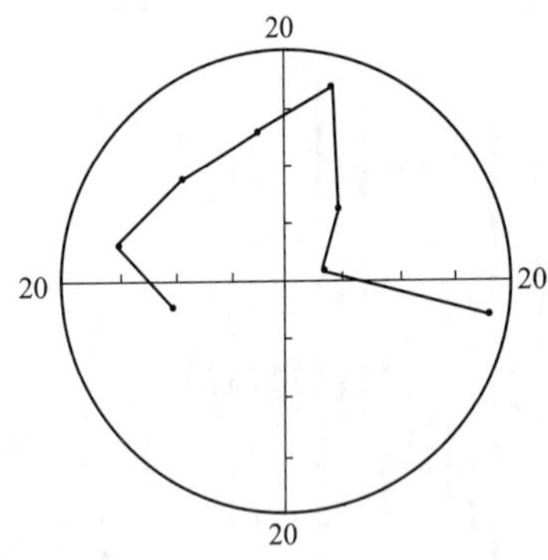

图 7-22　1 号隧洞断面最大变形位置极坐标图

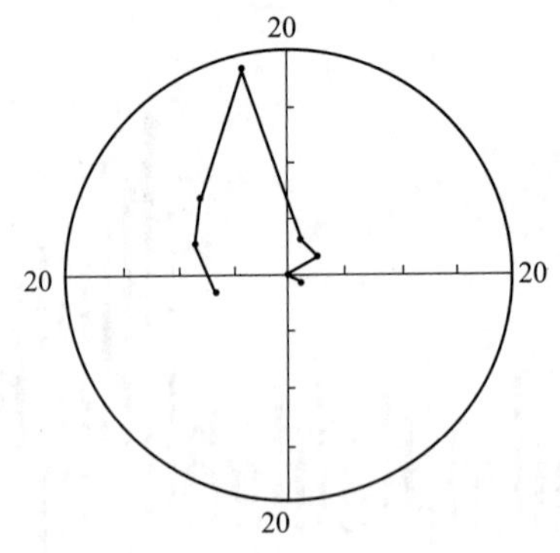

图 7-23　2 号隧洞断面最大变形位置极坐标图

根据以上断面测量情况的数据统计，基本可以得出以下信息：

(1)已开挖的绿泥石片岩洞段普遍存在围岩变形较大的现象，变形问题较为突出的洞段主要集中在 1 号引水隧洞引(1)1 +624 ~759m 和 2 号引水隧洞引(2)1 +628 ~643m 段，即纯绿片岩洞段，侵占设计衬砌空间达 21.7% ~176.7%。

(2)隧洞围岩变形侵占设计衬砌净空厚度普遍都在 20cm 以上，大部分为 20 ~60cm 之间，局部超过 1m。

(3)1 号引水隧洞较大的变形主要集中在北侧边墙和南侧拱脚处，最大变形在南侧拱顶和拱脚处的断面最多，其次为北侧边墙和拱肩，引(1)1 +634 ~684m 段的大变形主要发生在北侧拱脚、边墙、拱肩和南侧拱脚。

(4)2 号引水隧洞较大变形主要集中在北侧拱脚、边墙和拱顶，最大变形发生在北侧拱肩处的断面最多，其次为北侧边墙和拱脚。

(5)1 号、2 号引水隧洞大变形发生位置的分布规律总体接近，但是 1 号隧洞更偏向北侧边墙位置，也有较多断面的最大变形发生在南侧拱脚，而 2 号隧洞则主要发生在北侧拱，从拱脚至拱顶均有较大变形发生。

7.3.3　围岩监测收敛特征

由于采用台阶法开挖，且开挖断面较大(上断面面积约 110cm^2)，布置测点时采用了六条测线，以便测试结果能相互校验。测点按三角形布置。部分收敛监测结果如图 7-24 ~ 图 7-26 所示。

围岩收敛变形监测结果显示，大部分洞段围岩变形持续时间长，短期变形甚至达 10 ~20cm，说明现有支护措施不足以限制围岩的变形并维持洞室的稳定，同时多个断面的收敛特征不太明显，个别断面有持续变形现象，这些断面与现场观察到的存在凸起变形和喷层破坏的部位基本一致，也与断面测量揭示的大变形洞段基本一致。

在收敛监测断面的各条测线中，水平测线的收敛值相对于其他测线要大，底部水平收敛测线(DE 测线)收敛值要大于上部的水平测线。在上述存在不收敛变形问题的监测断面中，也主要是沿底部水平测线的变形不收敛。相反的，在围岩出现凸起的宏观大变形部位(B 点一带)，收敛变形并未显示不收敛现象。

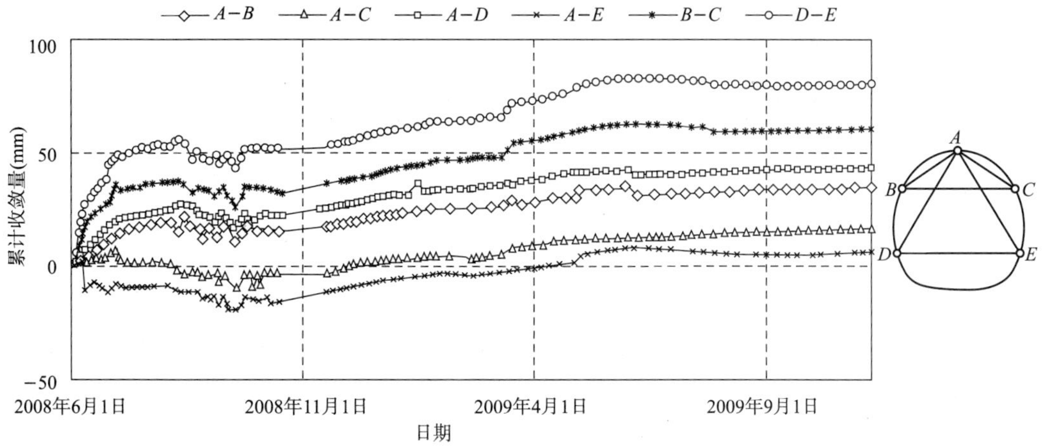

图7-24　引(1)1+540收敛断面收敛累计过程线

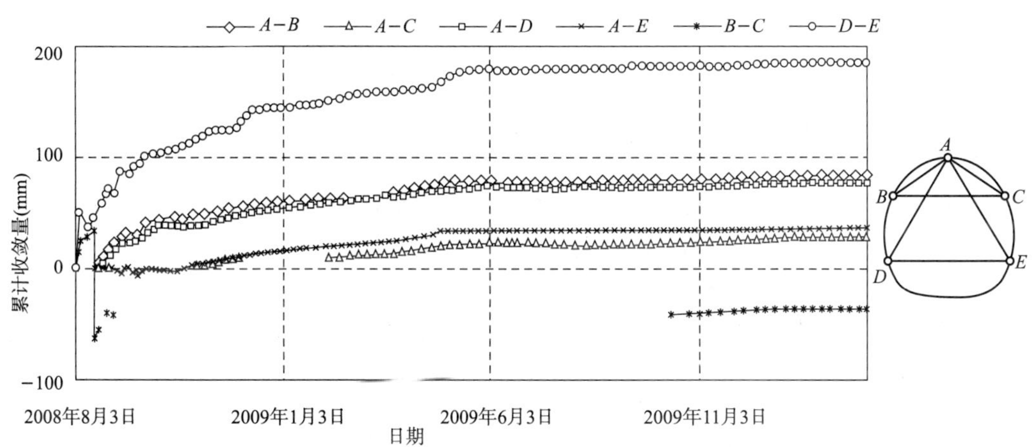

图7-25　引(1)1+655收敛断面收敛累计过程线

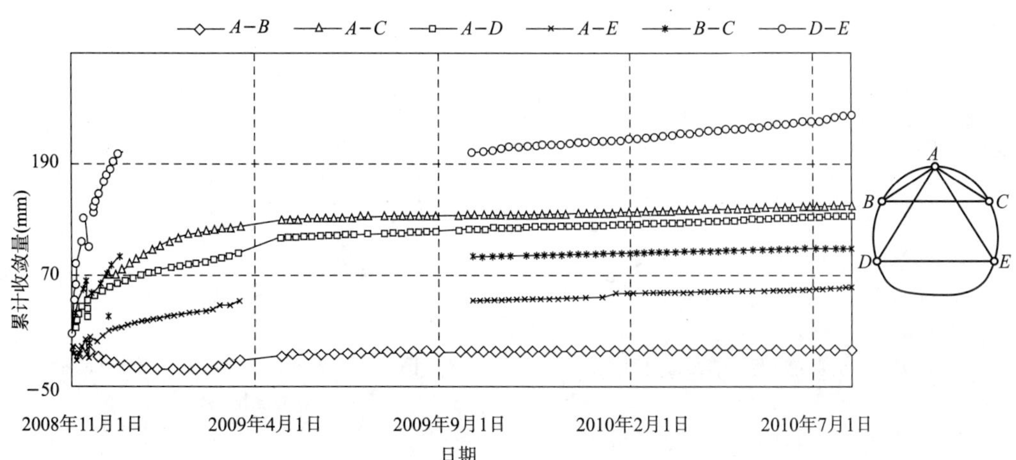

图7-26　引(2)1+653收敛断面收敛累计过程线

隧洞断面上大变形发生的部位主要受断面应力状态控制，是隧洞开挖后应力集中区导致绿泥石片岩塑形流动的结果。收敛变形监测主要获得了隧洞支护以后的围岩变形，这种变形与隧洞开挖后的断面形态、支护布置密切相关。上台阶开挖以后的隧洞底面为平面，除铺设渣料、机械碾压对底板围岩提供较小的变形约束以外，边墙底部的表面支护（拱架和喷层）无法闭合成环，导致这些部位的围岩表面变形缺乏约束，这是底部变形不收敛的根本原因。

7.3.4 围岩应力应变特征

隧洞开挖后围岩需要经历围岩变形和内部应力调整过程，对于软岩这个变化和调整过程需要相对更长的时间。围岩内部埋设的多种监测仪器比如多点位移计、锚杆应力计等可以在一定程度上反映开挖后围岩内部的一些变化，但围岩松动圈物探检测的结果可能可以更为直观的体现围岩内部变化的范围。

出于对现场施工安全的考虑，已开挖的绿泥石片岩洞段的围岩松动圈检测工作基本都在系统支护（锚杆、拱架、喷混凝土）完成后实施。检测结果反映围岩加固后的松弛范围，同时也可以反映支护以及加固措施对围岩本身质量的影响。

隧洞开挖卸荷后围岩松动圈的大小同岩石条件、地质构造、地应力环境、开挖爆破方式以及支护质量息息相关，绿泥石片岩 3 ~ 6m 的松动圈范围，可以认为是上述条件造成断面上松动范围分布的差异。下限值 3 ~ 4m 可能是绿泥石片岩中所夹杂的大理岩的存在使得围岩松动范围相对较小，而上限值 5 ~ 6m 可以真实地反映岩性比较均一的绿泥石片岩洞段的围岩松动范围，钻孔电视的成果也很好地证实了这一点。

隧洞断面上围岩松弛范围较大区域主要集中在 S1、S2 和 S5 点区域（图 7-27），典型断面如图 7-28 所示，即北侧拱肩和两侧拱脚位置，基本同断面围岩变形最大区域相对应，显示出较好的一致性，主要原因在 4.1.3 节（3）条中已有详细的分析，即拱肩区域受断面地应力条件的影响，拱脚部位支护无法闭合成环，高地应力导致混凝土喷层和岩壁脱开，围压状态的缺失使得该区域围岩质量下降。

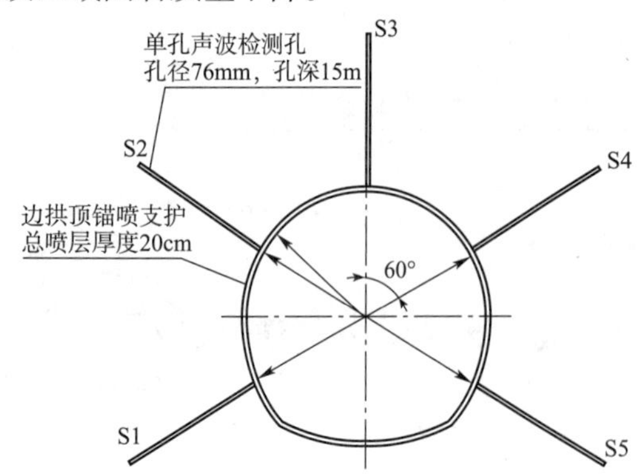

图 7-27　引水隧洞洞室断面松弛深度检测孔布置示意图

注：面向大桩号，S1 在洞室左侧，S5 在洞室右侧。

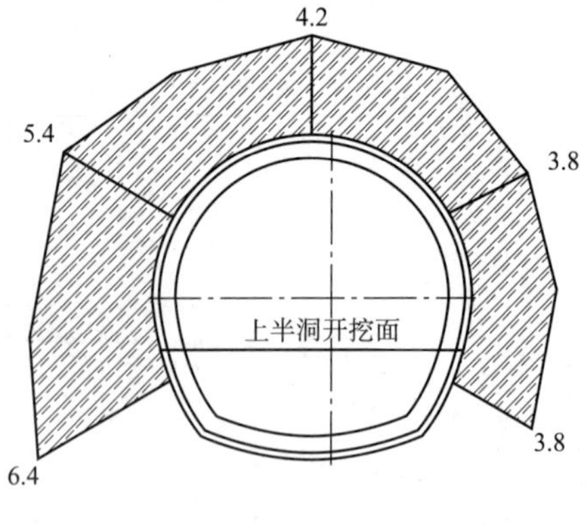

4.2
5.4
3.8
上半洞开挖面
3.8
6.4

图 7-28　1 号引水隧洞引（1）1 + 540m 断面松动圈测试成果

多点位移计可以反映围岩不同深度处的位移情况，图 7-29 为引（1）1 + 540m 多点位移计的监测结果。由于仪器的安装较为滞后，所监测到的测值较小，尤其是深部围岩变形较小。围岩明显变形的深度一般在5m以内,8m深度处也存在微小的变形现象,但是主要变形在孔口和距离孔口2m位置的测点,二次扩挖对围岩扰动较小。因此,从仅有的多点位移计的监测结果可以判断隧洞开挖对洞周围岩的影响范围主要集中在5m范围内。

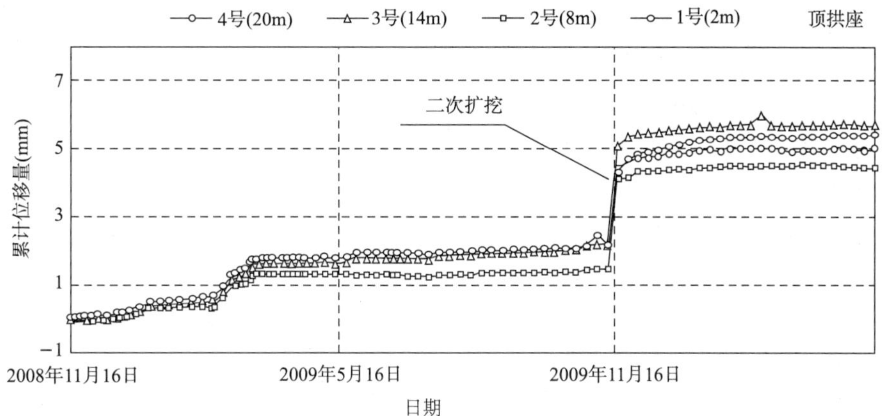

图7-29 1号引水隧洞引(1)1+540m多点位移计监测结果

注:1号(2m)表示距孔口2m,2号(8m)表示距孔口8m,3号(14m)表示距孔口14m,4号(20m)表示距孔口20m。

锚杆应力计可以反映围岩不同深度处的径向应力情况,图7-30为引(1)1+540m锚杆应力计的监测结果。可以明显看出右拱肩距孔口2m处应力较大,最大约400MPa,左拱肩距孔口5m处锚杆仍然承受约40MPa的径向应力,说明围岩变形深度超过了5m,与松动圈测试结果及多点位移计监测结果吻合。

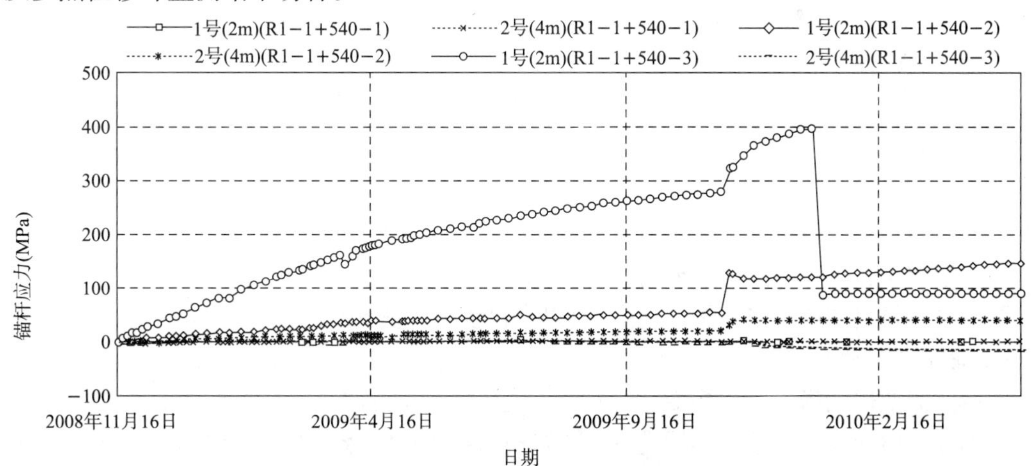

图7-30 1号引水隧洞引(1)1+540m锚杆应力监测结果

注:K1-1+540-1(拱顶),K1-1+540-2(左拱肩),K1-1+540-3(右拱肩);1号(2m)表示距孔口2m,2号(4m)表示距孔口4m。

7.3.5 围岩破坏形式

锦屏二级引水隧洞西端绿泥石片岩洞段围岩的变形取决于多方面的原因,但导致大变形发生最主要的原因是埋深环境(极高地应力)和围岩岩性(绿泥石片岩的低强度特性)。同时,次要因素的影响也不可忽略,如支护条件、岩层结构及地下水的发育分布状况。通过对引水隧洞已揭露围岩大变形的研究,其变形破坏形式总体上可分为以下几个方面。

(1)应力释放与围岩回弹

现有的相关岩石力学试验表明,受荷试件在卸荷时,会发生瞬时变形。同样,在岩体开挖时,工程岩体也会产生卸荷回弹,这是所有岩体工程中客观存在的事实,并被工程实践所检验。

在地壳长期演化过程中,岩体既发生了变形和破坏,也积累了相当的应变能,在工程活动作用时,处于相对稳定状态。工程活动的参与,破坏了初始应力状态,岩体逐渐进行相应的调整。先前积累的应变能一部分被释放,一部分转移到岩体深部,产生应力重分布并发生相应的变形,从而在新的状态下,达到能量最低和稳态平衡。开挖导致的应变能释放意味着卸荷,由卸荷产生的瞬时变形即为回弹。一般而言,岩体的初始应力越高,则围岩的回弹量越大。锦屏引水隧洞西端揭露 T_1 地层埋深达 1550 ~ 1850m,三维反演的地应力值达 40MPa,通过力学试验获得干燥条件下绿泥石片岩的峰值应力平均值仅 38.8MPa,说明开挖后将不可避免的发生较大回弹变形。

洞室开挖后,发生相应回弹变形的过程中,洞壁上应力变化最显著,回弹量最大。同时,也引起了一定范围内($r \geqslant 3r_0$,r_0 为隧洞洞径)围岩的应力释放和转移,应力重分布一方面使径向应力释放(卸荷),而另一方面使切向应力增加(加荷),应力差增大,加之洞壁及其附近,由初始的三向应力状态转变为双向压缩状态(掌子面上,洞壁处为单向应力状态),使洞室向不稳定方向发展。从前述力学试验中可知卸围压路径下所得的弹性模量比常规加载路径下的降低约 50%,这一性质说明开挖初期,围岩内应力调整未能充分调整之前,围岩的弹性模量仍在一定时间内保持较高的水平,但随着应力状态的逐渐调整,围压降低,其弹性模量迅速下降,变形也将迅速增大。

卸荷回弹不仅发生在弹性岩体中,而且在弹塑性岩体甚至流变体中也会发生回弹。均匀介质岩体,其回弹变形也是均匀的,变形后工程结构形状不因回弹而发生大的改变,开挖轮廓线连续而协调,以致常被人们忽略。若岩体介质不均匀,如裂隙发育的岩体,各部分独立变形,从而引起差异回弹,造成洞室围岩块体运动而使衬砌局部破坏。

由于回弹是在很短时间内完成的,而通常的收敛监测均是在工程开挖后一段时间才进行,故一般的位移量测中并未包括围岩回弹,可以通过预埋监测元件来加以测量。

(2)软岩的塑性流变

岩石的流变性能指岩石的蠕变、应力松弛、与时间有关的扩容,以及强度的时间效应等特性。隧洞开挖后导致围岩应力的调整,应力调整引起的扩容使岩体中原来闭合的结构面张开滑移,以及围压岩体进一步碎裂化,在改变岩体应力状态和强度的同时,围岩中地下水沿张开裂隙渗流和软化作用,导致塑性流动使围岩产生较大的收敛位移,这点在锦屏引水隧洞绿泥石片岩段中表现为监测数据长期不收敛。

(3)围岩峰后的体积剪胀

岩石力学试验研究表明,在加载过程中,岩石的体积会随着应力而不断发生变化。体积变化不仅包括初期阶段的压缩,也包括始于破坏前的体积膨胀,即扩容。当岩石受三向应力时,岩石首先在静水压力 σ_m 作用下发生均匀压缩,其中 $\sigma_m = (\sigma_1 + \sigma_2 + \sigma_3)/3$,体积减小而密度增大。当保持围压不变而增加轴向应力，开始体积依然减小，但当偏应力（$\sigma_1-\sigma_m$，$\sigma_2-\sigma_m$，$\sigma_3-\sigma_m$）达到一定程度（如摩尔—库伦准则的边界条件），体积随应力而变化的曲线偏离了原来的直线，体积开始增加，而且扩容随偏应力的继续增大而加剧。

岩石的体积变化及扩容是其内部微裂隙发展演化（压密、扩展、生长并最终形成宏观破裂）的结果。对于岩体而言，只要满足扩容条件，同样会产生扩容。除与上述岩石扩容过程有关外，岩体的扩容主要是结构面的力学行为及其对力场变化的响应。

（4）片落

初期支护完成前，围岩变形主要是由于围岩沿着倾斜的层理面或其他先存结构面向洞内滑移所致。由于这种滑移作用，可能造成岩层之间分离，岩层弯曲与折断，以及岩层碎块向洞内坠落等多种危害。

对于大多数岩体，开挖卸荷后，应力状态的改变使岩体很快就偏离了围压下的弹性行为。同时，切向应力的增加和径向应力的降低使差应力增大，从而导致最大剪应力增大。重分布应力达到屈服面后，围岩即处于塑性状态，发生塑性变形并引起围岩应力的继续调整。在倾斜岩层中，洞室失稳主要是围岩沿着倾斜的层理面或其他先存结构面向洞内滑移所致。塑性变形导致了剪切滑移面的形成，这种滑移面在洞室围岩空间内组成了拱形结构并向洞内剥落。

锦屏引水隧洞大变形洞段围岩的自稳能力极差，多数情况下的自稳时间仅数小时（3～5h），在隧洞掘进过程中，若施工方法不当或者未按设计施工，或者未适时予以支护致使围岩暴露时间过长，或者对可能出现的情况估计不足而未加严密防范，或者围岩的局部变形破坏没有得到及时和有效的控制，由于支护结构的破坏而丧失承载能力和围岩的强度进一步降低，大规模塌方就会发生。在特殊情况下，侧墙向隧洞围岩内强烈挤入，或者侧墙有不利结构面组合，侧墙也可发生小规模塌方，这种情况即为片落。

7.4　软岩段开挖情况

7.4.1　设计情况介绍

（1）掌子面超前支护

掌子面拱顶150°范围布置超前锚杆或小导管，环向间距30～40cm，搭接长度不小于2m，外插角5°～10°。经专家咨询会的建议，在局部围岩易塌方洞段应增加布置第二排超前锚杆或小导管，外插角30°～45°，环向间距30～40cm。掌子面爆破开挖后，视正向掌子面围岩破碎情况可喷射5～10cm厚CF30（硅粉）钢纤维混凝土封闭，掌子面不能保证稳定时可增设随机玻璃纤维锚杆，采用三臂台车造孔，人工注浆安装。预支护设计如图7-32所示。

（2）上台阶开挖

引水隧洞软岩为Ⅳ类，设计预留变形量为45cm，该类围岩在开挖过程中，正常线性超挖控制得较好时，超挖也会达到15cm，个别情况找顶后形成的超挖可能更大。隧洞开挖直径为14.3m，断面为马蹄形。采用台阶法开挖，上台阶开挖高度为9m，开挖进尺不大于1m，严格控制爆破装药量，弱爆破设计与施工严格按照图4-50和图4-51组织设计与现场施工控制。

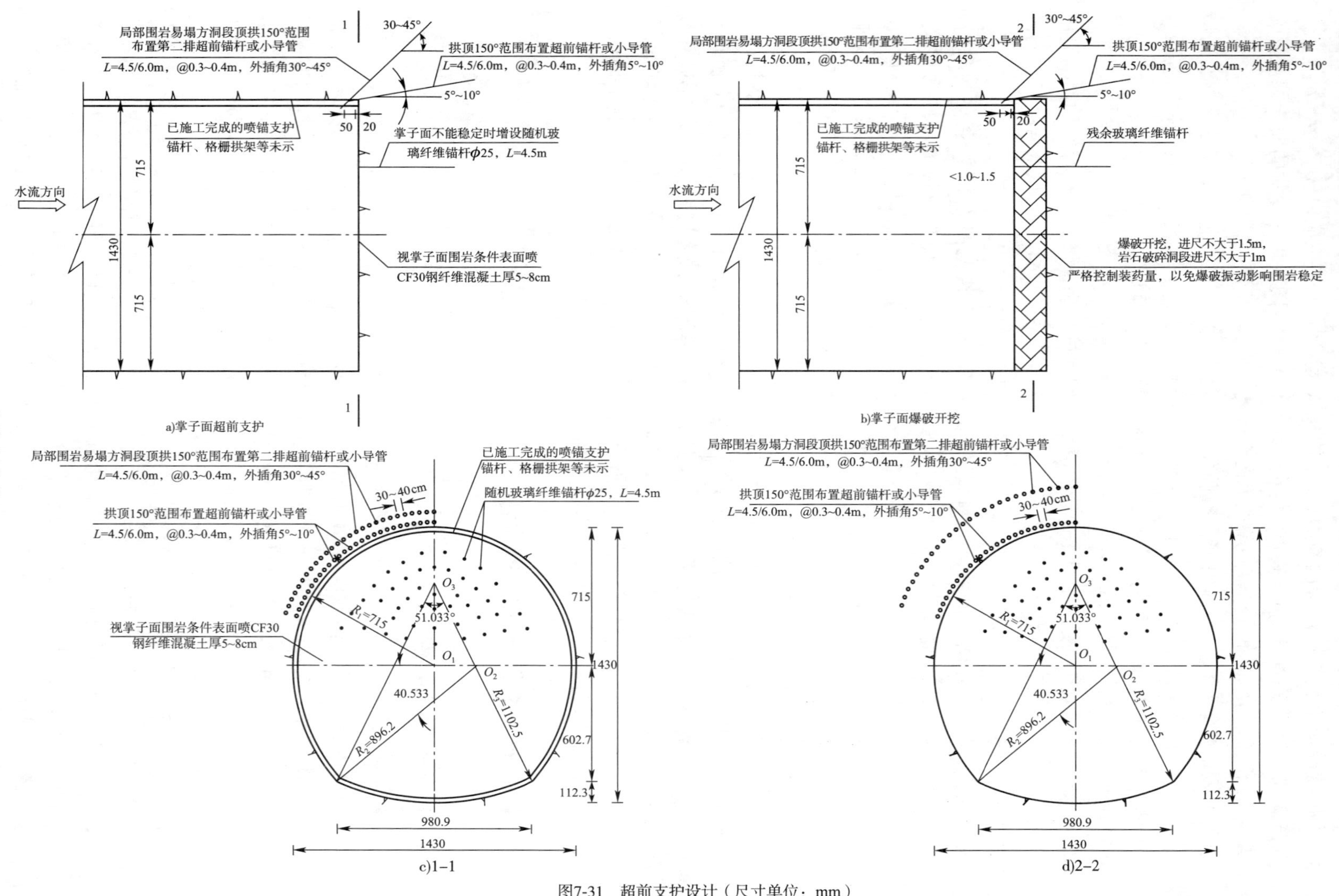

图7-31 超前支护设计（尺寸单位：mm）

(3)下台阶开挖

下台阶开挖高度5.3m,断面面积49.6m^2,采用一次性下卧方式组织施工,在掌子面两侧边墙施作超前锚杆,型号:ϕ25,L=4.5m玻璃纤维锚杆,外插角30°,按50cm间距布置三排。采用手风钻造孔,人工注浆安装。

7.4.2　施工方案与措施

上半断面掘进进尺控制在0.8～1m,下半断面进尺控制在1.5～2.0m。采用手持风钻钻孔,以弱爆破为主(图4-50和图4-51)。当围岩为纯绿泥石片岩时,以机械开挖为主,局部辅以弱爆破,并做好各类量测。

1)上半断面开挖工艺流程及质量控制要点

(1)试验段软岩隧洞上半断面开挖工艺流程

试验段软岩隧洞上半断面开挖工艺流程如图7-32所示。

(2)质量控制要点

①根据施工图,结合不同的围岩类别准确绘出开挖轮廓。

②必须先施工掌子面玻璃纤维锚杆,并严格灌浆作业,使之有足够的黏结力,同时玻璃锚杆要结合掌子面的实际情况施作:当为纯绿片岩石,必须根据成果全掌子面施作;如果有局部大理岩夹层,可视现场实际情况在软弱带施作。

③超前支护也要视现场实际情况施作,原则上要对拱顶范围的120°作到位,同时要注意靠既有拱架端与之可靠连接。

④如果为绿片岩,尽量用机械方式进行开挖,但当机械开挖困难时,才布孔进行弱爆破,并遵循"浅孔、多眼、少药、多段、大时差"原则。

⑤当实施了掌子面预加固后,纯绿片岩进尺严禁超过1m。

⑥玻璃锚杆或超前支护搭接长度控制在2.5m,严禁小于2.0m。

⑦在爆破时同步作好爆破振动监测,并建立回归方式,为爆破设计提供依据。

⑧松动圈检测、爆破振动监测及断面收敛信息综合分析,是优化设计支护、改善施工方法的基础工作,必须及时收集信息与整理。

2)下半断面开挖工艺流程及质量控制要点

(1)试验段软岩隧洞下半断面开挖工艺流程

试验段软岩隧洞下半断面开挖工艺流程如图7-33所示。

(2)质量控制要点

①锚筋桩注意施工角度及线型控制,难以与围岩密贴部位要用混凝土找平,以保证受力可靠,同时注意锚筋桩头尽量不要侵入到混凝土衬砌断面内。

②中槽开挖因有良好的条件,在纯绿片岩洞段只能用机械或油炮开挖,避免第二次扰动围岩;如果有大理岩夹层洞段,可以辅以弱爆破。中槽靠下卧开挖面端不能太低,一般控制在上半断面底部下2～3m即可,其运输坡度不要超过10%。

③为稳定中槽两侧围岩,防止引起上断面二次变形,必须尽快施作玻璃纤维锚杆,同时保证两侧的夹角控制在30°～45°。

④在中槽一切准备工作完成之后才允许进行下卧作业。下卧尽量不爆破作业，必要时可采取弱爆破，但在开挖前必须先作两侧边墙预加固，然后再进行开挖作业。

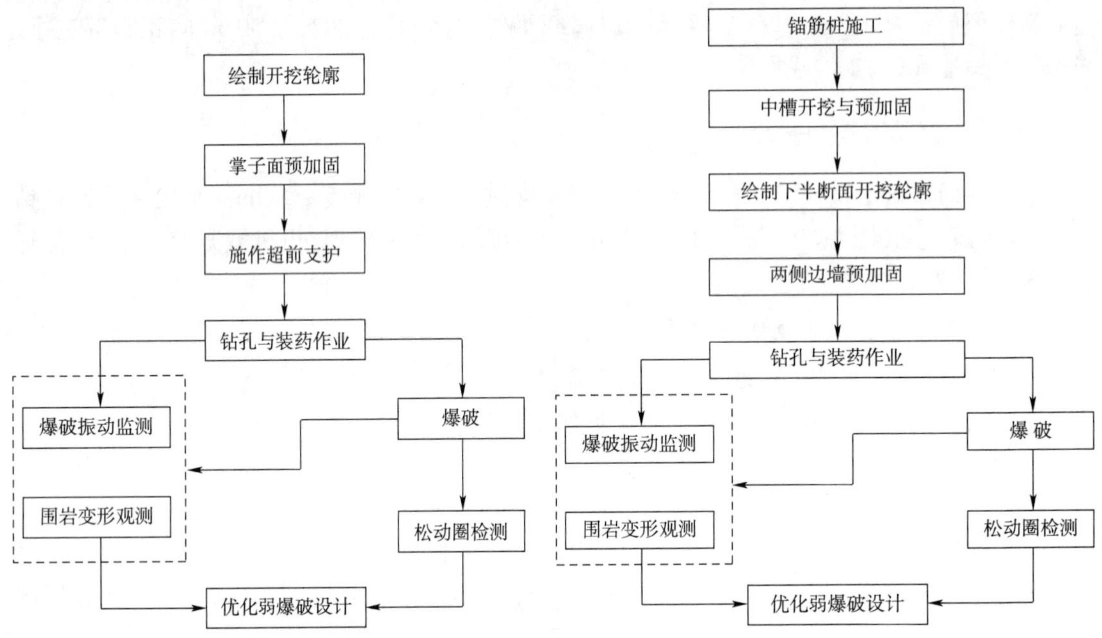

图 7-32　试验段上半断面开挖工艺流程图

图 7-33　试验段下半断面开挖工艺流程图

⑤卧开挖面极容易产生施工积水或洞内积水汇积，必须设置专门的抽水人员负责及时抽水，力求截断水的来路，防止过多浸泡。

⑥对隧道底的松渣必须全部清除干净后才能施作初喷，并喷到设计轮廓后再作拱架安装。

7.4.3　施工组织

(1) 主要劳动力投入

上、下半断面施工主要劳动力投入分别见表 7-5、表 7-6。

上半断面施工主要劳动力投入　　表 7-5

序　号	工　种	数量(人)	序　号	工　种	数量(人)
1	综合管理	1	10	拱架支护班组	15
2	技术管理	3	11	喷混凝土班组	8
3	质量员	1	12	混凝土罐车司机	6
4	安全员	2	13	台车钻孔班组	5
5	领工员	3	14	系统锚杆安装班组	12
6	试验员	3	15	拱架制作班组	4
7	开挖班组	30	16	值班车司机	2
8	装挖班组	6	17	文明施工班组	6
9	运渣班组	20	18	清渣工人	10
投入人力资源合计					137

下半断面施工主要劳动力投入　　表 7-6

序　号	工　种	数量(人)	序　号	工　种	数量(人)
1	综合管理	1	10	拱架支护班组	8
2	技术管理	5	11	喷混凝土班组	3
3	质量员	3	12	混凝土罐车司机	5
4	安全员	3	13	台车钻孔班组	4
5	领工员	3	14	系统锚杆安装班组	5
6	试验员	2	15	拱架制作班组	5
7	开挖班组	10	16	值班车司机	2
8	装挖班组	4	17	文明施工班组	12
9	运渣班组	10	18	清渣工人	10
投入人力资源合计					95

(2)主要机械设备投入

上、下半断面施工主要机械设备投入分别见表7-7、表7-8。

上半断面施工主要机械设备投入　　表 7-7

序　号	设 备 名 称	数量(台)	序　号	设 备 名 称	数量(台)
1	手持风钻	25	8	混凝土罐车	3
2	挖掘机	1	9	值班车	2
3	装载机	1	10	升降车	1
4	红岩运渣车	15	11	钢筋弯曲机	2
5	GS25EB 注浆机	2	12	电焊机	8
6	凿岩台车	1	13	切割机	4
7	寿力空压机($25m^3$)	4	14	湿喷台车	1
投入机械设备合计					70

下半断面施工主要机械设备投入　　表 7-8

序　号	设 备 名 称	数量(台)	序　号	设 备 名 称	数量(台)
1	手持风钻	8	8	混凝土罐车	3
2	挖掘机	1	9	值班车	2
3	装载机	1	10	升降车	1
4	红岩运渣车	10	11	钢筋弯曲机	2
5	GS25EB 注浆机	3	12	电焊机	8
6	凿岩台车	1	13	切割机	4
7	寿力空压机($25m^3$)	1	14	湿喷台车	1
投入机械设备合计					46

7.4.4 GFRP 注浆锚杆施工

锦屏西端引水隧洞进入 T_1 绿泥石片岩地层后，随着开挖的进行，掌子面不稳定性的问题逐渐凸显，并在引(1)1+759m 发生了塌方事故[图 7-12b)]，严重影响了施工安全和进度。

GFRP 注浆锚杆布置如图 7-34 和图 7-35 所示。施工前对掌子面先及时用 CF30（纳米混凝土）封堵。喷混凝土强度达到75%后进行钻孔，采用先注浆后插杆的方式，采用 M25 水泥砂浆（配合比为水泥：河砂：水 = 1∶1.28∶0.45）。上断面采用的 GFRP 注浆锚杆型号：$\phi25$，$L=6$m，布置于掌子面中部，间距 1m，外露长度 20～30cm，采用三臂台车造孔，人工注浆安装；下断面 GFRP 注浆锚杆型号：$\phi25$，$L=4.5$m，在掌子面两侧边墙布置 2～3 排，间距 0.5m，采用手风钻造孔，人工注浆安装。图 7-36～图 7-38 为现场 GFRP 注浆锚杆施工。

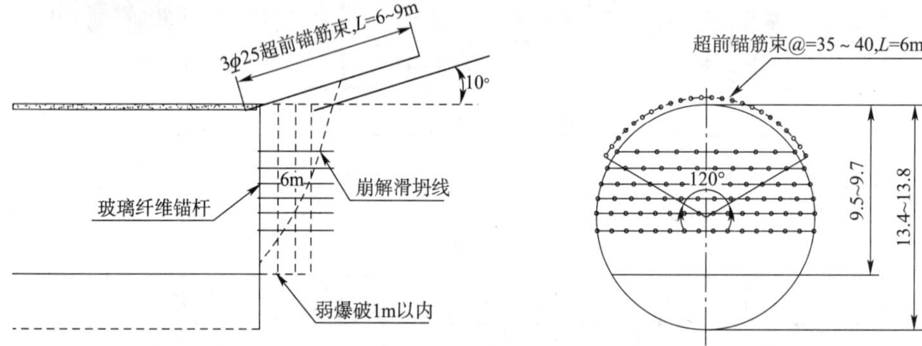

图 7-34　上下部开挖施工示意图

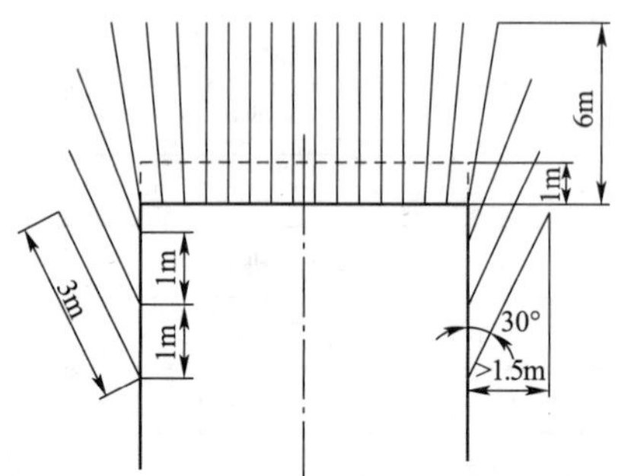

说明：
1. 本图比例示意，单位以m计；
2. 使用玻璃纤维锚杆，对掌子面及超前支护以下隧洞周边两侧进行加固；
3. 玻璃纤维锚杆施工前先及时用CF30(纳米混凝土)封堵掌子面；
4. 玻璃纤维锚杆长度与坍塌范围相关，先期试验按6m长度布置,@=0.6~0.8m；
5. 开挖孔深不得大于1m，且采取机械与弱爆破相结合的方式进行。机械开挖宜使用风镐；弱爆破的平均单耗不得大于每方0.5kg且雷管只得使用1、5、9、11～20各段，掏槽区同面雷管不得超过2发，严禁用Ms1段多孔一起掏槽齐发爆破。

图 7-35　GFRP 注浆锚杆布置图

图 7-36　GFRP 注浆锚杆加固上半断面掌子面

图 7-37 GFRP 注浆锚杆加固下半断面边墙

a)注浆

b)插杆

图 7-38 GFRP 注浆锚杆施工

7.4.5 弱爆破施工

(1)上断面弱爆破施工

引水隧洞试验段上半断面弱爆破施工结合掌子面实际情况,依据“浅眼、多孔、多段、少药、大时差”的原则进行钻爆作业。图 7-39 分别为现场上断面弱爆破施工和炮孔布置图。

a)上断面弱爆破施工

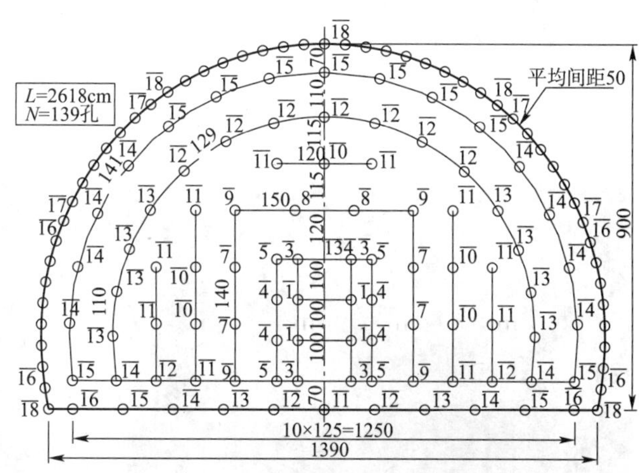

b)上断面弱爆破布置图(单位:mm)

图 7-39 上断面弱爆破施工

(2)下卧弱爆破施工

锦屏引水洞西端绿泥石片岩洞段下卧施工过程中,由于围岩较破碎,开挖后边墙位置的上部初期支护缺乏支撑[图7-41a)],容易发生失稳。如果出现不适当爆破,极易导致边墙塌方,使上部支护结构松动而失去支护效果。一次性下卧弱爆破如图7-40所示。由于实际中槽地质条件跟预测不同,现场中槽弱爆破布孔只能依据原则结合实际情况布置,图7-41b)为引(1)+760m里程下卧采用的炮孔布置图,图7-42为现场弱爆破前后的掌子面情况,爆破参数详见表7-9。

a)一次下卧施工

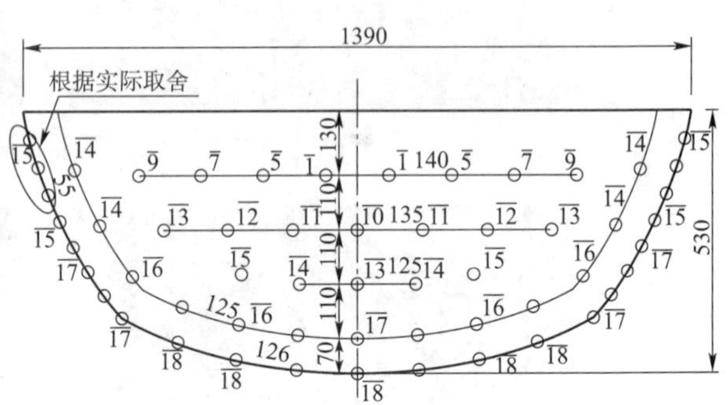

b)一次下卧炮孔布置图(尺寸单位：mm；高程单位：m)

图7-40　一次下卧弱爆破施工

a)中槽下卧施工

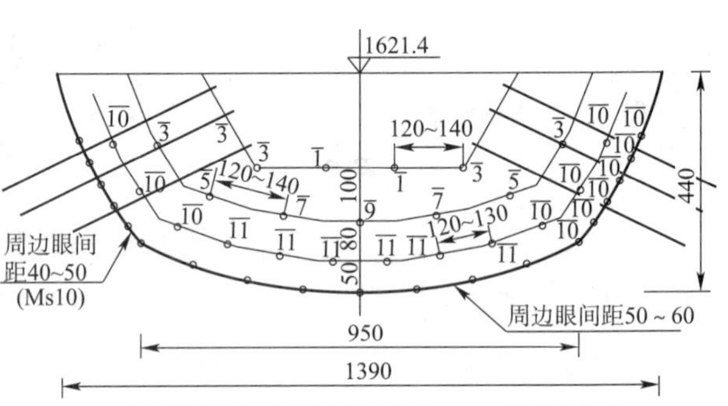

b)中槽下卧炮孔布置图(尺寸单位:mm；高程单位:m)

图7-41　中槽下卧弱爆破施工

a)爆破前

b)爆破后

图7-42　中槽下卧弱爆破前后

下卧弱爆破参数 表 7-9

雷管段数	炮孔名称	炮孔直径(mm)	孔深(m)	孔数(个)	单孔装药量(kg)	段装药量(kg)
1-3	辅助孔	42	1	8	0.1	0.8
3-13	辅助孔	42	1	32	0.2	6.4
13-15	周边孔	42	1	12	0.4	4.8

7.4.6 松动圈检测

通过松动圈测试可确定隧洞受爆破开挖的影响而形成的爆破松动区的深度，为隧洞开挖和支护措施的优化提供依据。表 7-10 为揭露 T_1 地层松动圈检测统计，最大松弛深度达 14m，严重影响到支护结构的作用，说明开挖过程对围岩进行了较大程度的扰动。引水隧洞试验段松动圈检测采用单孔声波法，测试仪器为武汉岩海公司生产的 RS-ST01C 型非金属智能声波检测仪。试验段测点布置如图 7-43 所示，分别位于拱顶、左右拱肩及左右边墙。图 7-44 为现场松动圈检测操作及测孔示意图。

1 号引水隧洞左边墙 1+650~740 单孔声波检测统计成果表 表 7-10

孔号	孔深(m)	松弛深度(m)	松弛岩体波速最小值(m/s)	松弛岩体波速最大值(m/s)	松弛岩体波速均值(m/s)	原岩波速最小值(m/s)	原岩波速最大值(m/s)	原岩波速平均值(m/s)	测量全距(m/s)	松弛度(%)
1+676	15	7.0	3546	5051	4217	3704	5051	4553	1830	7.38
1+696	15	5.4	3086	4902	3628	3401	5051	4258	3087	14.80
1+696(拱肩)	10	6.8	3472	5051	4262	4630	5051	4883	1579	12.72
1+726	15	14.0	3030	5051	4167	—	—	—	—	17.50

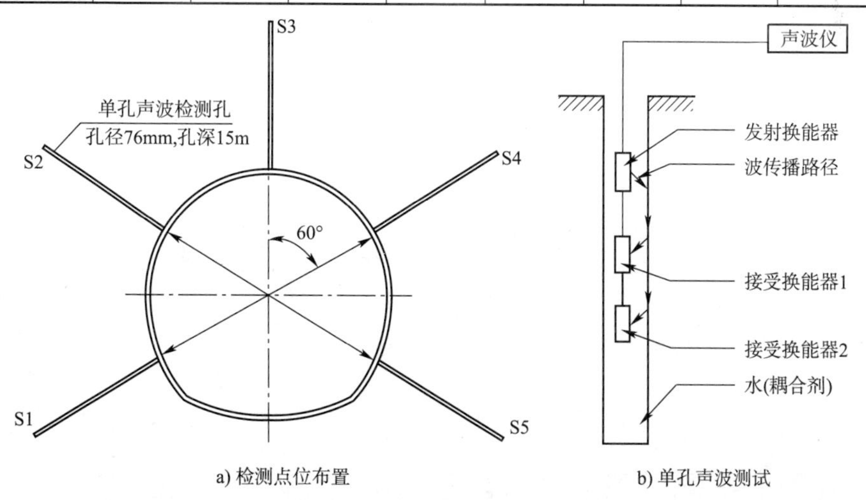

图 7-43 松动圈检测示意图

注：面向大桩号，S1 在洞室左侧，S5 在洞室右侧

引(1)1+765m 里程断面松弛深度检测成果见表 7-11、图 7-45 和图 7-46。从成果图表中分析，1 号引水隧洞 1+765m 断面松弛深度范围在 3.4~5.2m。断面岩体总体声波速度范围为 3086~5747m/s，平均波速为 4612m/s。

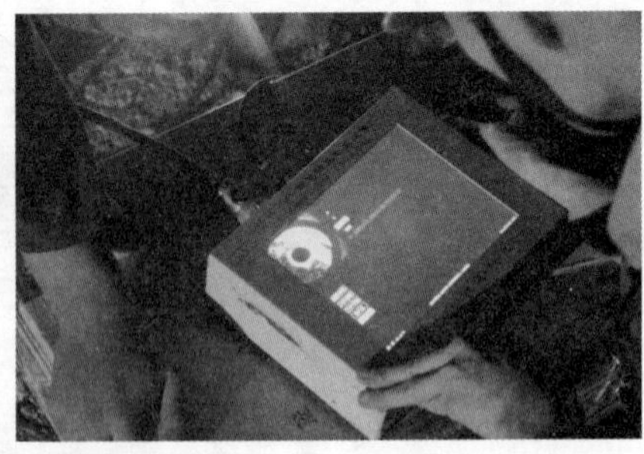

图 7-44　现场松动圈测试

1 号引水隧洞 1 +765m 断面松弛深度声波检测成果(弱爆破)　　表 7-11

孔号	测试深度(m)	松弛深度(m)	松弛岩体波速最小值(m/s)	松弛岩体波速最大值(m/s)	松弛岩体波速均值(m/s)	原岩波速最小值(m/s)	原岩波速最大值(m/s)	原岩波速平均值(m/s)	松弛度(%)
S1	10	4	3268	4274	3840	3546	5747	4954	22.48
S2	10	3.6	3401	4630	4029	3968	5747	4871	17.29
S3	10	3.8	3704	4762	4160	3623	5747	4712	11.71
S4	10	3.4	3623	4762	4278	4274	5747	5007	14.56
S5	10	5.2	3086	5376	4240	3968	5747	4947	14.29

引(1)1 +765m 松动圈测试结果与表 7-12 和表 7-13 所示采用常规开挖方法时相比,平均波速增加松弛深度有一定的减小,说明弱爆破措施及附近已开挖段的支护措施是比较合理的。

1 号引水隧洞 1 +665m 断面松弛深度声波检测结果(常规爆破)　　表 7-12

孔号	测试深度(m)	松弛深度(m)	松弛岩体波速最小值(m/s)	松弛岩体波速最大值(m/s)	松弛岩体波速均值(m/s)	原岩波速最小值(m/s)	原岩波速最大值(m/s)	原岩波速平均值(m/s)	松弛度(%)
S1	15	6.4	3509	4348	3810	3774	4651	4168	8.59
S2	15	5.4	3448	4444	3953	3704	4878	4229	6.50
S3	15	4.2	3509	4545	4046	4167	5882	5020	19.40
S4	15	3.8	3390	4651	3911	3774	6250	4742	17.52
S5	15	3.8	3279	5128	4007	3571	6452	5220	23.23

2 号引水隧洞 1 +635m 断面松弛深度声波检测结果(常规爆破)　　表 7-13

孔号	测试深度(m)	松弛深度(m)	松弛岩体波速最小值(m/s)	松弛岩体波速最大值(m/s)	松弛岩体波速均值(m/s)	原岩波速最小值(m/s)	原岩波速最大值(m/s)	原岩波速平均值(m/s)	松弛度(%)
S1	15	6.2	3030	4167	3645.6	3571	6452	4859.7	24.98
S2	15	5	3030	4444	3626.7	3846	5263	4521.8	19.80
S3	15	5.8	3279	4255	3713.8	3774	6452	4982.2	25.46
S4	15	3.8	3030	4255	3653.1	4082	6667	5421.6	32.62
S5	15	1	3226	6897	5706.3	4878	6897	6218.2	8.23

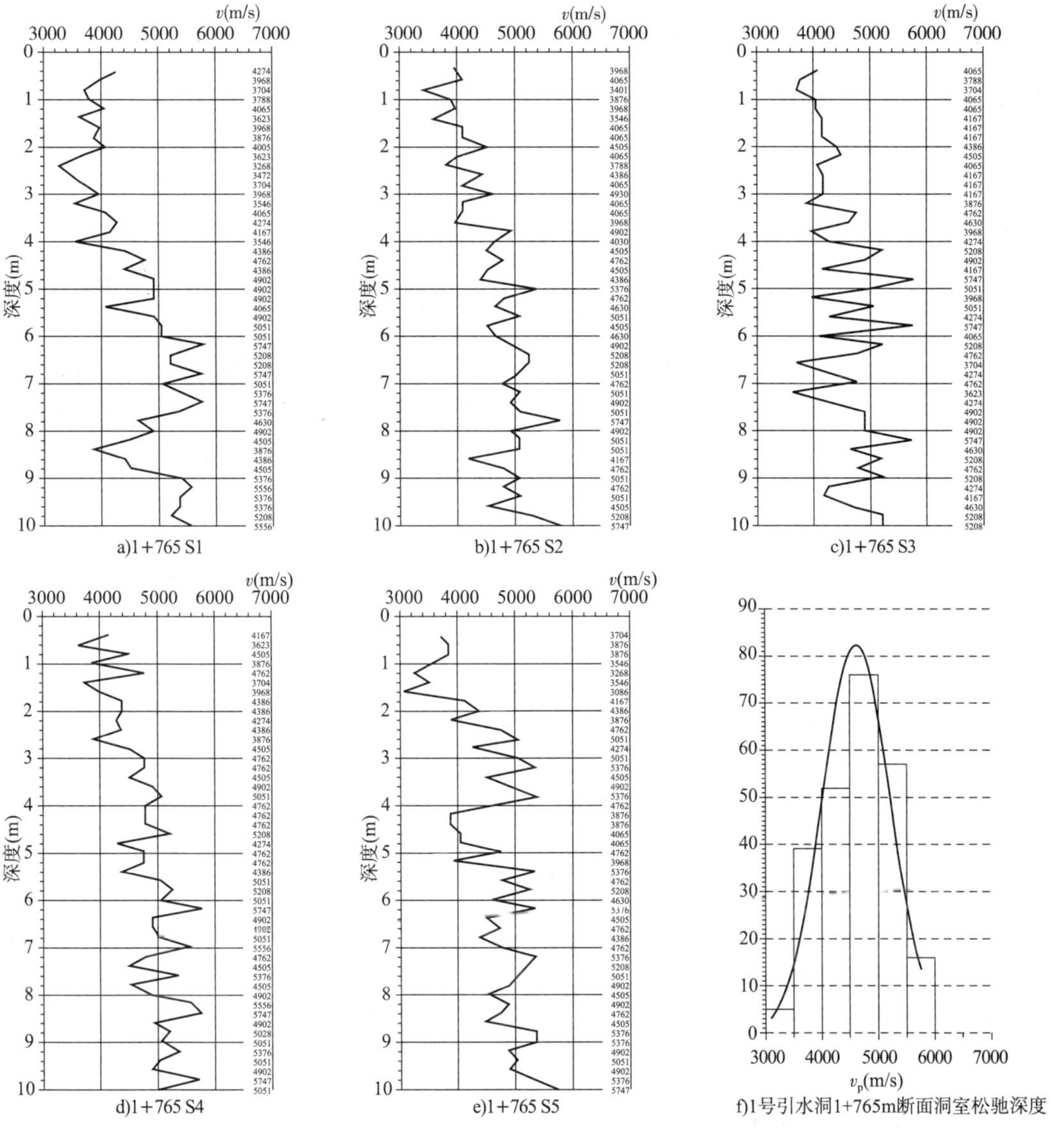

a)1+765 S1

b)1+765 S2

c)1+765 S3

d)1+765 S4

e)1+765 S5

f)1号引水洞1+765m断面洞室松弛深度声波(v_p)分布频态

图 7-45　1 号引水隧洞 1 +765m 断面松弛深度声波检测图

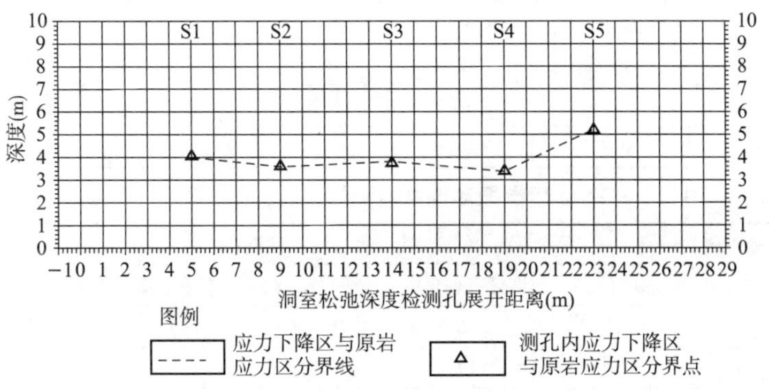

图 7-46　1 号引水隧洞 1 +765m 断面松弛深度分布图

7.4.7 爆破振动监测

通过爆破振动监测,可指导优化弱爆破设计。锦屏引水隧洞 T_1 地层试验段爆破振动监测仪器为加拿大 Instantel 公司生产的 Minimate Blaster 型爆破振动监测仪。图 7-47 为引(1) + 760 里程爆破振动监测布点图,图 7-48 为现场监测操作示意图。

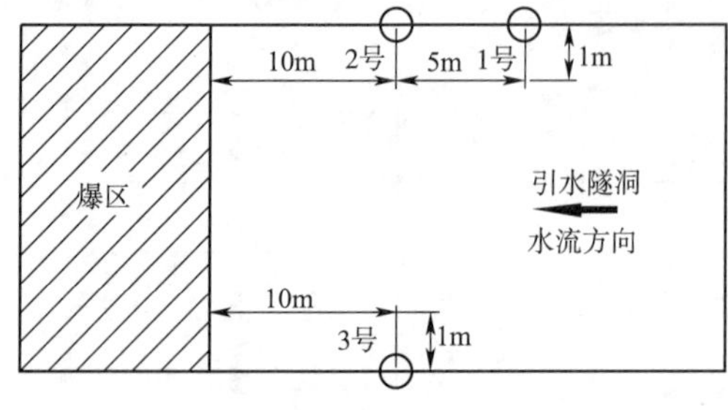

图 7-47 爆破振动测点布置图

图 7-48 现场爆破振动监测操作

图 7-49 为各测点原始振动曲线,表 7-15 为采用弱爆破措施的振动监测结果,表 7-17 为采用常规爆破时的振动监测结果,可以看出随距离的增加,质点振动的速度降低。采用弱爆破措施后,质点振速监测结果见表 7-14 和表 7-15,最大振动速度为上半断面 2.2cm/s,下半断面 1.4cm/s(规范要求软岩洞段爆破开挖,振速不应大于 3.0cm/s),而采用常规爆破方式开挖时(表 7-16、表 7-17),最大振动速度达 5.7cm/s 和 3.6cm/s,表明采用弱爆破方式可以达到减小围岩振动的效果,对稳定围岩和减小松动范围具有明显的作用。

另外,从表 7-15 可看出最大的主振动周期(铅垂)为 13ms(77.7Hz),根据弱爆破设计原则,要求雷管段间时差大于 2.5T 时,主振动不至于叠加,即 34ms,并结合雷管的制造误差影响,为此在低段 Ms1 ~ Ms9 段前均跳段使用,且同段少用,完全满足减振要求。本试验采取的 Ms1、3、5、7、9、11、13、15 计八个段,从曲线分析看出最大振速在 50ms、100ms 两个段别上,对应 Ms3 和 Ms5,现场实际在这两个段的药量较多、同时同段 7 孔 Ms3 比设计原则多了 3 孔,尽管如此,实际测得的三向振动速度均比预期要小。这也充分验证了弱爆破设计原则的正确合理性。

通过振动监测发现,上半断面振动明显高于下卧(表 7-14 ~ 表 7-17),其原因一是受监控面影响、二是炸药消耗高导致的。

引(1) +760m 质点振动速度监测成果表(上半断面弱爆破) 表 7-14

测点编号	传播距离(m)	径向(X)		切向(Y)		铅垂向(Z)	
		速度(cm/s)	频率(Hz)	速度(cm/s)	频率(Hz)	速度(cm/s)	频率(Hz)
1 号	15	1.068	182.3	1.746	177.3	0.733	101.2
2 号	10	2.217	203.5	1.901	192.8	2.064	222.3
3 号	10	0.872	124.6	0.891	186.1	1.368	176.2

引(1) +760m 质点振动速度监测成果表(下半断面弱爆破) 表 7-15

测点编号	传播距离(m)	径向(X)		切向(Y)		铅垂向(Z)	
		速度(cm/s)	频率(Hz)	速度(cm/s)	频率(Hz)	速度(cm/s)	频率(Hz)
1 号	15	0.372	166.7	0.944	195.1	0.419	153.8
2 号	10	1.135	117.6	0.818	111.1	1.389	83.3
3 号	10	0.164	89.9	0.198	111.1	0.342	78.4

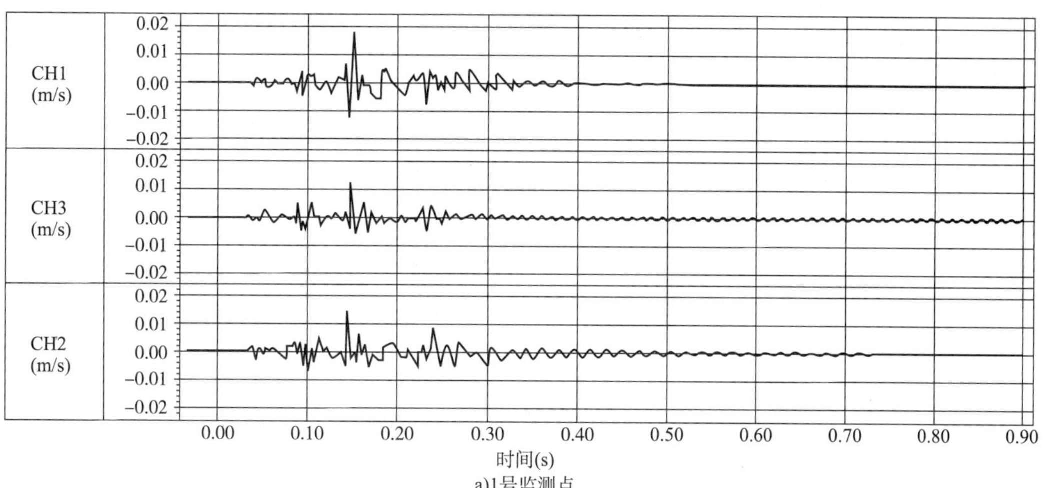

a)1号监测点

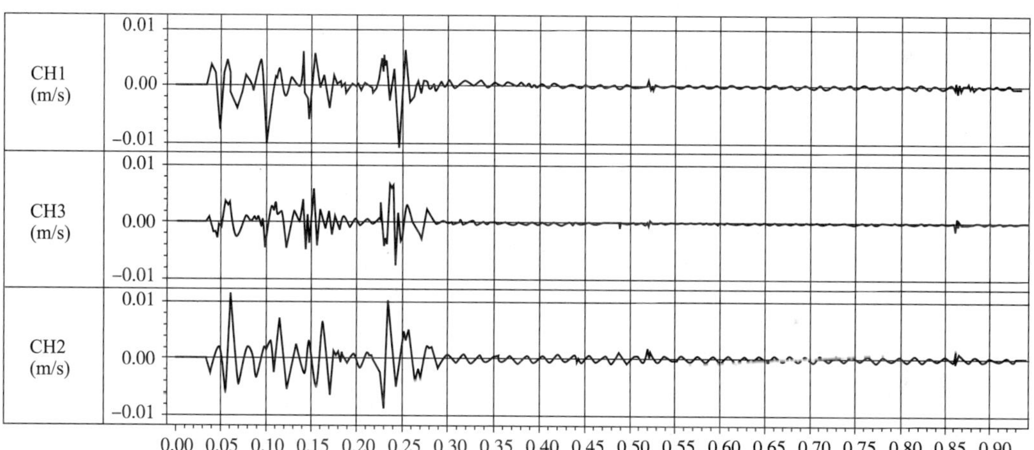

b)2号监测点

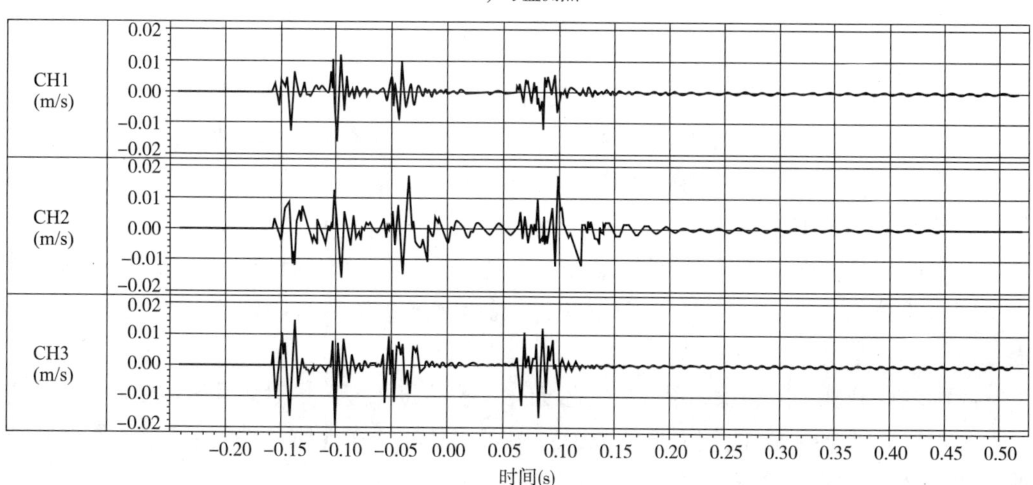

c)3号监测点

图7-49　测点爆破振动波形图

引(1)+646m 质点振动速度监测成果表(上半断面常规爆破) 表 7-16

测点编号	传播距离(m)	径 向 (X)		切 向 (Y)		铅垂向(Z)	
		速度(cm/s)	频率(Hz)	速度(cm/s)	频率(Hz)	速度(cm/s)	频率(Hz)
1 号	20	2.668	220.7	2.691	216.7	1.902	211.0
2 号	15	4.521	246.3	3.712	266.0	4.571	287.6
3 号	10	5.687	329.5	3.512	239.5	3.619	182.1

引(1)+646m 质点振动速度监测成果表(下半断面常规爆破) 表 7-17

测点编号	传播距离(m)	径 向 (X)		切 向 (Y)		铅垂向(Z)	
		速度(cm/s)	频率(Hz)	速度(cm/s)	频率(Hz)	速度(cm/s)	频率(Hz)
1 号	20	1.447	153.8	1.361	181.8	1.676	200.0
2 号	15	3.315	250.0	2.448	181.8	2.085	250.0
3 号	10	3.578	153.8	2.542	100.0	2.676	83.3

7.4.8 现场施工经验与教训

①预留变形量的确定应该结合理论分析和现场实测统计,在现场实测资料充足的情况下,应以实测资料为主要参考,其中断面扫描仪对围岩变形测量的数据包含了收敛仪无法测到的主要以围岩回弹引起的变形,可进行统计作为确定预留变形量的参考。

②对大断面($173cm^2$)工程软岩隧洞,不改变施工工法,仍采用台阶法开挖是可行的,能够正常稳定在 35m/月的掘进指标。施工过程中,上台阶高度取 8~9m,下台阶高度 5~6m,可方便支护作业,有利于开挖。在适当使用超前锚杆及 GFRP 注浆锚杆对掌子面进行超前支护情况下,可保证隧洞的顺利掘进,并能明显缩短工期。

③超前锚杆对隧洞拱顶围岩的预加固作用明显,能有效减小变形和塑性区的发展,其加固作用随锚杆长度增加而增大,当超前锚杆超过 10m 时,加固作用不再明显增强。根据现场情况,超前锚杆长度取 6~8m 比较合适。

④GFRP 注浆锚杆由于其抗拉强度高、抗剪强度低的性能,适应了大断面隧道快速机械化施工要求,在掌子面超前预加固中有不可替代的优越性。其对掌子面的加固作用主要表现为提高围岩参数、改善围岩受力。采用 GFRP 注浆锚杆可减小掌子面位移达 33.7%,对稳定掌子面作用十分明显,GFRP 注浆锚杆长度取 4~6m,间距 1~1.5m 时效果明显。

⑤掌子面超前加固搭接长度超过临界搭接长度时,对掌子面的影响作用减小,而临界搭接长度与围岩参数、隧洞几何参数及埋深等有关,现场掌子面搭接长度取 2~3m 可有效保证掌子面稳定。

⑥隧洞弱爆破施工时遵循多孔、浅孔、少药、多段、拉开时差、尽量单孔起爆的原则,对药量及起爆间隔时差严格控制,能较大限度减少对围岩的破坏。在地质条件复杂,尤其是围岩破碎的地层,弱爆破无疑是一种最为安全的掘进方式。

⑦下半断面一次性下卧还是拉中槽方式下卧,取决于施工措施、设计支护参数是否合理,对引起的二次变形两者无明显差异。

7.4.9 施工图像

GFRP 注浆锚杆、超前支护、下卧开挖施工现场分别如图 7-50 ~ 图 7-52 所示。

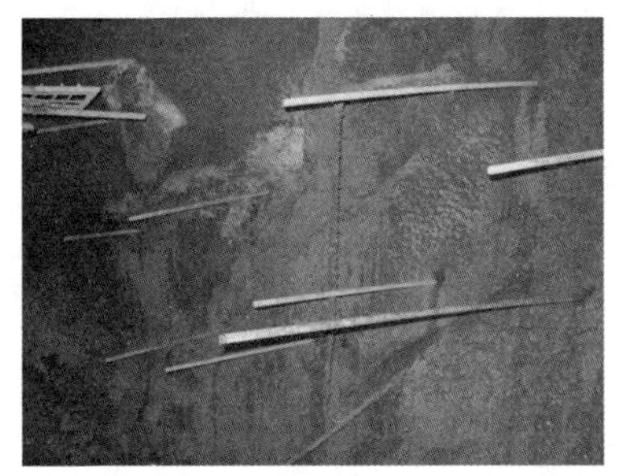

a) 爆破前

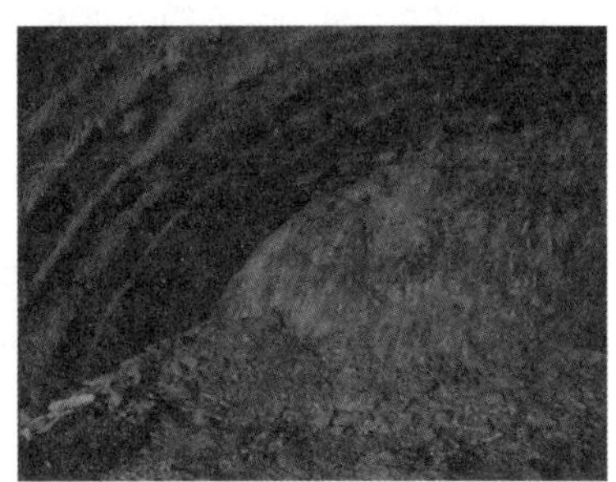

b) 爆破后

图 7-50 GFRP 注浆锚杆

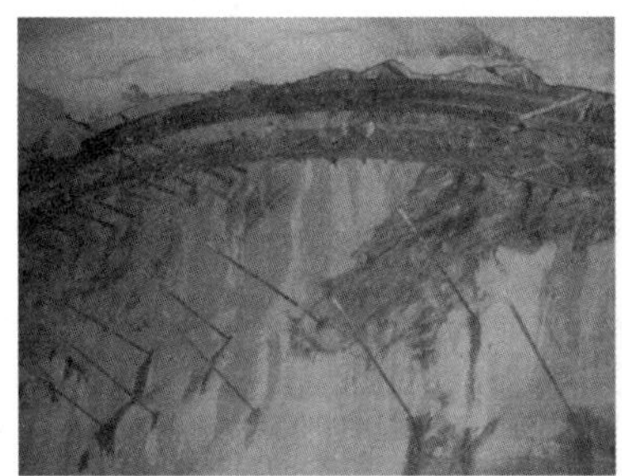

a)上台阶超前锚杆及GFRP锚杆

b)下台阶GFRP锚杆

图 7-51 超前支护

a)中槽下卧

b)一次下卧

图 7-52 下卧开挖

7.5 软岩段支护情况

7.5.1 设计情况介绍

试验段优化设计支护形式分为 A、B、C 及 S1 ~ S8 − n 型，各支护类别的具体参数详见表 7-18，各类支护示意见附录 1 ~ 附录 3。

绿泥石片岩大变形洞段沿线支护参数表　　表 7-18

支护形式	适用变形洞段	处理措施及步骤
A	轻微、中等挤压变形	1. 格栅拱架，间距 1.0m；锁腰锁脚锚杆 $\phi32$，$L=9$m 兼做加强支护锚杆；喷 CF30（硅粉）钢纤维混凝土 30cm；系统挂网
		2. 上半断面围岩变形较大或不收敛的区域增加随机锚杆 $\phi32$，$L=9$m
		3. 下挖前超前支护：边墙中部布置预应力锚杆 $\phi32$，$L=9$m，$T=120$kN；拱脚布置超前锚筋桩 3$\phi32$，$L=9$m；拱脚布置普通砂浆锚杆 $\phi32$，$L=9$m
		4. 下断面系统支护：格栅拱架，间距 1.0m；系统锚杆 $\phi32$，$L=6$m/9m，@×@ =1.0m×1.0m；喷 CF30（硅粉）钢纤维混凝土 30cm
B	严重挤压变形	1. H20 型钢拱架，间距 1.0m；锁腰锁脚锚杆 $\phi32$，$L=9$m 兼做加强支护锚杆；喷 CF30（硅粉）钢纤维混凝土 30cm；系统挂网
		2. 上半断面系统锚杆 $\phi32$，$L=9$m，间排距 2.0m×1.0m（环向×纵向）
		3. 下卧前超前支护：边墙中部布置预应力锚杆 $\phi32$，$L=9$m，$T=120$kN；拱脚布置超前锚筋桩 3$\phi32$，$L=9$m；拱脚布置普通砂浆锚杆 $\phi32$，$L=9$m
		4. 下断面系统支护：H20 型钢拱架，间距 1.0m；系统锚杆 $\phi32$，$L=6/9$m，@×@ =1.0m×1.0m；喷 CF30（硅粉）钢纤维混凝土 30cm
C	极其严重挤压变形，塌方洞段	1. 超前小导管支护：H20 型钢拱架，间距 0.5m；锁腰锁脚锚杆 $\phi32$，$L=9$m 兼做加强支护锚杆；喷 CF30（硅粉）钢纤维混凝土 30cm；系统挂网
		2. 上半断面系统锚杆 $\phi32$，$L=9$m，间排距 2.0m×1.0m（环向×纵向）
		3. 下挖前超前支护：边墙中部布置全长黏结型预应力锚索，$L=5$m，$T=1000$kN；拱脚布置超前锚筋桩 3$\phi32$，$L=9$m；拱脚布置普通砂浆锚杆 $\phi32$，$L=9$m
		4. 下断面系统支护：掌子面随机支护；H20 型钢拱架，间距 0.5m；系统锚杆 $\phi32$，$L=6$m/9m，@×@ =1.0m×1.0m；喷 CF30（硅粉）钢纤维混凝土 30cm
S1	视现场围岩条件而定	系统锚杆 $\phi25$，$L=4.5$m，@×@ =1.5m×1.5m，喷混凝土厚 10cm，局部挂网
S2		系统锚杆 $\phi28$，$L=4.5$m/6.0m，@×@ =1.5m×1.5m，喷混凝土厚 10cm，局部挂网
S3		系统锚杆 $\phi28$，$L=6.0$m，@×@ =1.5m×1.5m，喷混凝土厚 10cm，局部挂网
S4		系统锚杆 $\phi28$，$L=6.0$m/8.0m，@×@ =1.0m×1.0m，喷混凝土厚 10cm，局部挂网，格栅拱架@1.0m
S5		系统锚杆 $\phi28$，$L=6.0$m，@×@ =1.5m×1.5m，喷混凝土厚 10cm，局部挂网
S6		系统锚杆 $\phi28$，$L=8.0$m/10.0m，@×@ =1.0m×1.0m，喷混凝土厚 10cm，局部挂网，格栅拱架@1.0m
S7		系统锚杆 $\phi32$，$L=6.0$m/8.0m，@×@ =1.0m×1.0m，喷混凝土厚 10cm，局部挂网
S8		系统锚杆 $\phi32$，$L=8.0$m/10.0m，@×@ =1.0m×1.0m，喷混凝土厚 10cm，局部挂网，格栅拱架@1.0m
S8 − n		系统锚杆 $\phi28$/$\phi32$，$L=6.0$m/8.0m，@×@ =1.0m×1.0m，喷混凝土厚 20cm，局部挂网，型钢拱架@0.5m

7.5.2　施工方案与措施

锚杆施工以锚杆台车和三臂液压台车成孔为主，人工结合机械安装，低水灰比砂浆泵注浆；锚杆预应力使用扳手施加。喷混凝土使用机械喷射台车，9m^3 罐车运输混凝土。钢筋网利用液压平台施工。拱架现场冷弯，人工安装。安装收敛、多点位移计、锚杆应力计，进行断面扫

描检测。

1)试验段上半断面支护施工工艺流程及质量控制要点

(1)施工工艺流程

软岩隧洞上半断面支护施工工艺流程如图7-53所示。

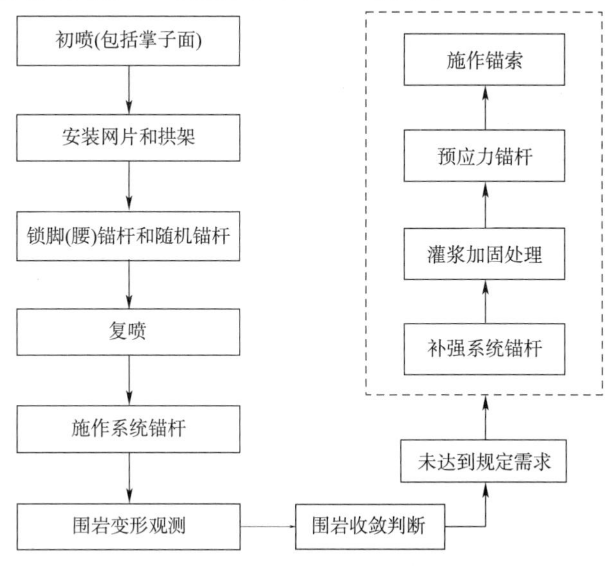

图7-53　软岩隧洞上半断面支护施工工艺流程图

(2)质量控制要点

①爆破出渣后必须尽快初喷CF30(外掺纳米)封闭掌子面和洞壁,以维持软岩不再进一步风化。

②初喷混凝土处理后,立即施作拱架。原则上在纯绿片岩洞段使用型钢拱架,有夹层部位使用格栅拱架,锁好拱脚与拱腰的锚杆。拱架安装尽量紧贴围岩,空腔用喷混凝土回填,严禁用洞渣回填。在拱架背后密贴安装钢筋网片。

③拱架安装之后,立即复喷直到覆盖拱架至少3cm。

④当掌子面掘进超过2倍洞径时(不超过30m),必须完成系统锚杆的施工,特殊情况根据量测数据提前安装。锚杆注意不要漏安垫板,尽量使用大垫板。

⑤初期支护完成后,监控量测距离掌子面的距离控制在5m左右,多点位移计有条件也要尽量早作。

⑥支护完成后,洞内施工排水要畅通,边墙脚严禁被施工用水浸泡,同时在初喷过程中,如果围岩有渗滴水存在,必须设置随机排水管引出。

⑦系统锚杆施工过程中要注意及时安装,如果因变形缩孔安装困难时,可加大钻孔;并注意砂浆锚杆要尽量黏稠(以手扼成团为标准),以确保灌浆饱满。

⑧根据量测信息及时掌握围岩的收敛情况,如果变形持续,要分析原因,并根据实际情况采取:补强系统支护、灌浆固结、施作预应力锚杆、锚索等。

⑨在下卧之前,必须完成锚筋桩的施工。

⑩灌浆应注意压力与浆液注入率及结束标准控制,确保灌浆固结质量。

⑪预应力锚杆、锚索严格控制锚头与预应力施加及回填灌浆质量。

⑫所有钻孔作业力求干钻作业(可用电钻或地质钻),防止软化绿片岩。

2)试验段下半断面支护施工工艺流程及质量控制要点

(1)施工工艺流程

软岩隧洞下半断面支护施工工艺流程如图7-54所示。

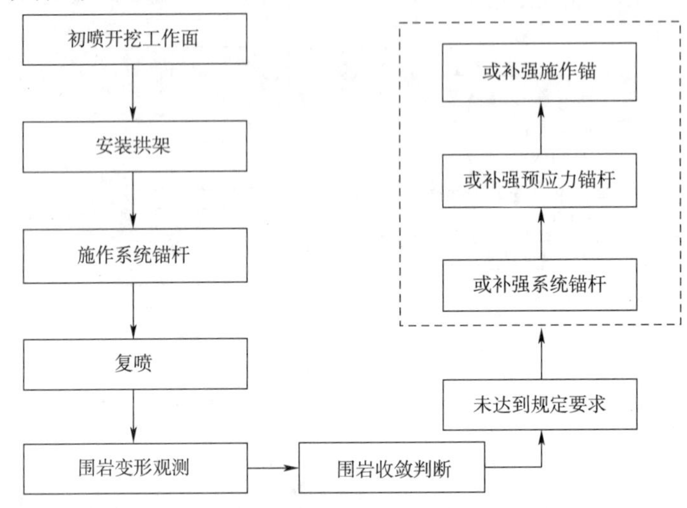

图7-54　软岩隧洞下半断面支护施工工艺流程图

(2)质量控制要点

①中槽开挖因有良好的条件,在纯绿片岩洞段只能用机械或油炮开挖,避免第二次扰动围岩;如果有大理岩夹层洞段,可以辅以弱爆破。中槽靠下卧开挖面端不能太低,一般控制在上半断面底部下3m即可,其运输坡度不要超过18%。

②为稳定中槽两侧围岩,防止引起上断面二次变形,必须尽快施作玻璃纤维锚杆。

③在中槽一切准备工作完成之后才允许进行下卧作业。下卧尽量不爆破作业,必要时可采取弱爆破,但在开挖前必须先作两侧边墙预加固,然后再进行开挖作业。

④卧开挖面极容易产生施工积水或洞内积水汇积,必须设置专门的抽水人员负责及时抽水,力求截断水的来路,防止过多浸泡。

⑤对隧道底的松渣必须全部清除干净后才能施作初喷,并喷到设计轮廓后再作拱架安装。拱架安装要上下对齐,如果特殊情况难以对齐上螺栓时,可采取绑焊等方式进行连接,切忌有单个栓孔连接或假连接现象存在。

⑥及时施作系统锚杆并完成后补喷直到满足设计要求。

3)超长砂浆锚杆施工工艺及质量控制要点

(1)施工工艺流程

砂浆锚杆施工质量控制的关键是砂浆灌注的饱满程度。其施工方法有两种:一是先灌浆后插杆,二是先插杆后灌浆。前者锚杆施工需要顶进设备,后者需要进排气管。质量前者容易保证,但需要稠浆灌注,后者砂浆不容易灌饱满。对于全长锚杆而言,无疑先灌浆后插杆工艺容易保证质量,其砂浆(稠浆)密实度可达到75%以上。全长砂浆锚杆对控制软岩大变形远优于中空注浆锚杆,施工工艺流程如图 7-55 所示。

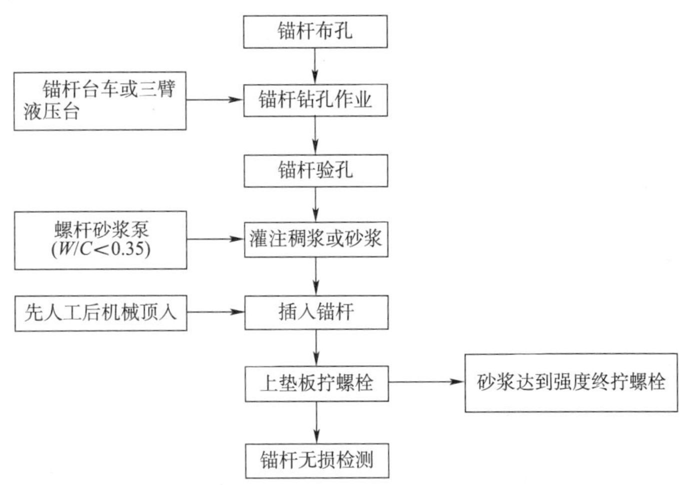

图 7-55 超长砂浆锚杆施工工艺流程图

(2)质量控制要点

①钻孔深度比锚杆略长 10cm 且 $\phi22 \sim \phi32$ 锚杆孔径宜大于 76mm(软岩会缩径)。

②砂浆或稠水泥浆灌注(用手扼成团为准),水灰比(W/C)小于 0.35。

③用螺杆式砂浆泵灌注,灌注时送浆管保证自动退出,用退管长度控制灌浆长度,原则上保证锚杆最终顶入后,孔口有少量稠浆流出孔口为度。

④上垫板初凝螺栓,待砂浆强度达到后再统一终拧。

⑤在终拧螺栓前,可根据垫板密贴岩面情况,加楔形垫块。

⑥无损检测包括锚杆长度与砂浆密实度,关键在于密实度必须保证≥75%为合格。

7.5.3 施工组织

(1)主要劳动力投入

主要劳动力投入见表 7-19。

主要劳动力投入 表 7-19

序号	工种	数量(人)	序号	工种	数量(人)
1	综合管理	2	7	拱架支护班组	5
2	技术管理	3	8	喷混凝土班组	3
3	质量员	2	9	混凝土罐车司机	3
4	安全员	2	10	台车钻孔班组	3
5	领工员	2	11	系统锚杆安装班组	6
6	试验员	3	12	拱架制作班组	3
投入人力资源合计					37

(2)主要机械设备投入

主要机械设备投入见表 7-20。

主要机械设备投入　　　表 7-20

序　号	设备名称	数量(台)	序　号	设备名称	数量(台)
1	353E 凿岩台车	1	7	混凝土罐车	3
2	湿喷台车	1	8	锚杆台车	1
3	地质钻机	2	9	锚杆安装升降车	1
4	电钻	8	10	HSB－5B 灌浆泵	2
5	GS25EB 注浆机	2	11	拱架冷弯机	1
6	寿力空压机($25m^3$)	1	12	—	—
投入机械设备合计					23

7.5.4 围岩与喷层黏结力试验

喷射混凝土是依靠同岩面的黏结强度传递应力、承载荷载，所以它同岩面的黏结力至关重要，也是喷层和围岩共同工作的保证。但在现场进行过多次不同部位、围岩类别的喷射混凝土与围岩黏结强度试验表明，结果大多不理想，多数试件在钻芯过程或拉拔过程中母岩直接断裂，部分试验结果不理想。但是反观现场部分喷射混凝土性能试验成果（表 7-21），现场大板试验取得的围岩与喷层的黏结强度大多符合设计要求，初步分析产生上述差异的原因可能有以下几点：

①受绿泥石片岩低强度特征所致，洞周围岩在爆破震动荷载作用下松弛严重，且引水隧洞沿线地应力量级较高，隧洞开挖后破裂/损伤严重，在物探测试成果上表现为连续分布的低波速带，由此导致多数试件在现场拉拔试验钻芯过程或拉拔过程中母岩直接断裂。

②现场拉拔试验钻孔取芯过程中，钻进过程本身对母岩及混凝土芯样造成了一定程度的损伤，导致试验结果不理想。而大板试验选用岩块进行劈拉试验，各方面条件优于现场直接拉拔试验。

尽管取得的有效数据相对不多，但是其余的做完完整试验过程的几组试验，包括室内大板试验取得的数据均满足设计要求。

现场喷射混凝土配合比及性能试验成果表明，掺无机纳米材料喷射混凝土性能总体上优于掺硅粉喷射混凝土，可能与掺无机纳米材料喷射混凝土密实程度及纤维分布均匀性较好有关，但各类型喷射混凝土性能指标均满足设计要求。需要注意的是，本次试验同样表明现场喷射质量对强度结果影响较大，喷射不密实时混凝土抗压强度和抗拉值偏小，且各类型混凝土回弹率普遍较预期大。

实际上，只要试验成果达到设计要求，本次试验的各类高性能喷射混凝土均有其自身的使用范围、条件，现场具体喷射类型的选用，更多的取决于喷射机械性能、操作人员熟练程度及使用意愿。从四种经验估算方法得到的喷射混凝土的抗冲切破坏、黏结破坏、抗剪切破坏、支撑破坏支护力对比可以看出，CF30 双掺无机纳米材料 + 钢纤维混凝土综合最佳，CF30 双掺硅粉 + 有机仿钢纤维混凝土相对最差。现场喷射混凝土类型暂定为双掺 CF30 硅粉钢纤维、CF30 纳米钢纤维、CF30 纳米仿纤维混凝土更多的是在综合考虑使用效果、工程经济对比等因素后，为便于现场实际操作而确定的，目的主要是为了避免频繁更换喷射混凝土类型，简化施

表 7-21

现场部分喷射混凝土性能试验成果表(大板试验)

配比序号	强度等级	外掺量(kg/m³)	坍落度(cm)	抗压强度(MPa)	抗拉强度(MPa)	抗弯拉强度(MPa)	抗渗等级	弹性模量(×10⁴MPa)	喷射混凝土与围岩黏结强度(劈裂法)(MPa)	弯曲韧度指数 I_5	弯曲韧度指数 I_{10}	弯曲韧度指数 I_{30}	韧度系数 $R_{30/10}$
				28d	28d	28d	28d	28d					
喷混凝土试验要求		—	—	≥30	≥2.0	≥3.0	≥W8	≥2.3	≥1.2MPa(Ⅱ类围岩) ≥1.0MPa(Ⅲ、Ⅳ类围岩)	≥3(仅针对有机仿钢纤维喷混凝土)	仅针对钢纤维喷混凝土 6~8	18~24	60~80
①	C30 纳米	—	22.1	46.1	3.16	—	—	—	1.92	—	—	—	—
②	CF30 纳米有机仿钢纤维(深圳维克)	8	21.0	43.4	3.25	10.0	≥W8	3.41	1.60	3.84	6.04	13.11	35.35
	CF30 纳米有机仿钢纤维(北京中纺)	8	16.4	38.3	3.07	9.2	≥W8	3.28	—	3.31	4.65	8.41	18.80
③	CF30 纳米钢纤维	40	21.0	44.7	4.27	—	—	—	1.55	4.01	8.20	28.81	103.05
④	CF30 纳米钢纤维	35	14.0	46.3	3.56	8.17	≥W9	3.12	1.56	3.81	7.48	22.46	74.90
⑤	CF30 硅粉有机仿钢纤维(深圳维克)	8	—	34.7*	2.30*	8.40	≥W9	2.38	1.45	3.55	5.66	12.40	33.68
⑥	CF30 硅粉钢纤维	40	18.1	49.4	4.19	—	—	—	1.84	3.96	7.18	19.45	61.35
⑦	CF30 硅粉钢纤维	35	18.0	31.4*	2.27*	—	—	—	1.92	3.82	6.77	17.62	54.25

注:配比序号⑤和配比序号⑦现场喷射混凝土抗压强度及抗拉强度试件喷射密实程度稍差,内部存在较多小气孔。

工,实现快速支护。

具体地,考虑到初喷混凝土目的是为了尽快封闭岩面,对于喷射混凝土的强度、及时性及可施喷性均要求较高,因此应优先选取掺加硅粉或纳米材料外加剂的混凝土类型。复喷混凝土相对于初喷就显得不那么迫切,施工过程中危险性也相对降低,因此复喷采用挂网后喷射C25素混凝土。

7.5.5 拱架施工

引(1)1+760~1+776围岩为完整性差、较破碎的Ⅳ类围岩,设计采用了型钢拱架支护[图7-56a)],型钢拱架使用H20型钢制作,每榀型钢拱架分为上下两层,上层分5段拼接,下层分4段拼接,拼接部位采用L10cm×10cm×1.6cm×22.5cm角钢、42.7cm×22.5cm×2cm架立钢板及M24螺栓连接,型钢拱架间距0.5m。型钢拱架尺寸如图7-57所示。

a) 型钢拱架

b) 格栅拱架

图7-56 试验段拱架支护

引(1)1+776~1+790围岩为完整性较好的Ⅳ类围岩,现场采用格栅拱架支护[图7-56b)]。格栅拱架使用4根ф25的钢筋焊制成截面为200mm×200mm矩形,与开挖洞室尺寸相同。每榀格栅拱架分为上下两层,上层分5段拼接,下层分4段拼接,拼接部位采用L10cm×10cm×1.6cm×22.5cm角钢、42.7cm×22.5cm×2cm架立钢板及M24螺栓连接。拱架间采用ф12的腹筋,箍筋采用ф10钢筋,间距25cm。拱架间距为0.5~1.0m。格栅拱架尺寸如图7-58所示。

7.5.6 系统锚杆施工及无损检测

(1)系统锚杆施工

锦屏引水隧洞系统锚杆方案有:自钻式锚杆、中空注浆锚杆、普通砂浆锚杆(先注浆后插杆、先插杆后注浆)。由于自钻式锚杆无法采用三臂台车施工,而中空注浆锚杆经现场运用发现其延伸率无法保证,在受力上不如砂浆锚杆,故这两种方案均未作为最终方案。普通先插杆后注浆锚杆效果良好,但是要增加注浆管导致工序复杂,且注浆管容易堵塞,可能使锚杆加固效果降低;先注浆后插杆锚杆在拱顶附近施工时浆液易流失导致锚杆加固效果减弱,经过调整浆液的配比,使其更黏稠,克服了先注浆后插杆锚杆难以在拱顶施工的弱点。图7-59为现场采用的带垫板普通砂浆锚杆结构图。以ф32mm,$L=6\text{m}$、9m的螺纹钢筋作为锚杆体,注浆浆液配合f比为水泥:砂:水=1:1.28:0.45(质量比),既能有效防止浆液流失也能保证锚杆的加固效果。图7-60为现场长锚杆施工操作图。

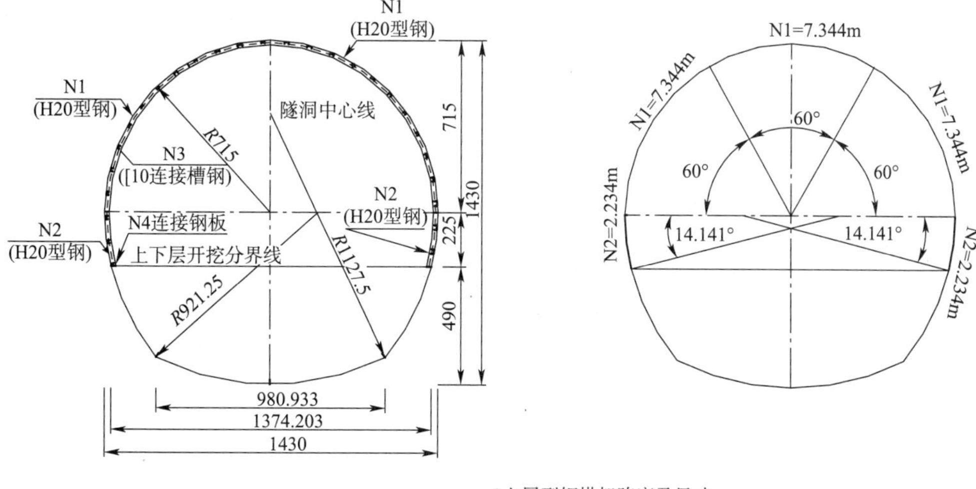

a)上层型钢拱架跨度及尺寸

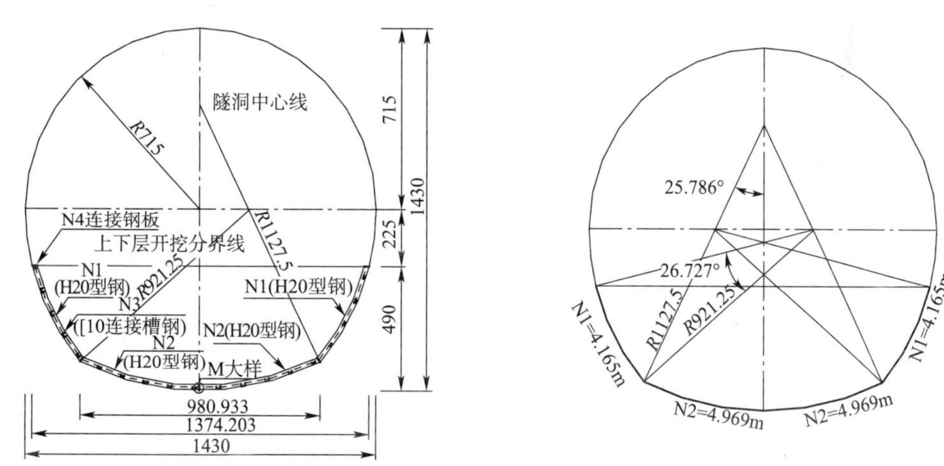

b)下层型钢拱架跨度及尺寸

图7-57 型钢拱架尺寸示意图(尺寸单位:mm)

(2)锚杆无损检测

针对隧洞锚杆检测工作环境,采用的仪器为武汉长盛的JL-MG(B)锚杆质量检测仪,该仪器采样精度高、分析软件功能齐全,并配有专用的超磁致能发射机作为震源,该震源性能稳定、频带宽、短余振、重复性好。设计要求锚杆密实度达75%为合格。

图7-61为现场典型锚杆检测波形图,从a)图中可看出,反射波衰减较快,由于锚固质量较好,在锚杆底部没有明显的反射,从波形图中无法看出底部确切位置。通过相位分析可以看出一突变,确定为锚杆底部,实测长度8.999m,设计长度9.000m。注浆密实度为92%,说明锚杆锚固质量合格。从b)图中可看出,反射波衰减很慢,并有缺陷强反射,锚杆底部反射明显,注浆密实度为70%,说明锚固质量不合格。

7.5.7 预应力锚杆施工

软岩洞段边墙位置均采用了预应力锚杆,图7-62为预应力锚杆孔位布置图。预应力锚杆

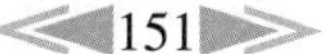

体采用了 ϕ32mm，$L=9.0$m 的螺纹钢筋，内锚固段为 1.5m。注浆管采用内径/外径 = 14mm/16mm 型号 PVC 管，止浆环采用橡胶圈或麻丝，二次注浆管及止浆环绑扎如图 7-63 所示。砂浆制作为现场拌制，水泥: 砂: 水 = 1: 1: 0.45(质量比)；水泥采用强度等级为 P. O 42.5 的普通硅酸盐水泥。

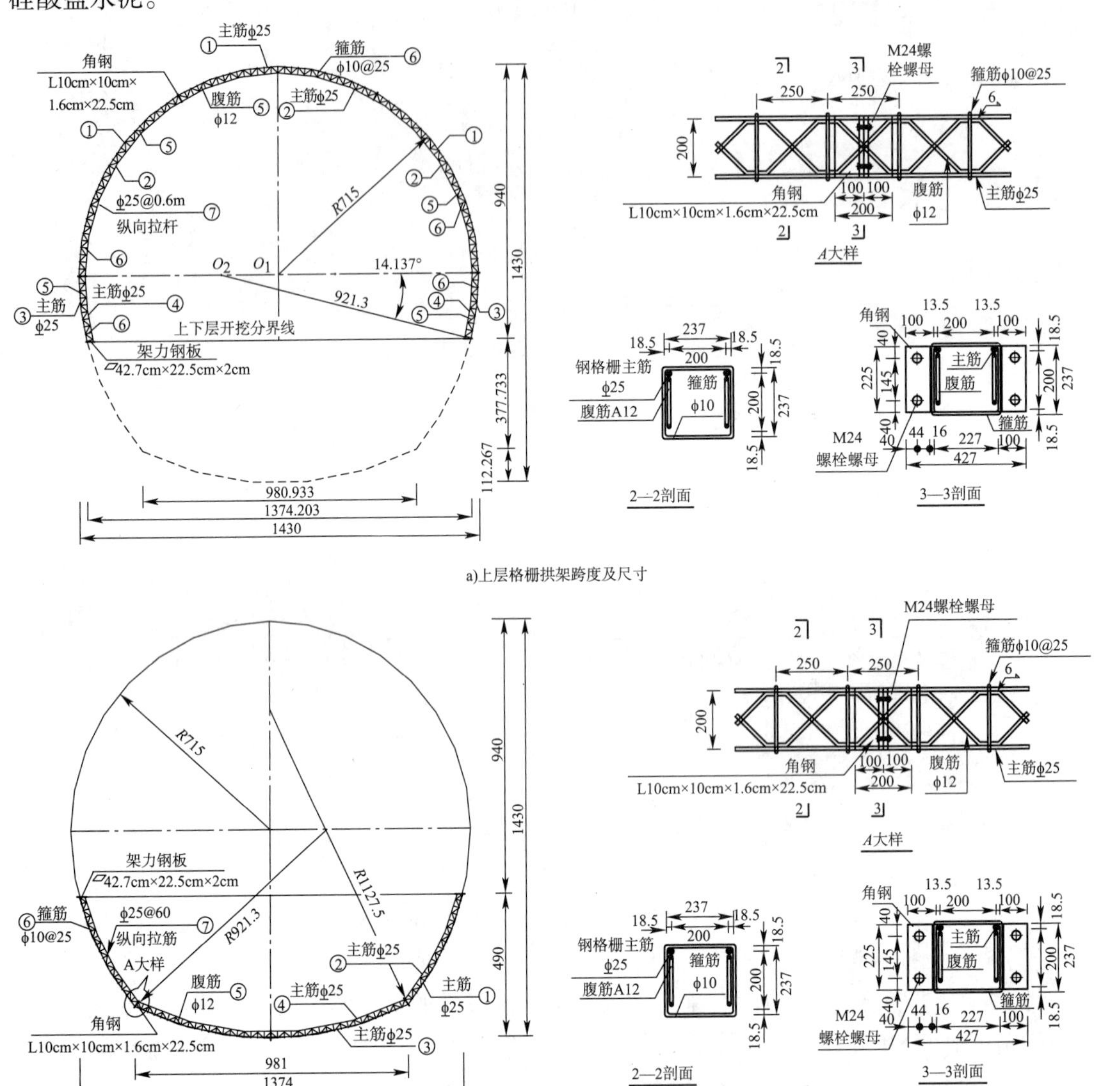

图 7-58　格栅拱架尺寸示意图(尺寸单位:mm)

在制作锚墩时，须用 ϕ50 钢管将锚杆套住，进、回浆管沿 ϕ50 钢管外部出露，钢管长度根据锚墩厚度确定。锚墩采用 M30 水泥砂浆浇筑而成，厚度一般为 3 ~ 5cm，可根据现场实际进行调整。锚墩的边缘坡度为 1: 1，上端面宽度为 20cm，且须整平，以便与[20a 槽钢紧配合。锚墩应沿槽钢底部通长布置。

在锚杆安装之前应进行内锚固段注浆，即一次注浆，一次注浆锚固长度为 1.0m，按设计配合比将砂浆于注浆机内拌制好后，直接注入预应力锚杆孔内，单孔注入浆液量约为 10 ~ 15L。

为严格控制注浆量,应在注浆管上进行长度标示。完成锚杆孔一次注浆后,应及时进行预应力锚杆的安装,安装采用人工结合吊车的方式,将锚杆缓慢插入锚杆孔内,孔口外露长度不超过10cm(即锚杆端头车丝位置),并在孔口处用小石块或木楔使锚杆杆体居中固定。图7-64显示了预应力锚杆的安装。

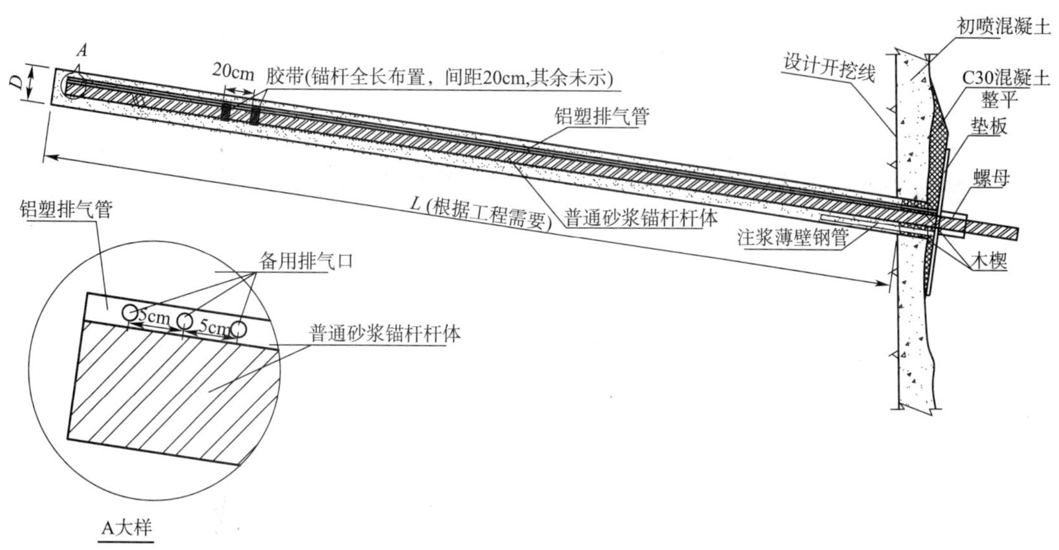

图7-59　带垫板普通砂浆锚杆结构图

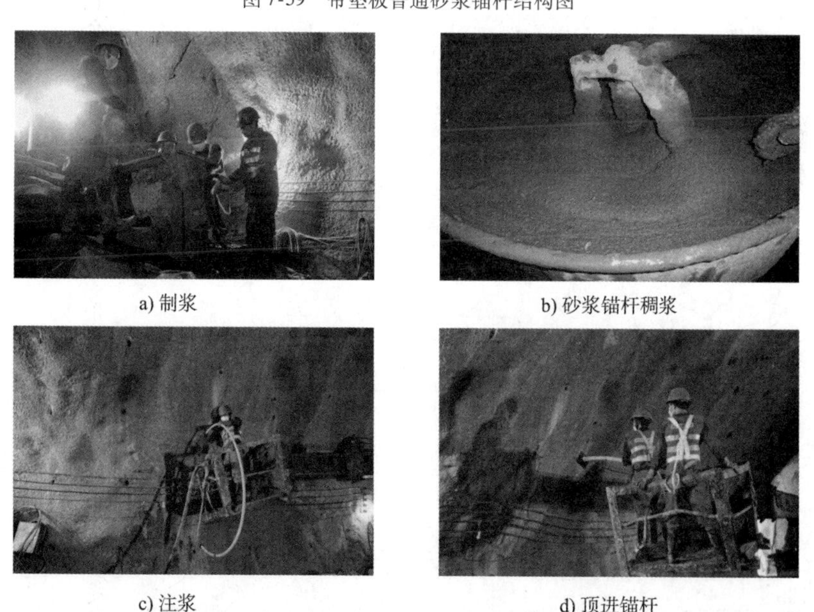

图7-60　9m长砂浆锚杆施工

预应力锚杆安装完成后进行张拉与锁定(图7-65)。张拉设备采用AC60—300和AC280—760型扭力扳手。锚杆张拉前,对扭力扳手进行率定。施工中扭力扳手易损坏,要求每周率定一次。张拉前将紧锁螺帽套在锚杆外露段丝扣上。锚杆正式张拉前,取20%的设计张拉荷载(即24kN),对其预张拉1~2次,使其各部位接触紧密。张拉力施加值顺序依次为:

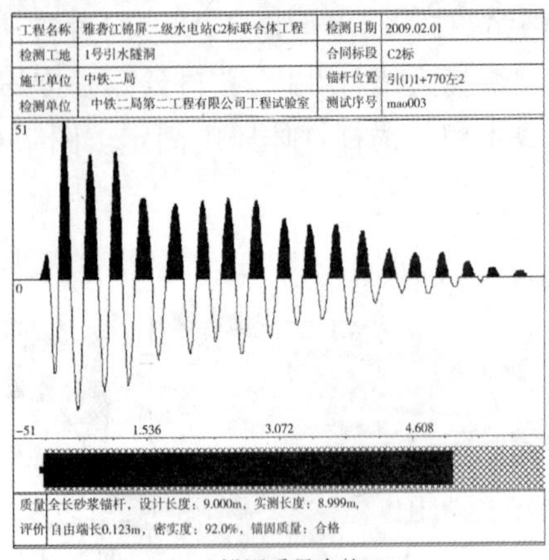

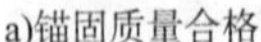

a)锚固质量合格

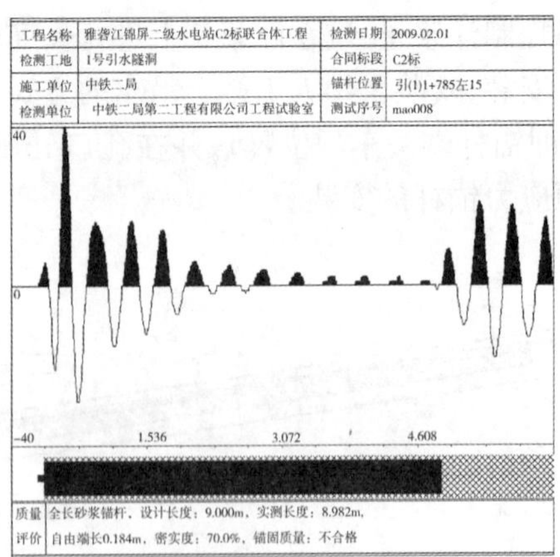

b)锚固质量不合格

图 7-61　现场锚杆无损检测结果

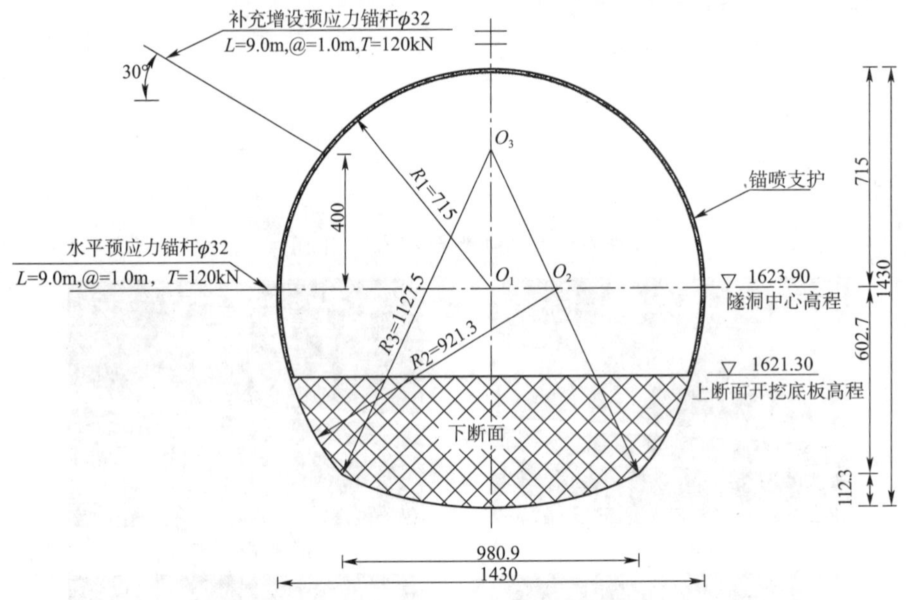

图 7-62　预应力锚杆孔位布置图(尺寸单位:mm)

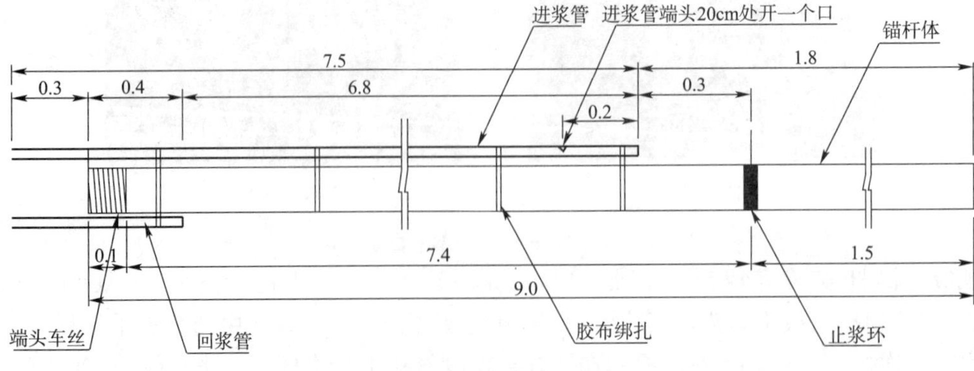

图 7-63　注浆管及止浆环绑扎示意图(尺寸单位:m)

第一次张拉力为设计值的25%（30kN/130N·m），持荷5min后进行第二次张拉，张拉力为设计值的50%（60kN/260N·m），持荷5min后进行第三次张拉，张拉力为设计值的75%（90kN/380N·m），持荷5min后进行第四次张拉，张拉力为设计值的100%（120kN/500N·m），最后一级张拉力达到设计值后稳压30min结束张拉并锁定。每张拉一次均应量测锚杆杆体的伸长值，并作好原始记录。锚杆锁定后48h内，若发现预应力损失大于锚杆拉力设计值的10%时，应进行补偿张拉。在锚杆张拉锁定或补偿张拉之后，应进行自由段注浆，即二次注浆。采用HS－B5泵将水泥砂浆泵送至进浆管中，待回浆管回浆后，封闭回浆管，继续灌注5min便可结束。

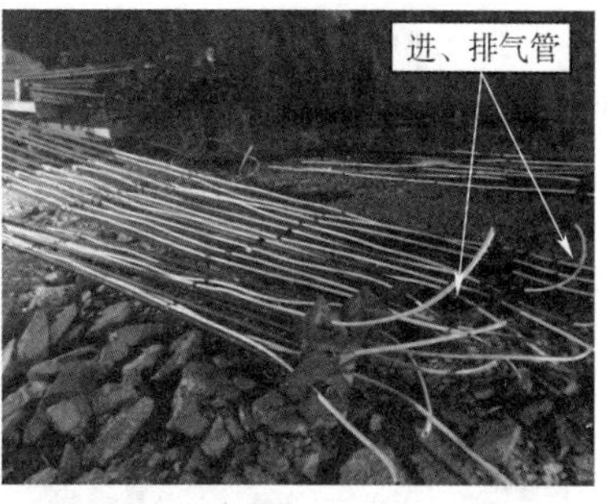

图7-64 预应力锚杆安装

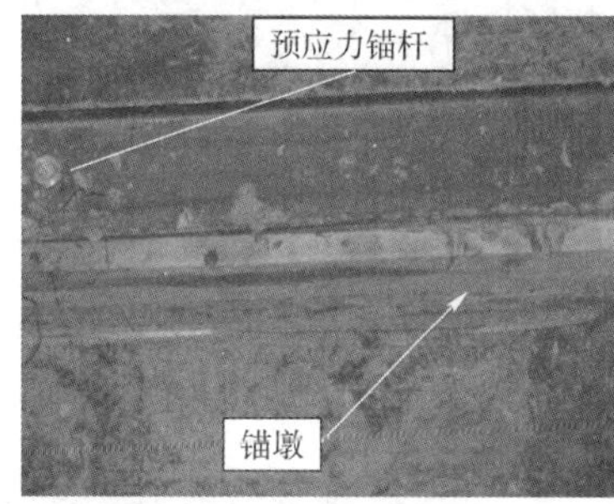

图7-65 预应力锚杆锁紧

7.5.8 锚筋桩施工

软岩洞段上断面拱脚位置均采用了锚筋桩支护，锚筋桩钻孔位置在隧洞北侧及南侧边墙上断面拱脚处（图7-66），孔深度为9.0m，孔间距为1.0m，钻孔方位与竖直方向成30°角向外。

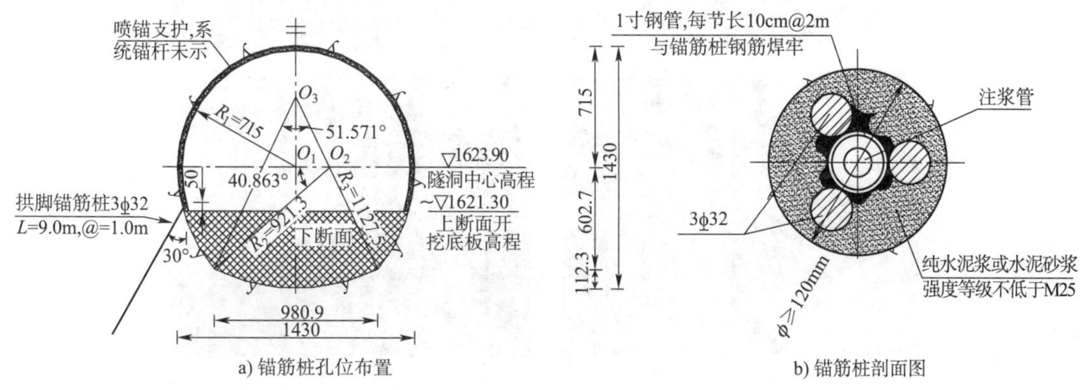

图7-66 锚筋桩孔位布置及剖面图（尺寸单位：mm；高程单位：m）

锚筋桩由3根ф32钢筋呈品字形组合[图7-66b)],之间用长10cm的1寸钢管隔开,钢管与锚筋桩钢筋焊接牢靠。1寸钢管的布置间距为2.0m。进浆管穿过1寸钢管直径达孔底。在设置有1寸钢管的位置及两个钢管中间位置用ф8钢筋环对锚筋束进行箍锁。

灌浆浆液采用普通硅酸盐水泥浆液[图7-67b)],普通硅酸盐水泥强度等级不低于P.O 42.5。灌浆水泥水灰比为0.5,或强度等级不低于M25水泥砂浆。灌浆压力$P=0.3\sim0.5$MPa。灌浆压力与注入率的协调控制,当岩体吃浆量很大、注入率很高时,采用低压或"无压"灌注;当岩体吃浆量较小、注入率较低时,尽快将压力升到最大值。在最大设计压力下,注入率不大于1L/min后,继续灌注30min,可结束灌浆。在设计规定的灌浆压力下,吸浆量始终大于1L/min或灌后质量检查不满足设计要求时均应采取加密灌浆孔的办法达到终孔标准。

a)锚筋桩制作

b)锚筋桩灌浆

图7-67　锚筋桩制作及灌浆

灌浆结束后,锚筋桩端部需进行专门处理(图7-68)。首先为焊接锚垫板,预先按照"钢垫板平面法线与水平面呈15°夹角斜向上,且与喷混层外表面相距约3cm"的原则量好锚筋束预

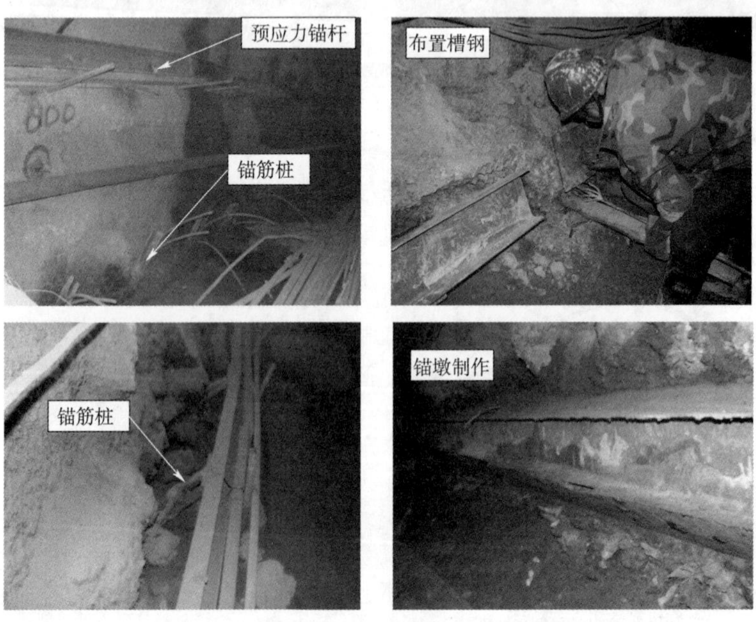

图7-68　锚筋桩端部处理

留外露长度，割除多余部分，并用250mm×250mm×10mm钢垫板与钢筋束可靠焊接，h_f = 6mm。其次是施作砂浆保护墩，具体要求为：用M30砂浆对锚筋桩露出岩壁部分进行封闭保护，封闭厚度为3～5cm，边缘坡度为1:1。由于上部平面与钢垫板紧密配合，故上部平面尺寸为250mm×250mm。具体参数可根据现场实际情况进行调整。最后待保护墩强度达到70%后，通长布置[20a槽钢，槽钢与钢垫板焊接，h_f = 8mm。布置槽钢时，可根据现场实际情况将槽钢切割成一定长度后安装，最后相互焊接在一起。

7.5.9 预应力锚索施工

针对引(1)1+760～1+776里程围岩完整性差、较破碎的情况，设计采用C类支护方式，在上断面拱腰位置设置预应力锚索进行加固。图7-69为预应力锚索孔位布置及剖面结构图。锚索孔位斜向上与水平方向成30°角，钻孔深度为15.0m，钻孔直径不小于ϕ130mm。钻孔孔位偏差不得大于10cm，终孔孔轴偏差不得大于孔深的2%，方位角偏差不得大于3°，孔底处孔径偏差不得小于10mm。

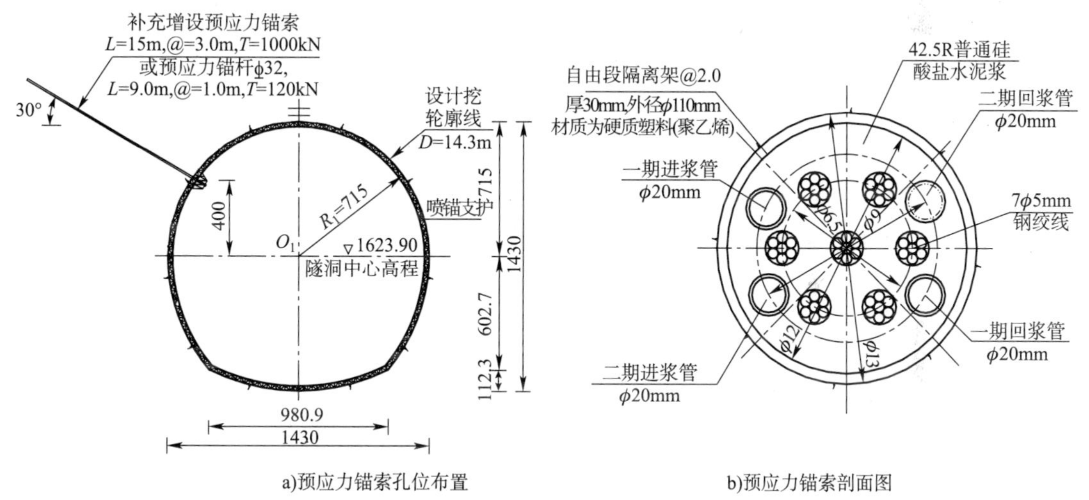

图7-69 预应力锚索孔位布置及剖面图(尺寸单位:mm;高程单位:m)

单根锚索由7根ϕ15.2的钢绞线编制而成，本次施工的预应力锚索下料长度应等于实测孔深与锚垫板外钢绞线使用长度(包括工作锚板、限位板、工具锚板的厚度、张拉千斤顶长度和工具锚板外必要的安全长度)之和。单根锚索结构特性及工程量如表7-22所示。

锚索采用人工安装，应一次性放索到位，用力要统一均衡，避免索体变形、滑脱、损坏或在安装过程中反复拖动索体，要始终保持索体的整体性。

锚索安装后需进行锚固段灌浆。灌浆工作开始前，应通过灌浆管送入压缩空气，将钻孔内的积水排干。锚固段灌浆亦称一次灌浆，主要目的在于先将止浆包灌满膨胀，使内锚固段和自由段隔离开来。之后浆液再沿灌浆管灌入内锚固段，并使内锚固段浆液充满并不流入自由段。锚固段灌浆净压力为0.3～0.5MPa。灌注浆液拟采用纯水泥浆，浆液水灰比为0.4:1～0.45:1，浆液中应掺入一定数量的膨胀剂和早强剂，要求浆液3h后泌水率控制在2%之内，其7d的结石抗压强度应不低于M30。

单根锚索结构特性及工程量表(1000kN 全长黏结型锚索)　　表 7-22

名　称	规格(mm)	型号或材料	数　量	单　位
钻孔深度	孔径 ϕ130			m
钢绞线	ϕ15.2		7	股
锚板	ϕ135,厚 60	HVM15－7 型锚具	1	个
夹片		HVM15 型锚具	1	套
止浆包	长 300		1	个
导向帽		塑料,厚 2.5mm	1	个
无锌铅丝	14 号			kg
隔离架		硬质塑料(聚乙烯)等专用塑料		个
进、回浆管	ϕ20	塑料管或钢管		m
PVC 管	ϕ25	硬质塑料(聚乙烯)等专用塑料	2	个
混凝土锚墩		C35 混凝土	0.4	m^3
插筋	ϕ22,L=900	Ⅱ级螺纹钢	4	根
导向钢管	长 760,壁厚 2.5	Q235C 钢	1	个
钢垫板	300×300×40	Q235C 钢	1	个

预应力锚索张拉,必须待到混凝土外锚墩和内锚固段注浆体抗压强度均达到设计强度后方可进行。张拉过程分四个阶段:预张拉、张拉、锁定设计吨位和补偿张拉。预张拉即为在锚索正式张拉前,先施加 0.2P(P 为设计张拉吨位,分摊到每股钢绞线为 $P/7$)的预紧荷载,对钢绞线进行逐根对称张拉,使每根钢绞线受力均匀,并起到调直对中作用。锚索张拉过程:0.2P 预紧→0.25P→0.5P→0.75P→1.0P,除最后一次要求静载持续 30min 外,其余三次加载持续时间均为 5min。锚索合格后,以小于 0.2P/min 速率均匀卸载至 0.75P 锁定,张拉锁定后 48h 内,发现预应力损失超过设计张拉力的 10% 时,应进行补偿张拉,补偿张拉应在锁定值基础上一次张拉至 1.0P,并持荷 30min 及合格检查(检查方式及标准同上),补偿张拉次数不能超过 2 次。

预应力锚索张拉完成后进行封孔及回填灌浆处理,封孔回填灌浆材料与锚固段灌浆材料相同。灌浆完成后,锚具外的钢绞线除存留 15cm 外,其余部分应切除。图 7-70 显示了预应力锚索锚头的施工。

图 7-70　预应力锚索锚头的施工

7.5.10 监控量测

为了准确掌握围压和支护结构的受力和位移状态,并及时反馈测试信息以指导动态设计,以贯彻新奥法施工理念,现场采用了一系列监控量测手段,主要监测仪器及用途见表7-23,部分仪器如图7-71所示。

监测仪器及用途 表7-23

监测仪器	监测用途	监测型号
收敛监测	掌握松动圈范围围岩的直观变形	
锚杆应力计	掌握围岩深部应力	NVGR-32T1G2
应变计	掌握混凝土内部应变	NZS-15G2
锚索测力计	掌握围岩的整体稳定性	NVMS-1000G2
多点位移计	掌握围岩深部相对孔底的位移	Roctest(BOR-EX/100mm)
钢筋计	掌握衬砌内部钢筋承受的应力	NVR-32T1G2
无应力计	掌握混凝土内部由温度引起的应变	NZS-15G2
渗压计	掌握围岩深部渗透水压力及检验灌浆效果	PWS
压应力计	掌握基岩面和衬砌面承受压力情况	TPC

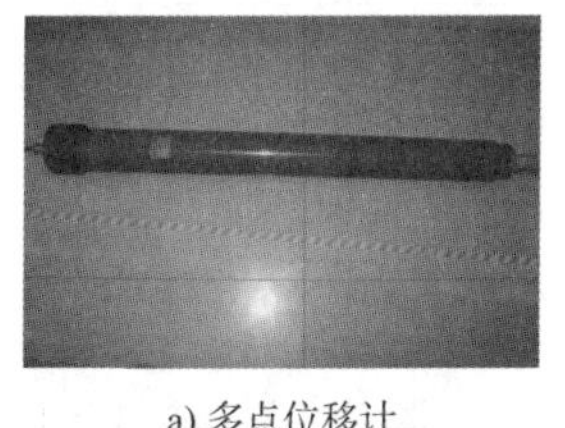

a) 多点位移计

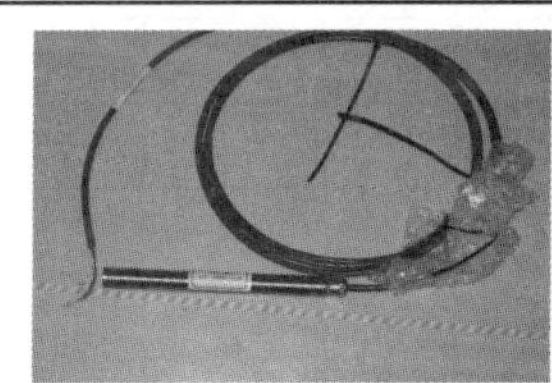

b) 渗压计

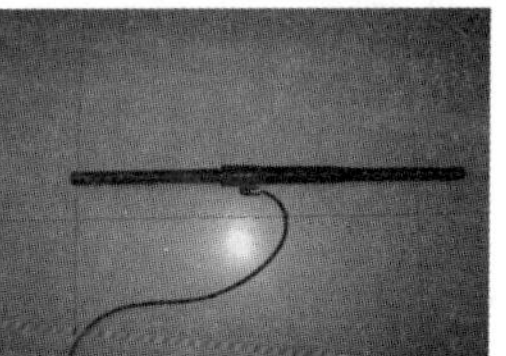

c) 钢筋计/锚杆应力计

d) 应变计

e) 无应力计

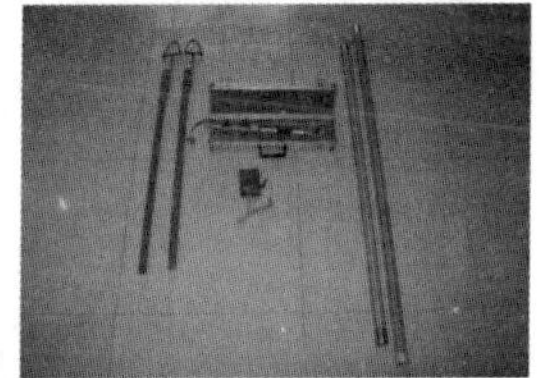

f) 收敛仪

图7-71 监测仪器

部分监测数据结果见附录4~附录10。各数据表明,围岩趋于稳定的时间较以前缩短,收敛变形速率0~4mm/d,较之前明显减小,最大收敛值明显减小,且收敛至稳定时间较短(附录4);锚杆受力较稳定,未出现屈服破坏的情况,其中拱肩锚杆受力明显,说明针对拱肩一带的特殊支护是正确的(附录5);锚筋桩受力比较稳定,量值在-100~250MPa,下卧施工对锚筋桩受力产生了一定的影响,此过程中,收敛监测显示未出现大变形,说明锚筋桩对抵抗下断面围岩变形起到了良好的作用(附录5);锚索受力荷载为700~900kN,未超过设计荷载(1000kN,附录6);多点位移计监测显示洞壁围岩最大位移在4mm左右,距洞口5m处围岩位移1mm左右,说明围岩相对稳定,松弛变形量较小(附录7);二次衬砌内钢筋最大受力约50MPa,考虑混凝土硬化收缩的影响,钢筋实际承受外在的围岩压力较小,说明初期支护及特殊支护可保证围岩的长期稳定(附录8);二次衬砌混凝土应变为100~250με(附录9),其中由温度引起的应变就达200~250με(附录10),说明二次衬砌混凝土受力主要来于自身硬化收缩,而实际上基本不承受外部压力,这也说明了初期支护和特殊支护已经足够保证隧洞的长期稳定。同时,从外观观察,喷层无脱落开裂,拱架无扭曲变形等现象,结合各项监测结果验证了软岩段开挖和支护参数的合理性。

7.5.11 软岩段变形统计

1号引水洞通过359.5m典型软岩计120个断面统计情况见表7-24、加强支护段(锚索)见表7-25;2号引水洞通过177m典型软岩计109个断面统计情况见表7-26、加强支护段(锚索)见表7-27。

1号引水洞预留变形量富裕程度统计表(1+537.5~2+149)　　表7-24

分类	范围	统计量	拱顶	拱腰	边墙	合计
侵限	≤-11cm	数量	0	5	9	14
		百分比	0.00%	2.08%	3.75%	5.83%
	-6~-10cm	数量	3	8	15	26
		百分比	1.25%	3.33%	6.25%	10.83%
	-3~-5cm	数量	4	2	5	11
		百分比	1.67%	0.83%	2.08%	4.58%
	0~-2cm	数量	6	10	5	21
		百分比	2.50%	4.17%	2.08%	8.75%
	合计	数量	13	25	34	72
		百分比	5.42%	10.42%	14.17%	30.00%
富裕	0~10cm	数量	10	14	11	35
		百分比	4.17%	5.83%	4.58%	14.58%
	11~20cm	数量	1	10	4	15
		百分比	0.42%	4.17%	1.67%	6.25%
	≥21cm	数量	2	11	105	118
		百分比	0.83%	4.58%	43.75%	49.17%
	合计	数量	13	35	120	168
		百分比	5.42%	14.58%	50.00%	70.00%

注:由于喷射混凝土厚度经常存在超喷,一般厚度在3~5cm,因此把-5~-3cm在结论归纳时归为合理。

1号引水洞预留变形量富裕程度统计表(施加锚索洞段)　　表7-25

分类	范围	统计量	拱顶	拱腰	边墙	合计
侵限	≤-11cm	数量	0	1	0	1
		百分比	0.00%	0.46%	0.00%	0.46%
	-6~-10cm	数量	6	9	1	16
		百分比	2.75%	4.13%	0.46%	7.34%

续上表

分类	范围	统计量	拱顶	拱腰	边墙	合计
侵限	-3～-5cm	数量	4	3	2	9
		百分比	1.83%	1.38%	0.92%	4.13%
	0～-2cm	数量	0	7	1	8
		百分比	0.00%	3.21%	0.46%	3.67%
	合计	数量	10	20	4	34
		百分比	4.59%	9.17%	1.83%	15.60%
富裕	0～10cm	数量	13	40	0	53
		百分比	5.96%	18.35%	0.00%	24.31%
	11～20cm	数量	6	10	5	21
		百分比	2.75%	4.59%	2.29%	9.63%
	≥21cm	数量	2	31	77	110
		百分比	0.92%	14.22%	35.32%	50.46%
	合计	数量	21	81	82	184
		百分比	9.63%	37.16%	37.61%	84.40%

2号引水洞预留变形量富裕程度统计表(1+635～1+933) 表7-26

分类	范围	统计量	拱顶	拱腰	边墙	合计
侵限	≤-11cm	数量	0	2	0	2
		百分比	0.00%	2.44%	0.00%	2.44%
	-6～-10cm	数量	0	6	6	12
		百分比	0.00%	7.32%	7.32%	14.63%
	-3～-5cm	数量	2	1	2	5
		百分比	2.44%	1.22%	2.44%	6.10%
	0～-2cm	数量	3	3	4	10
		百分比	3.66%	3.66%	4.88%	12.20%
	合计	数量	5	12	12	29
		百分比	6.10%	14.63%	14.63%	35.37%
富裕	0～10cm	数量	3	2	5	10
		百分比	3.66%	2.44%	6.10%	12.20%
	11～20cm	数量	0	3	0	3
		百分比	0.00%	3.66%	0.00%	3.66%
	≥21cm	数量	0	1	39	40
		百分比	0.00%	1.22%	47.56%	48.78%
	合计	数量	3	6	44	53
		百分比	3.66%	7.32%	53.66%	64.63%

注:由于喷射混凝土厚度经常存在超喷,一般厚度在3～5cm,因此把-5～-3cm在结论归纳时归为合理。

2号引水洞预留变形量富裕程度统计表(施加锚索洞段) 表7-27

分类	范围	统计量	拱顶	拱腰	边墙	合计
侵限	≤-11cm	数量	0	1	0	1
		百分比	0.00%	3.85%	0.00%	3.85%
	-6~-10cm	数量	1	2	0	3
		百分比	3.85%	7.69%	0.00%	11.54%
	-3~-5cm	数量	0	0	0	0
		百分比	0.00%	0.00%	0.00%	0.00%
	0~-2cm	数量	0	0	0	0
		百分比	0.00%	0.00%	0.00%	0.00%
	合计	数量	1	3	0	4
		百分比	3.85%	11.54%	0.00%	15.38%
富裕	0~10cm	数量	1	6	0	7
		百分比	3.85%	23.08%	0.00%	26.92%
	11~20cm	数量	0	0	1	1
		百分比	0.00%	0.00%	3.85%	3.85%
	≥21cm	数量	1	2	11	14
		百分比	3.85%	7.69%	42.31%	53.85%
	合计	数量	2	8	12	22
		百分比	7.69%	30.77%	46.15%	84.62%

所有统计断面全部采取扫描仪扫描(比全站仪精度高),在室内通过处理软件截取断面。1号引水洞120个断面、240组数据,2号洞109个断面(截取断面密)、218组数据。断面间距1~3,少量断面为5m。从同一断面上找出最大与最小值进行统计。附表只对衬砌前支护轮廓线与设计衬砌的外轮廓线间最大与最小间距统计。由于施工工艺,开挖必然存在不同程度的超挖,对Ⅳ级围岩控制得再好,平均线性超挖也在15cm左右,包括找顶以后,因此对项目提供的原始统计表中的数据已减去15cm,同时还减去了60cm衬砌厚度。

7.5.12 变形控制的效果

根据现场反映,软岩段未发生围岩变形明显侵限和塌方的事故,施工过程中未出现任何人员伤亡及机械设备损坏的情况。T_1绿泥石片岩地层开挖进度由原来的平均20m/月提高到35m/月。

①1号引水洞83.3%满足要求(-5~0cm视为合格,因现场容易形成3~5cm超喷混凝土),其中49.2%富裕量大于21cm;有约16.7%侵断面大于6cm;2号引水洞82.9%满足要求,其中48.9%富裕量大于21cm;约有17.1%侵断面大于6cm。通过统计分析表明,1号、2号洞足以说明预留变形量与支护是合理的(占统计样本平均83.1%),预留变形量可能不足,仅占统计样本的16.9%;预留变形量可能稍大约占49%。

②在完全相同条件下,有2排锚索的富裕量为38cm,4排锚索的富裕量42cm。说明锚索的作用要略大于预应力锚杆的作用。

③尽管是在纯绿片岩洞段,经过综合措施处理后,相对富裕量较大,平均达到40cm,最大达到58cm,亦即综合支护处理能够有效控制工程软岩的变形。

④富裕量较大的部位体现在上下台阶交界的上下范围(1号占71%、2号占78%),这也是

锚筋桩、预应力锚索或预应力锚杆加固的重点部位，并实施了玻璃纤维锚杆、弱爆破的部位。理论分析在该部位有大的变形产生，而实际情况采取特殊措施后得到大的改善。富裕量大于6cm(侵入断面较大)并占比例居多的部位是拱肩和拱腰，1 号洞为 15.4%、拱顶仅 1.25%；2号洞为 17.1%、拱顶为 0%。拱顶偏小原因是拱顶一般容易超挖，而拱肩与拱腰部偏大，原因是容易出现欠挖或锚杆锁腰质量控制等问题导致。

⑤相同条件下使用格栅的富裕量为 33cm，使用型钢拱架的富裕量为 38cm。

⑥未采取综合处理措施的洞段相对出现负值比例较大。

7.5.13 施工经验与教训

①工程软岩断面开挖放线不能缩小放线。

②不宜参考现有规范预留变形量，必须由结合地应力、地质情况，由设计作特殊设计，给出足够的预留变形量。

③施工过程中要从保守角度出发，宜适当再放大些，并经过观测后再调整，与此同时，及时监测断面，尽早判断是否存在大变形或侵入净空的现象。

④型钢拱架比格栅控制变形要好，锚索控制大变形效果十分明显，大断面分上下台阶法施工，锚筋桩控制二次变形效果明显。

⑤锁脚、锁腰锚杆的施工质量控制必须到位。

⑥监测手段要多，要综合运用分析，及时优化设计参数。

⑦足够的预留变形量、严格支护质量工艺控制，是确保防坍与控制大变形的根本保证，至于采取紧跟衬砌来确保不塌方与控制大变形，通过锦屏这种极高地应力的工程软岩施工表明，是完全多余的担心。

7.5.14 施工图像

图 7-72～图 7-80 为施工现场的一些图像。

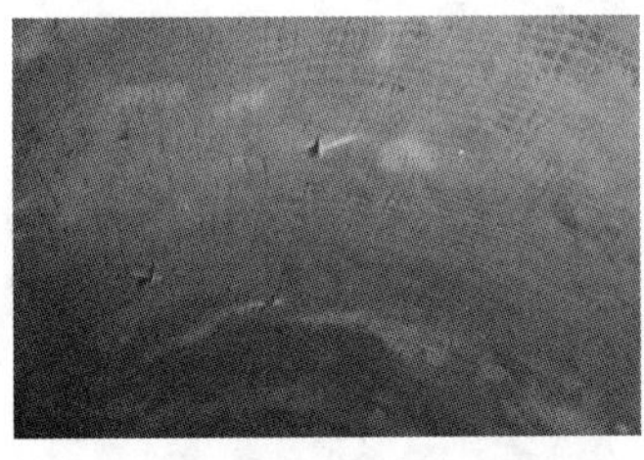

a)喷混凝土外观质量

b)喷混凝土后的洞壁

图 7-72 喷混凝土施工

a)锚杆台车

b)施工后的系统锚杆

图 7-73 锚杆台车及锚杆施工

a)固定制浆站

b)固结灌浆

图 7-74　固结灌浆施工

a)安装好的锚杆

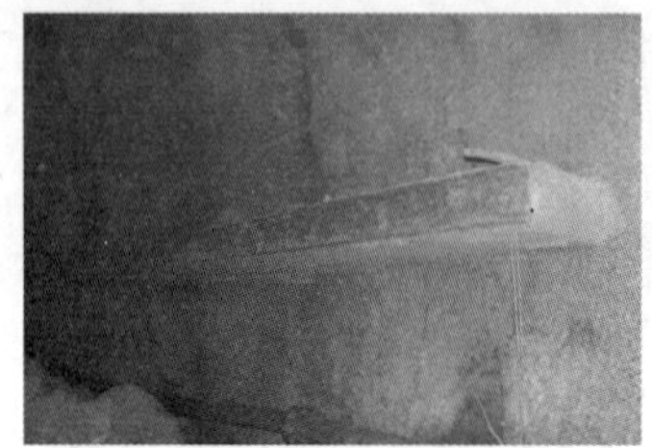
b)锚杆与槽钢连接

图 7-75　预应力锚杆

a)安装好的锚筋桩

b)锚筋桩与槽钢连接

图 7-76　锚筋桩

a)中部锚索加固(塌方洞段)

b)双排锚索加固(塌方洞段)

图 7-77　预应力锚索

a)拱肩预应力锚杆

b)边墙预应力锚杆与槽钢连接

图 7-78　预应力长锚杆支护

a)底拱施工

b)成型洞段

图7-79 二次衬砌施工

a)锚杆应力监测

b)锚杆质量检测

c)收敛监测

d)断面测量扫描

图7-80 监控量测

7.6 二次扩挖施工

扩挖施工的主要作业为拱架置换与补强锚杆和喷混凝土施工。施工处理措施主要包括机械扩挖、上断面系统支护、落底前超前预支护、落底开挖和支护等。

第一步:整理所需进行大变形断面处理洞段的断面测量、收敛变形监测、永久监测和施工期开挖支护以及围岩破坏情况的资料,以便对特殊情况进行处理。围岩收敛变形速度小于0.2mm/d时方可进行扩挖施工。

第二步:对特殊情况进行处理。地下水发育洞段进行固结灌浆,灌浆孔深4.5m,间排距2.0m×2.0m,灌浆压力0.5~1.0MPa,浆液采用纯水泥浆,浆液水灰比(0.4~0.5):1;对围岩变形收敛速度大于0.2mm/d的部位进行加强支护,布置系统预应力锚杆$\phi32$,$T=150$kN,$L=9$m,间排距1.5m×1.5m;对局部拱脚裂缝张开的部位布置普通砂浆锚杆$\phi32$,$L=9$m,间排距1.0m×1.0m;原塌方段超前管棚采用超前小导管置换,拱顶150°范围布置小导管$\phi42$mm×3mm,$L=6$m,@ =0.3~0.4m,外插角5°~10°,搭界长度2m,导管内灌注水泥浆或水泥砂浆,浆液强度等级不小于25MPa。

第三步:进行现场放样,确保扩挖后洞室断面直径为14.3m。

第四步：采用风镐、液压锤等机械方法进行大变形断面的扩挖，拆除原先支护拱架（图7-81），施工时尽量减小对洞室围岩的扰动，原先系统锚杆尽量保留，不割除，后期同衬砌钢筋连接。扩挖处理循环进尺不大于1.0～1.5m。

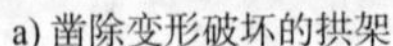

a) 凿除变形破坏的拱架

b) 置换新拱架

图7-81 扩挖拱架置换

第五步：恢复上断面系统支护。机械扩挖完成后，初喷5cm厚CF30（硅粉）钢纤维混凝土封闭岩面，重新架设格栅拱架或型钢拱架，拱架拆一榀、安一榀，安装锁腰锁脚锚杆$\phi32$，$L=9m$，间距0.5m，兼做落底开挖前的超前预支护锚杆，复喷20～25cm厚CF30（硅粉）钢纤维混凝土覆盖拱架；拱架部位原有系统锚杆需与拱架可靠连接。支护完成后，恢复原先断面的监测仪器，进行数据监测、采集、分析，如有异常，及时停止施工。

第六步：施工落底开挖前的超前预支护。上台阶拱脚和拱肩部位的超前预支护锚杆由拱架锁腰锁脚锚杆兼用；拱脚部位增加1排普通砂浆锚杆$\phi32$，$L=9m$，间距1.0m；拱脚部位布置超前锚筋桩$3\phi32$，$L=9m$，间距1.0m，方向外倾30°，锚筋桩端部采用钢板同混凝土喷层表面[20a槽钢焊接连接，形成表面支护条带；边墙中部水平布置预应力锚杆$\phi32$，$T=150kN$，$L=9m$，间距1.0m，锚杆同混凝土表面[20a槽钢螺栓连接。

附录 1　绿泥石片岩大变形洞段 A 型支护措施

原设计开挖线
D=13.4m/13.8m
R_1=715
O_3
51.571°
O_1　O_2
40.863°
R_2=921.3
R_3=1127.5
下断面
▽ 1623.90
隧洞中心高程
~▽ 1621.30
上断面开挖底板高程
715　602.7　112.3　1430
980.9
1430

步骤1　绿泥石片岩大变形洞段处理加固措施典型图A_1
适用于A型加固处理措施

新增拱架锁腰锚杆ϕ32
L=9.0m,@=1.0m
30°
喷锚支护,系统锚杆未示
400
50
15°
新增拱架锁脚锚杆ϕ32
L=9.0m,@=1.0m
上断面喷CF30(硅粉)钢纤维混凝土厚5m,系统挂网ϕ8@15cm×15cm
上断面布置格栅拱架,间距1.0m,新增锁腰锁脚锚杆ϕ32
上断面复喷CF30(硅粉)钢纤维混凝土厚25cm

步骤2　绿泥石片岩大变形洞段处理加固措施典型图A_2
适用于A型加固处理措施
(架设格栅拱架,喷(硅粉)钢纤维混凝土覆盖)

围岩变形较大或变形不收敛的区域
新增随机锚杆ϕ32,L=9m
喷锚支护,系统锚杆未示

步骤3　绿泥石片岩大变形洞段处理加固措施典型图A_3
(适用于A型加固处理措施
上断面局部加固)

喷锚支护,系统锚杆未示
水平预应力锚杆ϕ32
L=9.0m,@=1.0m,T=120kN
5°
带垫板普通砂浆锚杆ϕ32
L=9.0m,@=1.0m
拱脚锚筋桩3ϕ32
L=9.0m,@=1.0m
30°
50
150

步骤4　绿泥石片岩大变形洞段处理加固措施典型图A_4
(适用于A型加固处理措施
下断面开挖前超前预加固)

喷锚支护,系统锚杆未示
带垫板普通砂浆锚杆ϕ32
L=6.0m/9.0m,@×@=1.0m×1.0m
下断面分幅开挖
带垫板普通砂浆锚杆ϕ32
L=6.0m,@×@=1.0m×1.0m
边底拱喷CF30(硅粉)钢纤维混凝土厚5cm
边底拱布置格栅拱架,间距1.0m,与上部拱架可靠连接
边底拱系统布置带垫板砂浆锚杆ϕ32
边底拱复喷CF30(硅粉)钢纤维混凝土厚25cm

步骤5　绿泥石片岩大变形洞段处理加固措施典型图A_5
(适用于A型加固处理措施
下断面开挖支护)

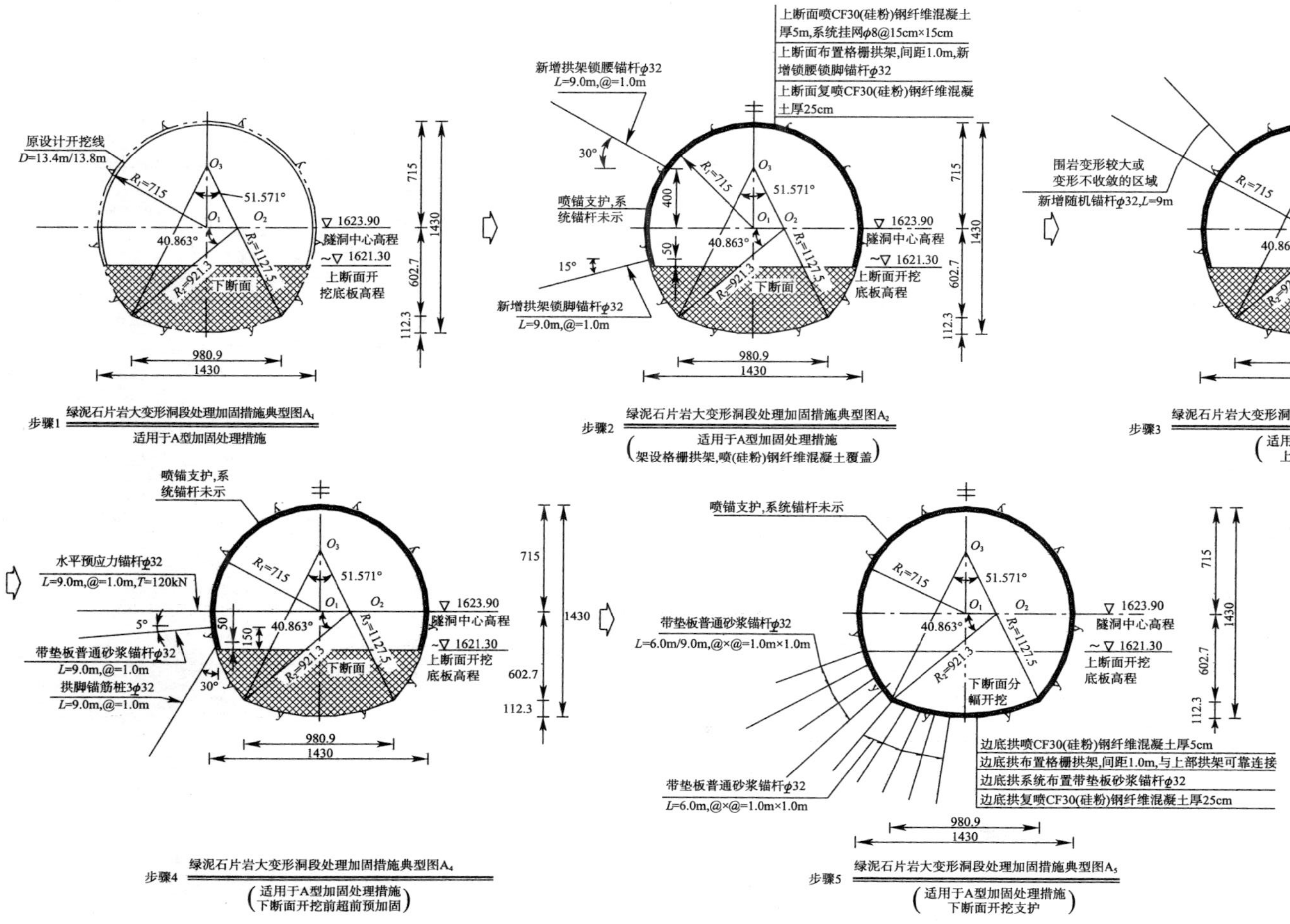

附图 1　绿泥石片岩大变形洞段 A 型支护措施(尺寸单位:cm)

附录2 绿泥石片岩大变形洞段B型支护措施

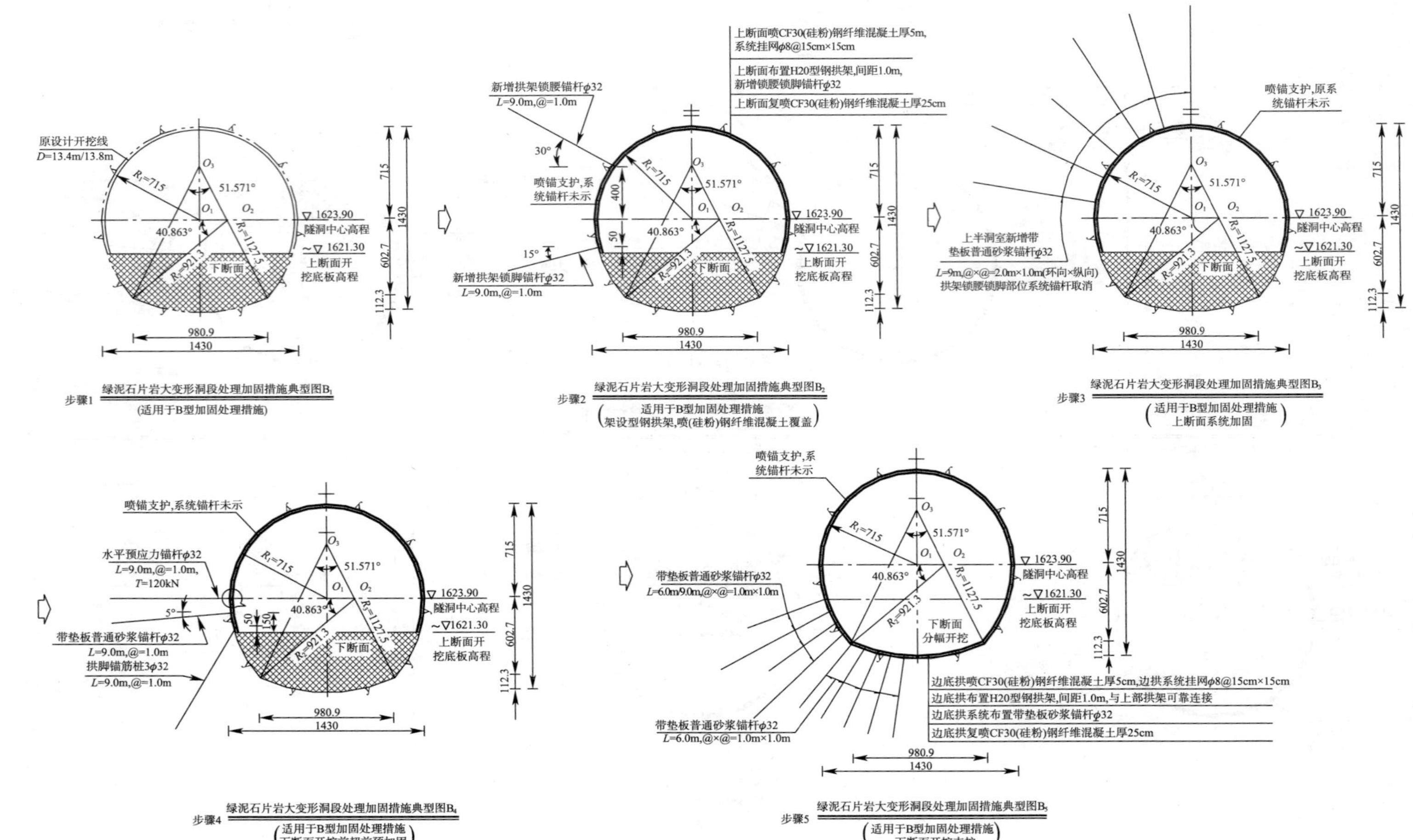

附图2 绿泥石片岩大变形洞段B型支护措施(尺寸单位:cm)

附录3 绿泥石片岩大变形洞段C型支护措施

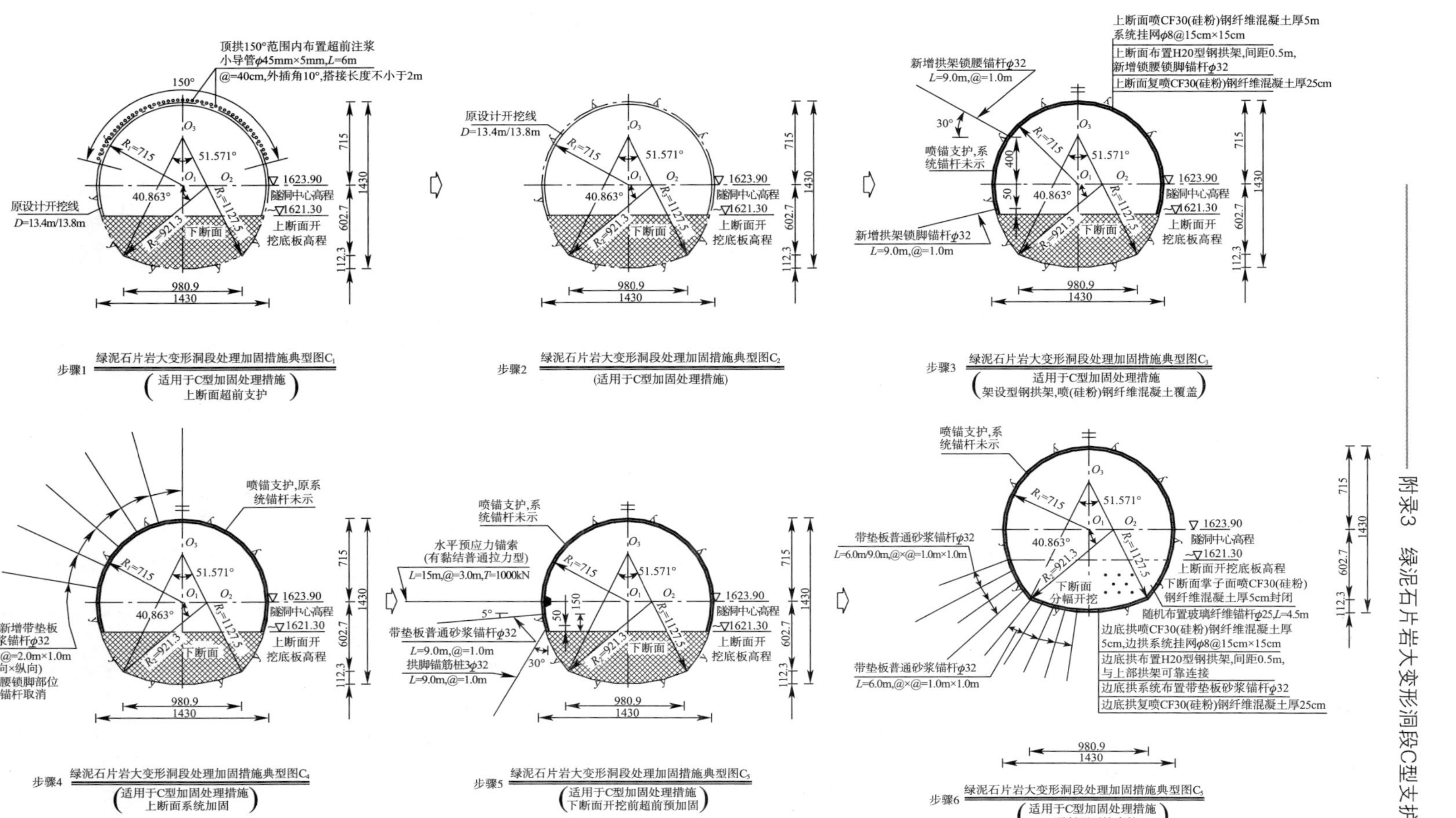

附图3 绿泥石片岩大变形洞段C型支护措施(尺寸单位:cm)

附录4 断面收敛监测结果

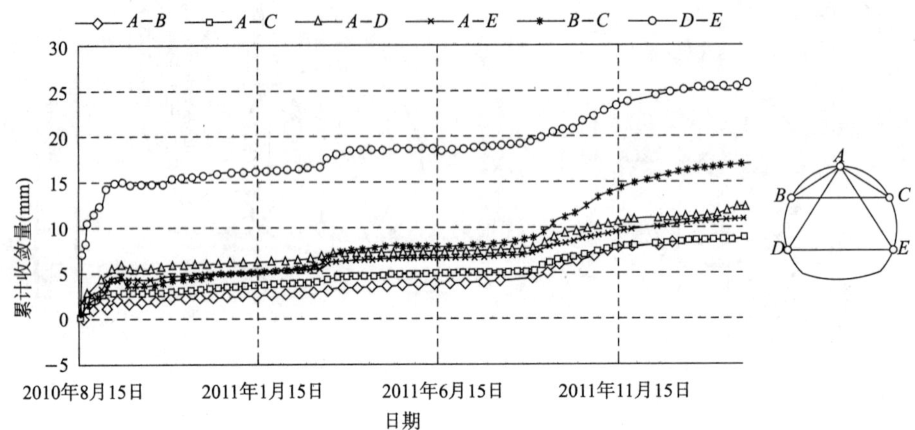

引(1)1+760收敛断面收敛累计过程线(距掌子面：1985m；岩性：Ⅳ围岩，绿片岩)

a)引(1)1+760收敛监测过程曲线

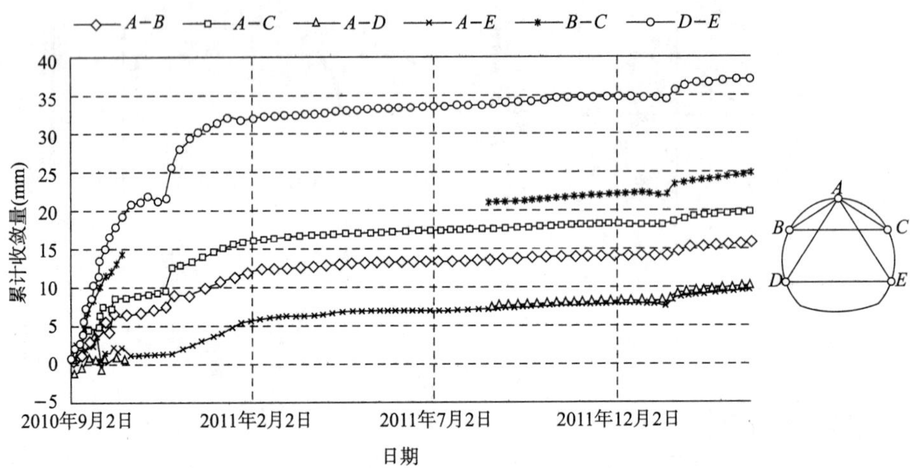

引(1)1+770收敛断面收敛累计过程线(距掌子面：1975m；岩性：Ⅳ围岩，绿片岩)

b)引(1)1+770收敛监测过程曲线

附图4 断面收敛监测结果

附录5 锚杆及锚筋桩应力监测结果

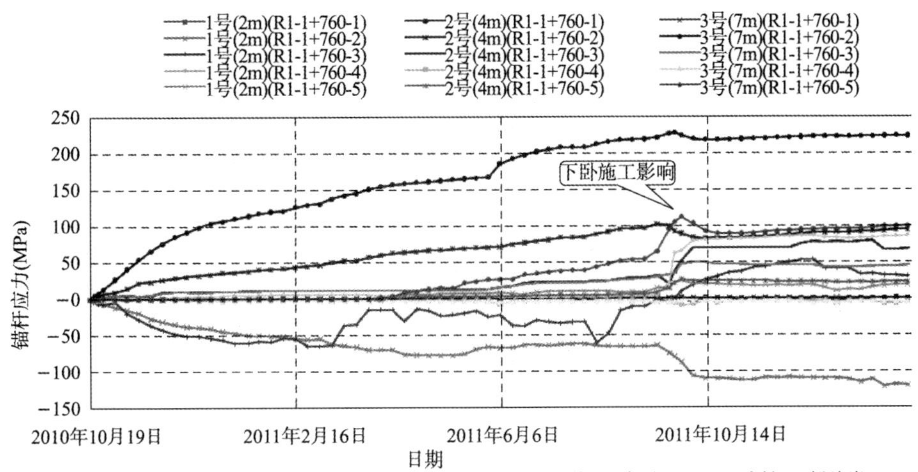

三点式锚杆应力计R1-1+760-1~5锚杆应力变化过程线:(距掌子面:2367m;岩性:Ⅳ,绿片岩)

a)引(1)1+760锚杆应力监测结果曲线

注：R1-1+760-1（顶拱座），R1-1+760-2（左拱肩），R1-1+760-3（左拱腰），R1-1+760-4（右拱腰），R1-1+760-5（右拱肩），（2m）表示距孔口2m，（4m）表示距孔口4m，（7m）表示距孔口7m。

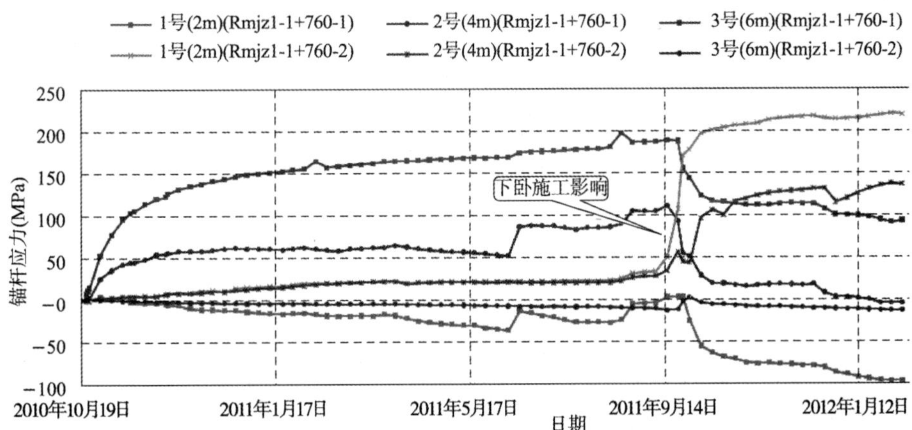

三点式锚杆应力计Rmjz1-1+760-1~2锚杆应力变化过程线:(距掌子面:2240m;岩性:Ⅳ,绿泥石片岩)

b)引(1)1+770锚杆桩应力监测结果曲线

注：Rmjz1-1+760-1（左边墙），Rmjz1-1+760-2（右边墙），（2m）表示距孔口2m，（4m）表示距孔口4m，(6m）表示距孔口6m。

附图5 锚杆及锚筋桩应力监测结果

附录 6　锚索荷载监测

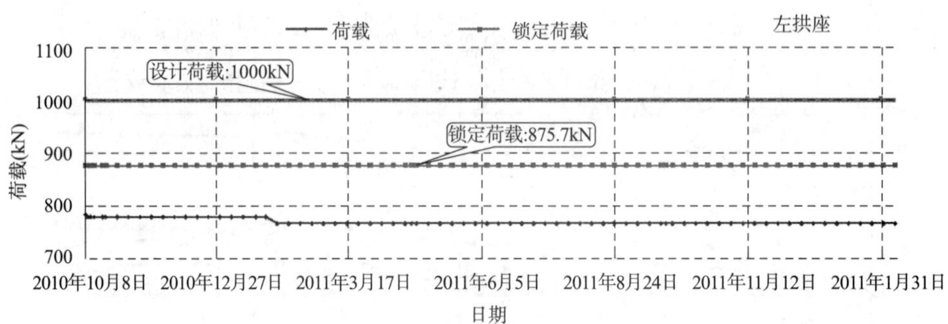

四弦锚索测力计D1-1+760-1荷载累计过程线(距掌子面：2315m；岩性：Ⅳ，绿片岩)

a)引（1）1+760锚索荷载监测结果曲线（左拱座）

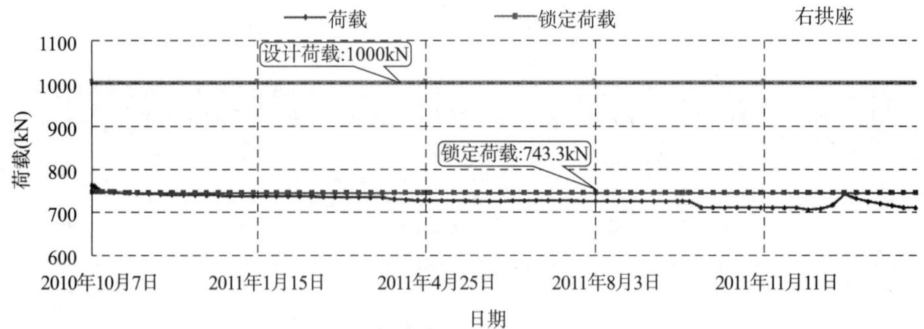

四弦锚索测力计D1-1+760-2荷载累计过程线(距掌子面：2315m；岩性：Ⅳ，绿片岩)

b)引（1）1+760锚索荷载监测结果曲线（右拱座）

附图 6　锚索荷载监测

附录7　多点位移监测

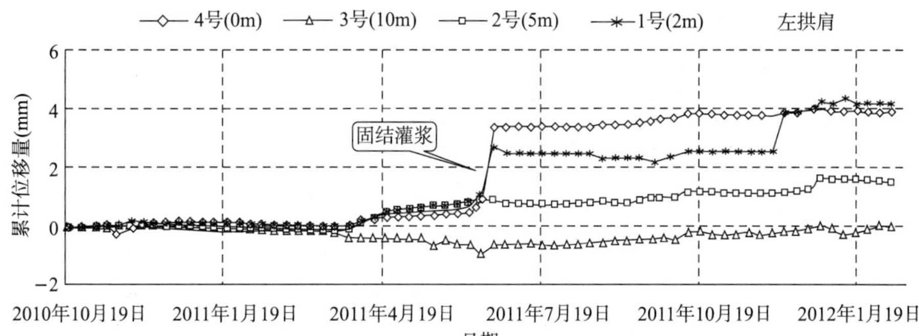

四点式位移计M1-1+760-2相对于孔底累计位移过程线(距掌子面:2367m;岩性:Ⅳ,绿片岩)

a)引（1）1+760多点位移监测结果曲线（左拱肩）

注:（0m）表示距孔口0m，（2m）表示距孔口2m，（5m）表示距孔口5m，（10m）表示距孔口10m。

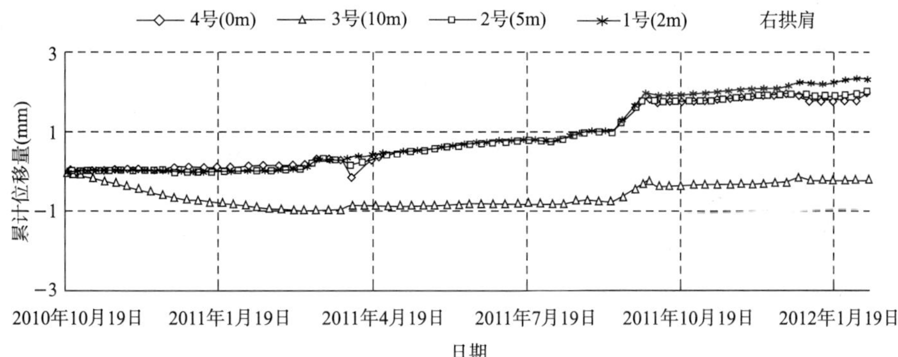

四点式位移计M1-1+760-7相对于孔底累计位移过程线(距掌子面:2367m;岩性:Ⅳ,绿片岩)

b)引（1）1+760多点位移监测结果曲线（右拱肩）

注:（0m）表示距孔口0m，（2m）表示距孔口2m，（5m）表示距孔口5m，（10m）表示距孔口10m。

附图7　多点位移监测

附录8 钢筋应力监测

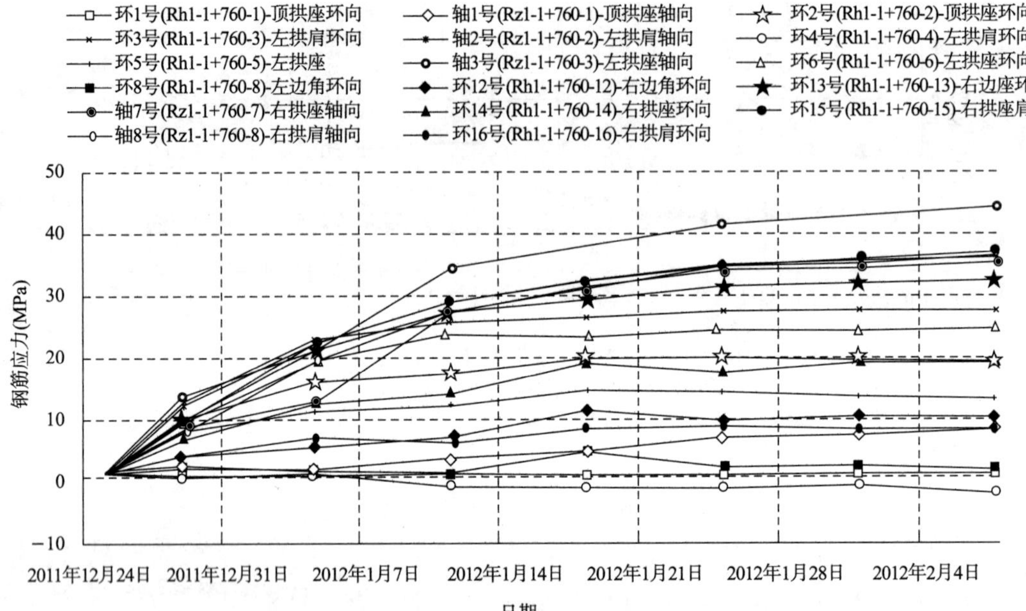

钢筋应力计Rh/z1-1+760-1~6、8、12~16/1~3、7~8号钢筋应力变化过程线(距掌子面:3469.26m;岩性:Ⅳ,绿泥石片岩)

附图8 引(1)1+760m 钢筋应力监测结果曲线

附录9　二次衬砌混凝土应变监测

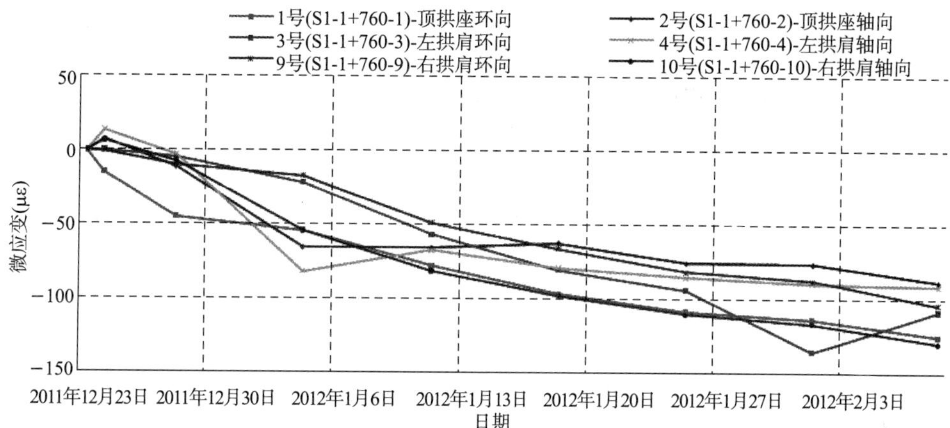

应变计S1-2+760-1~4、9、10微应变变化过程线(距掌子面：3469.26m；岩性:Ⅳ，绿泥石片岩)

a)引（1）1+760二次衬砌混凝土应变监测结果曲线（上断面）

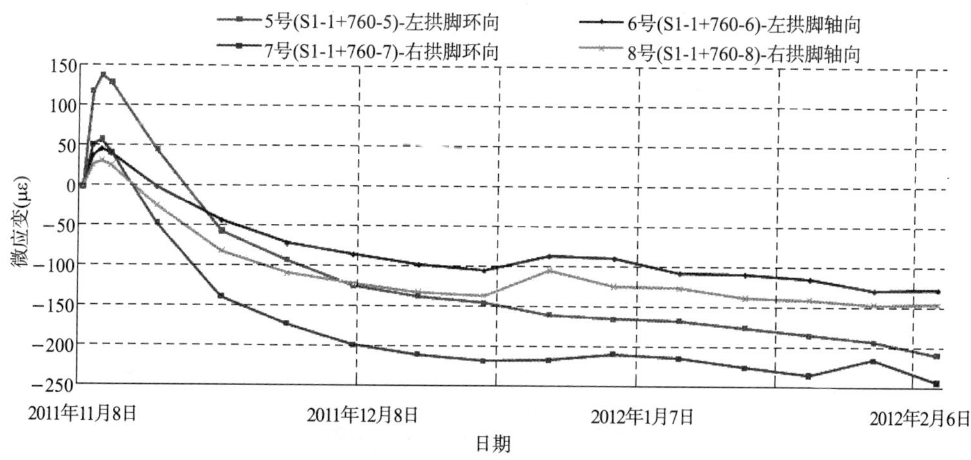

应变计S1-1+760-5~80微应变变化过程线(距掌子面：3469.26m；岩性：Ⅳ，绿泥石片岩)

b)引（1）1+760二次衬砌混凝土应变监测结果曲线（下断面）

附图9　二次衬砌混凝土应变监测

附录 10　二次衬砌混凝土无应力监测

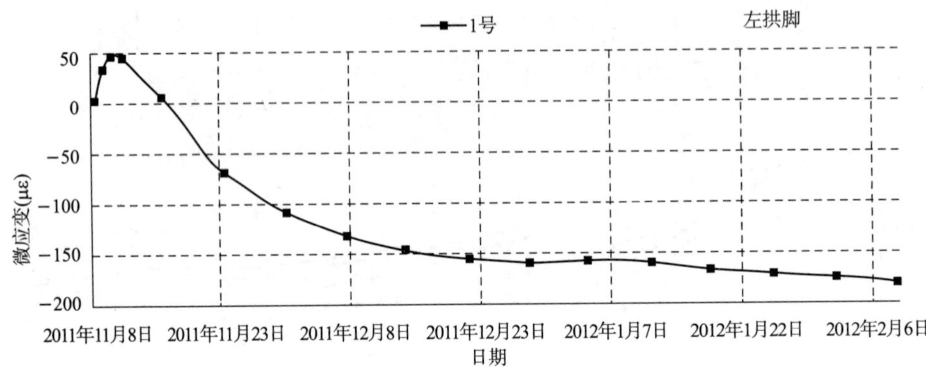

无应力计N1-1+760-1微应变变化过程线(距掌子面：3469.26m；岩性：Ⅳ绿泥石片岩，混凝土内)

a)引（1）1+760二次衬砌混凝土无应力监测结果曲线（左拱脚）

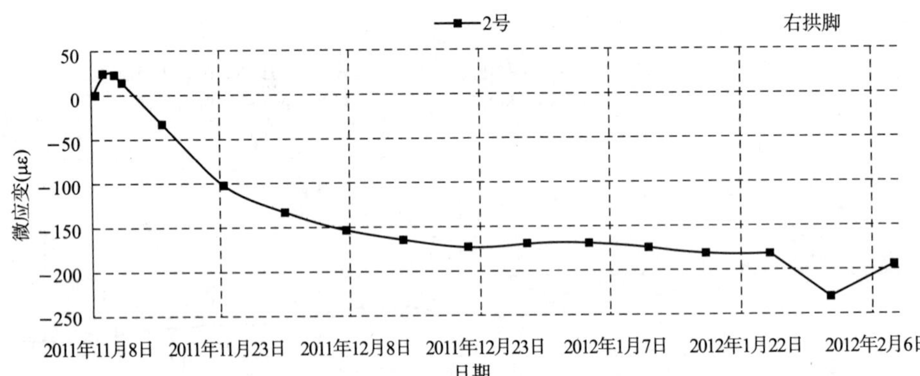

无应力计N1-1+760-2微应变变化过程线(距掌子面：3469.26m；岩性：Ⅳ绿泥石片岩，混凝土内)

b)引（1）1+760二次衬砌混凝土应变监测结果曲线（右拱脚）

附图 10　二次衬砌混凝土无应力监测

参考文献

[1] 何满潮,晏玉书,王同良,等.软岩的概念及其分类[C]//中国CSRM软岩工程专业委员会第二届学术大会论文集,1999:37-47.

[2] 郭健卿,浮新平,王明中.软岩控制理论与应用[M].北京:冶金工业出版社,2011.

[3] 关宝树,赵勇.软弱围岩隧道施工技术[M].北京:人民交通出版社,2011.

[4] 张立德,周小兵,赵长海.软岩隧洞设计施工技术[M].北京:中国水利水电出版社,2006.

[5] 关宝树.隧道工程施工要点集[M].北京:人民交通出版社,2003.

[6] 王斌.公路隧道施工监测检测技术及实践[M].北京:北京交通大学出版社,2010.

[7] 郭福利.堡镇软岩隧道大变形机理及控制技术研究[D].北京:北京交通大学,2009.

[8] 王家澄,张学珍,王玉杰.扫描电子显微镜在冻土研究中的应用[J].冰川冻土,1996(2):184-188.

[9] 张梅英.利用扫描电镜研究土的微结构有关问题[J].岩土力学,1986(1):53-58.

[10] 赵飞,汪家林,张莲花,等.新建云桂铁路膨胀岩膨胀特性试验研究[J].工程勘察,2011(6):14-18.

[11] 于德海,彭建兵.三轴压缩下水影响绿泥石片岩力学性质试验研究[J].岩石力学与工程学报,2009(1):205-211.

[12] 张文新,孙韶峰,刘虹.木寨岭隧道高地应力软岩大变形施工技术[J].现代隧道技术,2011(4):78-82.

[13] 刘国庆.木寨岭隧道软岩大变形段支护措施研究[J].现代隧道技术,2011(8):135-147.

[14] 徐文俊.堡镇隧道软岩大变形段得衬砌支护设计[J].铁道勘测与设计,2004(4):71-80.

[15] 罗洪戈,谭泽意.宜万铁路堡镇隧道高地应力软岩大变形段施工技术[J].铁道标准设计,2010(8):131-133.

[16] 卿三惠,黄润秋.乌鞘岭隧道软岩大变形防治技术问题探讨[J].路基工程,2005(4):93-96.

[17] 王光华.弱爆破法在重庆嘉华大坪隧道施工中的应用[J].科技咨询导报,2007(21):9.

[18] 翟进营,杨会军,王莉莉.新意法隧道设计施工概述[J].隧道建设,2008(2):46-55.

[19] 周捷.大断面隧道超前预加固适用性研究[D].成都:西南交通大学,2010.

[20] 束宇,陈福生.围岩松动圈与锚杆支护参数设计的关系[J].江西煤炭科技,2010(1):52-53.

[21] 彭勇,白留星.深溪沟水电站地下洞室围岩松动圈检测及成果分析[J].四川水力发电,2008(4):68-72.

[22] 陈铁军.巷道围岩松动圈支护理论在羊场湾煤矿的应用研究[D].西安:西安科技大学,2005.

[23] 中华人民共和国行业标准.TB 10003—2005 铁路隧道设计规范[S].北京:中国铁道出版社,2005.

[24] 赵东平,喻渝,王明年,等.大断面黄土隧道变形规律及预留变形量研究[J].现代隧道技术,2009(12).

[25] 中华人民共和国行业标准. JTG D70—2004 公路隧道设计规范[S]. 北京:人民交通出版社,2004.
[26] 黄林伟. 软岩隧道大变形力学行为与控制技术的研究[D]. 重庆:重庆大学,2008.
[27] 杨正保. 隧洞掘进超前支护技术研究[D]. 武汉:武汉大学,2005.
[28] 旷文涛. 超前预加固大断面隧道围岩稳定性影响因素研究[D]. 成都:西南交通大学,2010.
[29] 粟闯. 爆破载荷作用下隧巷工程振动监测与控制研究[D]. 长沙:中南大学,2010.
[30] 罗正. 城市浅埋大跨度隧道爆破振动监测与控制技术研究[D]. 长沙:中南大学,2011.
[31] 吴尚科. A. MT3000 断面扫描仪在天生桥电站的应用[J]. 人民长江,1998,29(6):50-51.
[32] Chen S. G., Ong H. L., Tan K. H., etc. A study on working face effect in tunnel excavation Progress in Tunnelling after 2000[C]// proceedings of the AITES – ITA world tunnel congress 2001, Milan, Italy, June, pp. 199-206(2001).
[33] Stillborg B. Peofessional Users Handbook for Rock Bolting. Trans Tech Publications, Series on Rocks and Soil Mechanics, vol. 15(1986).
[34] Connell J. P. State of the art of shotcrete. In Undergound Mining Methods Handbook(Edited by W. A. Hustrulid), pp. 1561-1566. AIME, New York (1982).
[35] Mason E. E., Mason R. Shotcere. In Tunneling Engineering Handbook(Edited by J. O. Bickel and T. R. Kuesel), pp. 335-353. Van Nostrand Reinhold, New York (1982).
[36] 关宝树. 隧道力学概论[M]. 成都:西南交通大学出版社,2003.
[37] 李廷春. 毛羽山隧道高地应力软岩大变形施工控制技术[J]. 现代隧道技术,2011(4):59-67.
[38] 游龙飞,殷怀连. 隧道工程超前灌浆加固技术[J]. 铁道标准设计,2007(21):154-157.
[39] 李开放. 上覆含水层软岩巷道破坏机制及支护时机研究[D]. 西安:西安科技大学,2009.
[40] 郭建新,高永涛. 基于软破围岩锚喷支护位移理论的隧道支护时间分析[J]. 辽宁科技大学学报,2009(10):456-459.
[41] 刘绍堂,王志武. 隧道围岩收敛监测方法及其特点[J]. 铁道建筑,2008(6):44-46.
[42] 敖亮,张荫,宋战平. 利用多点位移计实测值反演隧道围岩力学参数[J]. 水利与建筑工程学报,2009(9):87-90.
[43] 王明恕. 全长锚固长短组合锚杆的联合作用[J]. 金属矿山,1987(8).
[44] 张治愈,蔡东红,贝庆丰. 预应力锚杆支护在煤巷中的应用[J]. 煤矿支护,2008(1):46-47.
[45] 张力生. 高强度、高预应力锚杆对巷道支护效果的影响[J]. 煤矿支护,2011(1):42-44.
[46] 向治全,赵玉成,刘命元,等. 预应力锚杆锚固支护下巷道成拱的机理分析[J]. 煤矿安全,2011(12):141-144.
[47] 何成滔,王小林. 锚杆锚索联合支护机理及应用[J]. 煤炭技术,2011(1):64-65.
[48] 周家文,李洪涛,刘兴宁,等. 悬吊锚筋桩应用于隧洞进出口围岩加固的研究[J]. 岩石力学与工程学报,2011(19):2040-2048.
[49] 王斌. 公路隧道施工监测检测技术及实践[M]. 北京:北京交通大学出版社,2010.
[50] 杨家松,卿三惠,张春生,等. 超深埋大断面特长隧道群施工关键技术研究[R]. 成都:中铁二局股份有限公司,2012.